概率论与数理统计

刘佩莉　王丙参　牛晓霞　编

西南交通大学出版社
·成　都·

内容简介

本书针对高等院校非数学专业教学大纲与《全国硕士研究生入学统一考试数学考试大纲》对概率论与数理统计的要求，系统、全面地介绍了概率论与数理统计的理论及其应用，读者只需具备高等数学基础即可读懂. 全书分为 8 章，主要讲解事件与概率，随机变量（一维与多维）及其分布，随机变量的数字特征，大数定律与中心极限定理，统计量及其分布，参数估计，假设检验. 为方便读者自学，本书给出了详细的习题解答，供大家参考.

本书可作为经济、管理、理工科各专业的本科生教材，也可作为相关专业的参考用书.

图书在版编目（CIP）数据

概率论与数理统计 / 刘佩莉，王丙参，牛晓霞编.
—成都：西南交通大学出版社，2015.5
ISBN 978-7-5643-3898-5

Ⅰ. ①概… Ⅱ. ①刘… ②王… ③牛… Ⅲ. ①概率论－高等学校－教材②数理统计－高等学校－教材 Ⅳ. ①O21

中国版本图书馆 CIP 数据核字（2015）第 107947 号

概率论与数理统计

刘佩莉
王丙参 编
牛晓霞

责任编辑 张宝华
特邀编辑 刘文佳
封面设计 墨创文化

印张 14.75　字数 368千
成品尺寸 185 mm × 260 mm
版本 2015 年 5 月第 1 版
印次 2015 年 5 月第 1 次
印刷 成都中铁二局永经堂印务有限责任公司

出版 发行 西南交通大学出版社
网址 http://www.xnjdcbs.com
地址 四川省成都市金牛区交大路146号
邮政编码 610031
发行部电话 028-87600564 028-87600533

书号：ISBN 978-7-5643-3898-5　定价：30.00元

课件咨询电话：028-87600533
图书如有印装质量问题 本社负责退换

前　言

“概率论与数理统计”作为高等学校本科数学基础课程中一门重要的必修课程，是进一步学习许多相关重要应用数学分支（如随机过程、多元统计、抽样技术等）的必备基础. 因此，作为一门 50 ~ 70 学时的基础课，一方面，希望能较好地体现该课程的基本教学要求，保持教学内容的稳定，反映学科的发展和广泛的应用；另一方面，希望能够满足应用型人才培养及《全国硕士研究生入学统一考试数学考试大纲》的要求. 为了把握好这一平衡，我们在多次讲授本课程讲稿的基础上，结合同行专家的优秀成果及作者对本课程的研究，经过多次修订和补充写成了本书，力图使本书能更好地符合经济、管理、理工科各专业对概率论与数理统计的教学需求.

在编写过程中，我们博采百家之长，注重基本理论、概念、方法的叙述，坚持抽象概念形象化的原则，关注应用能力、解题能力的培养. 读者只需具有高等数学基础即可读懂本书. 在每年的考研试题中，数 1、数 3 的概率统计内容占到了 20%以上，因此，本书力求教材的体系、内容既符合数学学科本科生的特点，又兼顾报考研究生的学生需求，书中很多例题直接采用了历年考研真题. 鉴于例题可以加深读者对理论的理解，我们配备了大量例题和习题，难度各异，以满足不同学生的需求. 本书采用了一些经典的例子和段落，在这里对给出这些材料的作者表示感谢.

全书共分 8 章. 第 1 至 5 章为概率部分，包括随机事件与概率，随机变量及其分布，多维随机变量及其分布，随机变量的数字特征，大数定律与中心极限定理，并探讨了与概率论有关的决策理论；第 6 至 8 章为统计部分，重点讲解统计量及其分布，参数估计，假设检验. 附录给出了 MATLAB 与概率统计，随机模拟，标准正态分布表，供读者查阅并加深对正文的理解. 鉴于计算机软件的普及，我们不再重点讲解查表，而是利用软件直接给出结果. 为了与软件及思维习惯保持一致，书中采用下侧分位数. 最后，为方便读者自学，本书给出了详细的习题解答.

本教材最初草稿是数学与应用数学专业的《概率论与数理统计》（魏艳华、王丙参编著），我们内部使用多年，学生反映不错. 定稿时，既保留了原书的优点，更正了里面的错误，又做了较大的修改，删除了很多数学专业内容，部分内容重写，同时增加了很多简单、有趣的例题，并且采用了大量的考研真题作为例题. 我们认为，教材内容要比教学大纲的要求多一些，要比教师在课堂上讲授得多一些，这样才能照顾到各类学校各个专业的需要，以满足不同程度学生的学习需要. 超出数 1 要求的内容，我们用*号标注，仅供有精力、有能力的读者参考. 本书可作为经济、管理、理工科各专业的本科生教材，也可作为相关专业的参考用书.

概率论与数理统计，一般每周安排 3~4 学时，即每学期总学时为 54 ~ 72 学时，包括习题课. 但是现在很多院校为了压缩课时，甚至把概率论与数理统计压缩到 36 课时. 如果课时多且学生基础不错，可讲解概念的严格定义，例如概率的公理化定义. 建议按第 1 章到第 8 章的顺序分配学时如下：

（1）[8+8+4+4+2]+[4+4+2]=36 学时；

（2）[8+8+8+8+4]+[6+8+4]=54 学时；

（3）[10+10+10+10+6]+[8+8+6]=68 学时，剩下 4 学时为机动学时.

以上建议仅供参考，任课老师可根据实际需要合理安排各章学时并选择教学重点. 如果是 36 课时，希望任课老师多思考学生的专业要求.

本书由天水师范学院商学院刘佩莉、牛晓霞与数学与统计学院王丙参共同编写，具体分工为：第 1、3、4 章由王丙参编写，第 2、7、8 章及习题解答由刘佩莉编写，第 5、6 章及附录由牛晓霞编写. 最终由王丙参定稿. 在本书的编写过程中得到了学院领导的大力支持；统计教研室魏艳华认真审阅了书稿，并提出了宝贵的修改意见；得到了西南交通大学出版社有关各方和同仁的大力支持，特在此一并致以诚挚的谢意！

虽然我们希望编写出一本质量较高、适合当前教学实际需要的教材，但由于编者水平有限，书中难免存在错误和不妥之处，恳切希望读者批评、指正，以使本教材不断得以完善.

编　者

2015 年 1 月

目　录

1 随机事件与概率

概率论的近代理论是由著名数学家 Kolmogorov（柯尔莫哥洛夫）奠定的，他在《概率论的基本概念》一书中提出了概率论的公理化体系，为概率论的发展提供了逻辑上的坚实基础. 本章运用大量通俗实例介绍这一公理体系，先由随机试验引出样本空间，进而给出概率的公理化定义及其基本性质，并给出概率的计算方法，最后介绍条件概率和独立性.

1.1 随机事件

1.1.1 随机现象

在自然界与人类社会生活中，存在着两类截然不同的现象.

一类是**确定性现象**. 例如，每天早晨太阳必然从东方升起；在标准大气压（压力约为 100 kPa）下，水加热到 100 摄氏度必然沸腾；一个袋子中有 100 只完全相同的白球，从中任取 1 只必然为白球. 这类现象的特点是：在试验之前就能断定它有一个确定的结果，即在一定条件下，重复进行试验，其结果必然出现且唯一.

另一类是**随机现象**，也称为**偶然现象**，它是概率论与数理统计的研究对象. 例如，某地区的年降雨量；打靶射击时，弹着点离靶心的距离；某种型号电视机的寿命. 这些例子表明，在可控制的条件相对稳定的情况下，由于影响这类现象的还有大量的、时隐时现的、瞬息万变的、无法完全控制和预测的偶然因素在起作用，致使现象具有随机性. 注意，既然随机性是由大量无法完全控制的偶然因素引起的，那么随着科学的不断发展、技术手段的不断完善，人们可以将越来越多的因素控制起来，从而减少随机性的影响，不过完全消除随机性是不可能的.

在一定条件下并不总是出现相同结果的现象称为**随机现象**. 这类现象有两个特点：

（1）结果不止一个；

（2）哪一个结果出现，人们事先不能确定.

随机现象有大量和个别之分. 在相同条件下可以（至少原则上可以）重复出现的随机现象，称为**大量随机现象**；带有偶然性但原则上不能在相同条件下重复出现的随机现象，称为**个别随机现象**，例如，某场足球赛的输赢是不能重复的，某些经济现象（如失业、经济增长速度等）也不能重复.

例 1.1.1 （1）抛一枚硬币，可能正面朝上，也可能反面朝上；

（2）一天内某高速公路的交通事故次数；

（3）明天某时刻天水的温度；

（4）测量某物理量（长度、直径等）的误差.

试验是对现象的观测（观察或测量），而**实验**是根据科学研究的目的，尽可能地排除外界的影响，突出主要因素并利用一些专门的仪器设备，人为地变革、控制或模拟研究对象，使某些事物（或过程）发生或再现，从而去认识自然现象、自然性质、自然规律.

一个试验，如果满足：

（1）可以在相同的条件下重复进行；

（2）其结果具有多种可能性；

（3）在每次试验前，不能预言将出现哪一个结果，但知道其所有可能出现的结果，则称这样的试验为**随机试验**.

简言之，在相同的条件下可以重复的随机现象称为**随机试验**.

随机试验是对随机现象的一次观测或试验，通常用大写字母 E 表示，简称**试验**. 例 1.1.1 中（1）（4）是随机试验，而（2）（3）由于不能重复进行（历史不可重演），它们虽是随机现象，但不是随机试验.

人生思考：历史不可重演，人生也不可重过. 因此过去的事情就过去了，不要后悔，因为后悔不仅不能解决问题，反而会给你增加烦恼. 我们要坦然地承受事情的一切结果，不管是好，不管是坏，一切结果都是自己的选择，都是人生经历的一部分. 也许，痛苦也会变成晚年幸福的回忆，因为你经历过，你感受过！

概率与统计是研究随机现象统计规律的一门学科，概率论主要采用演绎方法进行研究，而统计主要采用归纳方法进行研究. 以前由于随机现象事先无法判定将会出现哪种结果，人们就以为随机现象是不可捉摸的，无法研究和预测，但后来人们通过大量实践发现：在相同条件下，虽然个别试验结果在某次试验或观察中可以出现也可以不出现，但在大量试验中却呈现出某种规律性，这种规律性称为**统计规律性**. 例如，在投掷一枚硬币时，既可能出现正面，也可能出现反面，预先做出确定的判断是不可能的，但是假如硬币均匀，直观上看，出现正面与反面的机会应该相等，即在大量的试验中出现正面的频率应接近 50%. 这正如恩格斯所指出的："在表面上是偶然性在起作用的地方，这种偶然性始终是受内部隐藏着的规律支配的，而问题只是在于发现这些规律". 概率论的任务是要透过随机现象的随机性揭示其统计规律性；统计的任务则是通过分析带随机性的统计数据来推断所研究的事物或现象固有的规律性.

概率与统计主要研究大量重复的随机现象，但也十分注重研究不能重复的随机现象，比如时间序列分析可以研究气温的变化过程.

1.1.2 样本空间

随机试验的一切可能基本结果组成的集合称为**样本空间**，用 Ω 表示；其中的每个元素称为**样本点**，又称为**基本结果**，用 ω 表示. 样本点是今后抽样的基本单元，认识随机现象首先要列出它的样本空间.

例 1.1.2 下面给出随机现象的样本空间.

（1）投一枚均匀硬币，观察出现正反面情况，记 z 为正面，f 为反面，样本空间 $\Omega_1=\{z,f\}$；

（2）电话总机在单位时间内接到的呼唤次数，样本空间 $\Omega_2=\{0,1,2,\cdots\}$；

（3）测量误差的样本空间 $\Omega_3=\mathbf{R}$.

（4）观察一个粒子在直线 R 上的运动，在时刻 $t=0$ 时，粒子位于直线上某点 x 处，然后粒子开始向左或向右作随机运动. 我们用 $w(t)$ 表示粒子于时刻 t 时在直线上所处的位置，观察结果就是一条定义在时间轴 $[0,\infty)$ 上取值于 $\mathbf{R}$ 上的连续曲线，而这类曲线的全体就构成样本空间：

$$\Omega_4 = \{w(t): w(t) \text{是} [0,\infty) \text{到} \mathbf{R} \text{的连续函数}\}.$$

如例 1.1.2 中（4）的样本点与时间 t 有关，又如股票价格和期权价格都随时间而变，研究它们都要用到这类样本点，这是随机过程的研究对象.

理解样本空间要注意以下几点：

（1）样本空间是一个集合，由样本点构成. 表示方法有：列举法、描述法. 如例 1.1.2 中（2）的表示方法就是列举法，用描述法表示为：{呼叫次数为自然数}.

（2）样本点可以是一维的，也可以是多维的，可以有限个，也可以无限个.

（3）对于一个随机试验而言，样本空间并不唯一，它由试验目的而定，但通常只有一个能提供最多信息的样本空间. 例如，在运动员投篮的试验中，若试验的目的是考察命中情况，则样本空间 $\Omega = \{$中, 不中$\}$；若试验的目的是考察得分情况，则样本空间 $\Omega = \{$0 分, 1 分, 2 分, 3 分$\}$.

今后在数学处理上，往往将样本点的个数为有限个或可列个的情况归为一类，称为**离散的样本空间**，而将样本点为不可列无限多的情况归为一类，称为**连续的样本空间**. 由于这两类样本空间有着本质差异，故分别称呼之.

初学者也许会认为无限多都是一样的，其实它们是有本质区别的. 无限多可分为可列无限多和不可列无限多. 下面给出定义：

给定集合 A,B，若存在 A 到 B 上的一一映射，则称 A 与 B **对等**，记作 $A \sim B$. 如果两个集合对等，称它们具有相同的**势**. 若 $A \sim \mathbf{N}$，其中 $\mathbf{N}$ 为自然数集，则称 A 为**可数集（可列集）**. 不是可数集的无限集称为**不可数集（不可列集）**.

例如，自然数和有理数都是可列集，而无理数是不可列集，它和实数是一样多的. 由于不可列集比可列集要多得多，因此，实数基本上是由无理数构成的，这也许和读者的直觉矛盾.

1.1.3 随机事件

在样本空间 Ω 中，具有某种性质的样本点构成的子集称为**随机事件**，简称**事件**，常用大写字母 A,B,C 等表示. 用集合论语言，随机事件是样本空间 Ω 的子集. 随机事件包括基本事件和复合事件.

（1）由一个样本点构成的集合称为**基本事件**；

（2）由多个样本点构成的集合称为**复合事件**.

某个事件 A 发生当且仅当 A 所包含的一个样本点 ω 出现，记作 $\omega \in A$.

例如，在掷骰子的试验中，基本事件有 6 个：出现 1 点、2 点、3 点、4 点、5 点、6 点，而随机事件共有 2^6 个. 假设事件 A 表示“出现偶数点”，ω_i 表示“出现 i 点”，则 A 包含 $\omega_2, \omega_4, \omega_6$ 这三个样本点，所以 A 是复合事件. “出现 2 点”就意味着 A 发生，并不要求 A 的每一个样本点都出现.

任何样本空间 Ω 都有两个特殊子集，即空集 $\varnothing$ 和 Ω 本身，其中空集 $\varnothing$ 称为**不可能事件**，指每次试验一定不会发生的事件；Ω 称为**必然事件**，指在每次试验中都必然发生的事件. 严格来讲，必然事件与不可能事件反映了确定性现象，也可以说它们并不是随机事件，但为了研究问题的方 便，常把它们作为特殊随机事件进行处理，即**退化的随机事件**.

经常会遇到这样的情况，我们感兴趣的是一个较为复杂的事件，但通过种种方法，可使之与一些较简单的事件联系起来，这时，我们就设法利用这种联系通过简单事件去研究较为复杂的事件.

1）随机事件间的关系

（1）**事件的包含**：事件 A 发生必然导致事件 B 发生，则称 A 包含于 B 或 B 包含 A，记为 $A\subset B$ 或 $B\supset A$，即

$$A\subset B\Leftrightarrow\{若\omega\in A,则\omega\in B\}.$$

（2）**事件的相等**：若事件 $A\subset B$ 且 $B\subset A$，则称 A 与 B 相等，记为 $A=B$.

（3）**事件的互斥**：若事件 A 与 B 不能同时发生，则称 A 与 B **互斥**，也称为**互不相容**.

显然有：基本事件是互斥的；$\varnothing$ 与任意事件互斥.

（4）**事件的对立**：称事件 $B=\{A不发生\}$ 为 A 的**对立事件或逆事件**，常记为 $\overline{A}$.

作为样本空间的子集，逆事件 $\overline{A}$ 是 A 相对于样本空间 Ω 的**补集**.

对立事件一定互斥，但互斥事件不一定是对立事件. 对立（互逆）只在样本空间只有两个事件时存在，互斥还可在样本空间有多个事件时存在. 请读者举出例子.

注：很多教材对 $\subset$ 与 $\subseteq$ 不加区分，认为两者等价，即不区分子集与真子集.

2）随机事件运算

（1）**事件的并**：两个事件 A,B 中至少有一个发生的事件，称为事件 A 与 B 的**并（和）**，记为 $A\cup B$（或 $A+B$），即

$$A\cup B=\{\omega\mid\omega\in A或\omega\in B\}.$$

（2）**事件的交**：两个事件 A 与 B 同时发生的事件，称为事件 A 与 B 的**交（积）**，记为 $A\cap B$（或 AB），即

$$A\cap B=\{\omega\mid\omega\in A且\omega\in B\}.$$

显然有：$A\cap B\subset A$，$A\cap B\subset B$；

若 $A\subset B$，则 $A\cap B=A$；

A 与 B 互斥 $\Leftrightarrow AB=\varnothing$.

为直观表示事件及其关系，在概率论中常用长方形表示样本空间 Ω，用一个圆或其他几何图形表示事件 A，点表示样本点 ω_1，见图 1.1.1，这类图形称为**维恩（Venn）图**. 在考察事件关系或事件计算中，Venn 图可以起到事半功倍的效果.

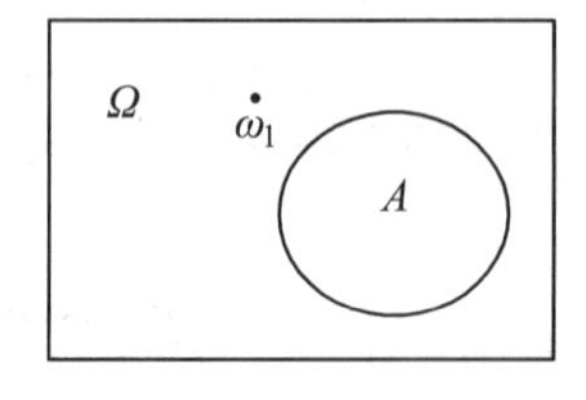

$\omega_1\notin A$

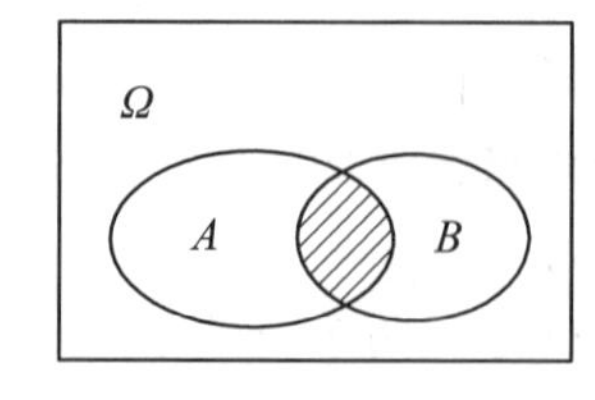

$A\cap B$

图 1.1.1 事件的维恩图

事件之间的和、积运算可以推广到有限和可列无穷多个事件的情形.

$$\bigcup_{k=1}^{n} A_k = A_1 \cup A_2 \cup \cdots \cup A_n,\quad \bigcup_{k=1}^{\infty} A_k = A_1 \cup A_2 \cup \cdots \cup A_n \cup \cdots.$$

$$\bigcap_{k=1}^{n} A_k = A_1 \cap A_2 \cap \cdots \cap A_n,\quad \bigcap_{k=1}^{\infty} A_k = A_1 \cap A_2 \cap \cdots \cap A_n \cap \cdots.$$

（3）**事件的差**：事件 A 发生而事件 B 不发生的事件，称为事件 A 与事件 B 的差，记为 $A-B$，或 $A\backslash B$，即

$$A-B \Leftrightarrow \{\omega \in A \text{ 而 } \omega \notin B\}.$$

① $A-B=A-AB$，不要求 $A\supset B$，才有 $A-B$，若 $A\subset B$，则 $A-B=\varnothing$；

② 若 A 与 B 互斥，则 $A-B=A,\ B-A=B$；

③ $A-(B-C)\neq A-B+C$，$(A-B)\cup B=A\cup B\neq A$.

（4）**事件的逆**：若事件 A 与 B 满足 $A\cup B=\Omega$ 且 $AB=\varnothing$，则称 B 为 A 的逆，记为 $B=\overline{A}$，即

$$\overline{A}=\{\omega \mid \omega\notin A,\omega\in\Omega\}.$$

$A,\overline{A}$ 称为**互逆事件**或**对立事件**.

由前面可知，事件之间的关系与集合之间的关系建立了一定的对应法则，因而事件之间的运算法则与 Borel 代数中集合的运算法则相同.

（1）**交换律**：$A\cup B=B\cup A$，$AB=BA$；

（2）**结合律**：$A\cup(B\cup C)=(A\cup B)\cup C,\ A(BC)=(AB)C$；

（3）**分配律**：$A\cap(B\cup C)=(AB)\cup(AC),\ A\cup BC=(A\cup B)\cap(A\cup C)$；

（4）**德莫根（对偶）定律**：

$$\overline{\bigcup_{i=1}^{n} A_i}=\bigcap_{i=1}^{n}\overline{A_i}\ \text{（和的逆 = 逆的积）},\quad \overline{\bigcap_{i=1}^{n} A_i}=\bigcup_{i=1}^{n}\overline{A_i}\ \text{（积的逆 = 逆的和）}.$$

（5）**差积转换律**：$A-B=A\overline{B}$.

例 1.1.3　设 A,B,C 为任意三个事件，试用 A,B,C 的运算关系表示下列事件：

（1）三个事件中至少一个发生：$A\cup B\cup C$.

（2）没有一个事件发生：$\overline{A}\cap\overline{B}\cap\overline{C}=\overline{A\cup B\cup C}$（由对偶律）.

（3）恰有一个事件发生：$A\overline{B}\,\overline{C}\cup\overline{A}B\overline{C}\cup\overline{A}\,\overline{B}C$.

（4）至多有两个事件发生：

$$(A\overline{B}C\cup AB\overline{C}\cup\overline{A}BC)\cup(\overline{A}\,\overline{B}C\cup\overline{A}B\overline{C}\cup A\overline{B}\,\overline{C})\cup(\overline{A}\,\overline{B}\,\overline{C})=\overline{ABC}=\overline{A}\cup\overline{B}\cup\overline{C}.$$

（5）至少有两个事件发生：

$$AB\overline{C}\cup A\overline{B}C\cup\overline{A}BC\cup ABC=AB\cup BC\cup CA.$$

1.2　概率的公理化定义

随机事件在一次试验中可能发生，也可能不发生，具有偶然性，但人们从实践中认识到，在相同的条件下进行大量重复试验，试验的结果具有某种内在规律性，即随机事件发生可能

性的大小是可以比较的，可以用一个数字进行度量. 例如，在掷一枚均匀骰子的试验中，事件 A 表示“掷出偶数点”，B 表示“掷出 2 点”，显然事件 A 比事件 B 发生的可能性要大. 所以，对于一个随机试验，我们不仅要知道可能出现哪些事件，更重要的是研究事件发生可能性的大小，也就是事件的概率，从而揭示其内在的规律性.

概率是随机事件发生可能性大小的度量，介于 0 与 1 之间. 事件发生的可能性越大，概率就越大，但事件的概率是如何定义的呢？在概率论的发展史上曾经有过概率的古典定义、几何定义、频率定义和主观定义，这些定义各适合一类随机现象，那么如何才能给出适合一切随机现象的概率的最一般定义呢？

一个随机试验可由一个概率空间 $(\Omega,\mathcal{F},P)$ 所描述，其具体定义由苏联数学家 Kolmogorov 在 1933 年提出，我们称为 Kolmogorov 公理化体系. 它从最少几条本质特性出发刻画概率的概念，既概括了历史上几种概率定义的共同特性，又避免了各自的局限性和含混之处. 这一公理体系迅速获得举世公认. 概率论的发展史表明它是现代概率论的基础，具有里程碑式的意义.

1.2.1 事件域

为了给随机试验提供一个数学模型，我们已经建立了样本空间 Ω，并把 Ω 的一些子集称为事件，介绍了事件的运算. 为了能自由地对有限个或可列个事件进行各种运算，并且运算的结果仍然是事件，我们给出事件域的定义.

设 $\mathcal{F}$ 是样本空间 Ω 的一些子集构成的集类，所谓的集类就是集合的集合，即它的每个元素都是 Ω 的子集. 所谓的“一些”子集，是指不必包含 Ω 的全部子集，只要求此集类对其各种元素封闭，它就是事件域，严格地说有如下定义.

定义 1.2.1 如果 $\mathcal{F}$ 是样本空间 Ω 中的某些子集的集合，它满足：

（1）$\Omega\in\mathcal{F}$；

（2）若 $A\in\mathcal{F}$，则 $\overline{A}\in\mathcal{F}$；

（3）若 $A_i\in\mathcal{F},i=1,2,\cdots$，则 $\bigcup\limits_{i=1}^{\infty}A_i\in\mathcal{F}$，

则称 $\mathcal{F}$ 为 **σ 域，或 σ 代数、事件域**.

最简单的 σ 域为 $\{\Omega,\varnothing\}$，称为**平凡 σ 域**.

可见，在事件域 $\mathcal{F}$ 中至多涉及可列个事件的运算，且对差、有限交、有限并、可列交、可列并等运算是封闭的，即在 σ 域 $\mathcal{F}$ 中可以自由地进行有限个或可列个事件的各种运算，这为定义概率和全面研究随机现象奠定了基础. 今后总是给出样本空间 Ω 后，立刻给出 σ 域 $\mathcal{F}$，并把 $\mathcal{F}$ 中的元素称为事件，而不在 $\mathcal{F}$ 中的 Ω 的其他子集皆不是事件，它们不在我们的研究范围之内. 如何确定 σ 域 $\mathcal{F}$，要根据实验类型和需要确定，在一般理论中，样本空间 Ω 和 σ 域 $\mathcal{F}$ 都假定事先给出. 在实际问题中，σ 域 $\mathcal{F}$ 常理解为从随机事件中得到的全部信息.

在概率论中，$(\Omega,\mathcal{F})$ 又称为**可测空间**，这里可测指的是 $\mathcal{F}$ 中的元素都具有概率，即都是可度量的.

现在，我们研究直线 $\mathbf{R}$ 上的 σ 域——博雷尔（Borel）域.

定义 1.2.2 设 $\Omega=\mathbf{R}$，$x\in\mathbf{R}$，由所有半无限开区间 $(-\infty,x]$ 生成的最小 σ 域称为 $\mathbf{R}$ 上的 **Borel σ 域**，记为 $\mathcal{B}(\mathbf{R})$，其中的元素称为 Borel **集合**.

类似地，可定义 $\mathbf{R}^n$ 上的 Borel σ 域 $\mathcal{B}(\mathbf{R}^n)$，那么什么是生成的最小 σ 域呢？

设 C 是样本空间 Ω 的某些子集的全体，称 $\sigma(C)$ 为由 C **生成的最小 σ 域**，如果它满足：

（1）$\varnothing \in \sigma(C)$；

（2）若 $A \in \sigma(C)$，则 $\overline{A} \in \sigma(C)$；

（3）若 $A_i \in \sigma(C), i = 1,2,\cdots$，则 $\bigcup_{i=1}^{\infty} A_i \in \sigma(C)$；

（4）集合 $C \subset \sigma(C)$；

（5）假设 $\mathcal{G}$ 是任意一个包含 C 的 σ 域，则对于集合 $A \in \sigma(C)$，一定有 $A \in \mathcal{G}$.

条件（1）~（3）说明 $\sigma(C)$ 是一个 σ 域. 条件（4）~（5）说明 $\sigma(C)$ 是包含集合 C 的最小 σ 域. 若 A 为事件，则 $\sigma(A) = \{\Omega, A, \overline{A}, \varnothing\}$.

我们来看一下，$\mathcal{B}(\mathrm{R})$ 包含哪些集合. 首先，

$$\mathbf{R} = \bigcup_{n=1}^{\infty}(-\infty, n] \in \mathcal{B}(\mathbf{R}), \quad (a,\infty) = \mathbf{R} \setminus (-\infty, a] \in \mathcal{B}(\mathbf{R}),$$

$$(a,b] = (-\infty, b] \cap (a,\infty) \in \mathcal{B}(\mathbf{R}), (a<b), \quad \{a\} = \bigcap_{n=1}^{\infty}\left(a - \frac{1}{n}, a\right] \in \mathcal{B}(\mathbf{R}),$$

$$[a,b] = \{a\} \cup (a,b] \in \mathcal{B}(\mathbf{R}), \quad (a,b) = (a,b] \setminus \{b\} \in \mathcal{B}(\mathbf{R}).$$

另外，上述集合的可列并、可列交、有限并、有限交及取逆运算的结果皆在 $\mathcal{B}(\mathbf{R})$ 中，因此，$\mathcal{B}(\mathbf{R})$ 是一个相当大的类，它把实际问题中感兴趣的点全部包含其中了.

1.2.2 概率的定义

首先说明，概率是一个集合函数，因为事件是 Ω 的一个子集，它的概率是一个数. 一个集合对应一个数，称为**集合函数**. 又因事件的全体是 σ 域，所以这个集合函数的定义域为 $\mathcal{F}$，而其值就是区间 $[0,1]$ 中的数. 其实，人们对集合函数的概念并不陌生，如集合元素的个数、区间的长度、区域的面积、物体的体积和质量等都是集合函数，它们在近代数学中统称为测度，所以概率也称为**概率测度**.

上述集合函数的一个重要特征就是可加性. 例如，两个不相交的有限集，其并集的元素个数等于各集元素的个数之和，几个不相交区域并集的长度等于每个区间长度之和等，这种性质称为**可加性**. 自然，概率也应具有可加性.

定义 1.2.3 设 Ω 是一个样本空间，$\mathcal{F}$ 是由 Ω 的某些子集组成的一个事件域，如果对 $\forall A \in \mathcal{F}$，定义在 $\mathcal{F}$ 上的一个集合函数 $P(A)$ 与之对应，它满足：

（1）非负性公理：$0 \leqslant P(A) \leqslant 1$；

（2）正则性公理：$P(\Omega) = 1$；

（3）可列可加性公理：设 $A_i \in \mathcal{F}, i = 1,2,\cdots$，且 $A_i \cap A_j = \varnothing, i \neq j$，有

$$P\left(\bigcup_{i=1}^{\infty} A_i\right) = \sum_{i=1}^{\infty} P(A_i),$$

则称 $P(A)$ 为事件 A 的概率，P 称为**概率测度**，简称为**概率**，三元总体 $(\Omega, \mathcal{F}, P)$ 称为**概率空间**.

概率的公理化定义刻画了概率的本质，即**概率是集合函数且满足上述三条公理**. 事件域

的引进使我们的模型有了更大的灵活性，在实际问题中可根据问题的性质选择合适的 $\mathcal{F}$ ，一般选 Ω 的一切子集为 $\mathcal{F}$. 事件域可以保证随机事件经过各种运算后仍是随机事件.

事件的概率是事件本身固有的属性，它是一个确定的数，不因在一次具体试验中事件是否发生而改变. 例如，掷硬币时正面出现的概率是 0.5，这是由硬币的形状对称、密度均匀等客观条件决定的. 如果一枚硬币正面是铜，反面是铝，则正面出现的概率就小于 0.5 了.

1.2.3　概率的性质

利用概率的公理化定义，可导出概率的一系列性质.

在概率的正则性中说明了必然事件 Ω 的概率为 1，由此可知，不可能事件 $\varnothing$ 的概率应该为 0. 切记，在数学理论体系中，只有公理、定义、假设不需要证明，其他都要证明.

性质 1.2.1　$P(\varnothing)=0$.

证明　因为 $\varnothing=\varnothing\cup\varnothing\cup\cdots$ ，$\varnothing\cap\varnothing=\varnothing$ ，由可列可加性得

$$P(\varnothing)=P(\varnothing\cup\varnothing\cup\cdots)=P(\varnothing)+P(\varnothing)+\cdots.$$

再由非负性公理必有 $P(\varnothing)=0$.

在概率论中，将概率很小（小于 0.05）的事件称为**小概率事件**，也称为**实际不可能事件**.

注意：很小是一个模糊概念，没有严格的区分，因人而定，这不属于数学范围之内，在许多情况下，要随试验结果的重要性，具体问题具体分析地加以确定.

小概率事件原理，又称为**实际推断原理**：在原假设成立的条件下，小概率事件在一次试验中可以看成不可能事件. 如果在一次试验中小概率事件发生了，则矛盾，即原假设不正确.

设某试验中出现事件 A 的概率为 p ，不管 p 如何小，如果把试验不断独立地重复下去，那么 A 迟早必然会出现一次，从而也必然会出现任意多次，而不可能事件是指试验中总不会发生的事件. 但人们在长期的经验中坚持这样一个观点：概率很小的事件在一次试验中与不可能事件几乎是等价的，即不会发生. 如果在一次试验中小概率事件居然发生了，人们会认为该事件的前提条件发生了变化，或者认为该事件不是随机发生的，而是人为安排的，等等，这是小概率事件原理的一个应用. 如果我们把注意仅停留在小概率事件的极端个别现象上，那我们就是“杞人忧天”，就不敢开车，不敢吃饭，一切都不敢做了. 事实上，天一定会塌下来的，但在你活着的这段时间内塌下的概率很小，杞人其实是不明白“小概率事件在一次试验中是不可能发生的”.

小概率事件原理是概率论的精髓，是统计学发展、存在的基础，它使得人们在面对大量数据而需要做出分析与判断时，能够依据具体情况的推理来做出决策，从而使统计推断具备严格的数学理论依据.

性质 1.2.2（有限可加性）　设 $A_i\in\mathcal{F},i=1,2,\cdots,n$ ，且 $A_i\cap A_j=\varnothing,i\neq j$, 则

$$P\left(\bigcup_{i=1}^{n}A_i\right)=\sum_{i=1}^{n}P(A_i).$$

证明　令 $A_{n+1}=A_{n+2}=\cdots=\varnothing$ ，由 $P(\varnothing)=0$ 可得

$$P\left(\bigcup_{i=1}^{n}A_i\right)=P\left(\bigcup_{i=1}^{\infty}A_i\right)=\sum_{i=1}^{\infty}P(A_i)=\sum_{i=1}^{n}P(A_i).$$

推论 （1）对任意事件 A，有 $P(A)=1-P(\overline{A})$.

（2）对任意两个事件 A,B，有 $P(A-B)=P(A)-P(AB)$，也称为**减法公式**.

（3）若 $A\supset B$，$P(A-B)=P(A)-P(B)$ 且 $P(A)\geqslant P(B)$，也称为概率的**单调性**.

证明 （1）因为 $A\cup\overline{A}=\Omega,\ A\cap\overline{A}=\varnothing$，由性质 1.2.2 可得

$$P(A)+P(\overline{A})=1.$$

移项即得结论.

（2）因为 $A=(A-B)\cup AB,\ (A-B)\cap AB=\varnothing$，由性质 1.2.2 可得

$$P(A)=P(A-B)+P(AB).$$

移项即得结论.

（3）由（2）显然可知结论成立.

很容易举例说明，若 $P(A)\geqslant P(B)$，无法推出 $A\supset B$. 此推论不仅在计算事件的概率时非常有用，而且在今后一些定理的证明或公式的推导过程中也非常有用.

性质 1.2.3（加法公式） 对任意两事件 A,B 有

$$P(A\cup B)=P(A)+P(B)-P(AB).$$

证明 因为 $A\cup B=A\cup(B-A)$ 且 A 与 $B-A$ 互不相容，又由有限可加性得

$$P(A\cup B)=P(A\cup(B-A))=P(A)+P(B-A)=P(A)+P(B)-P(AB).$$

加法公式还能推广到多个事件的情况. 设 A_1,A_2,A_3 为任意三个事件，则有

$$P(A_1\cup A_2\cup A_3)=\sum_{i=1}^{3}P(A_i)-P(A_1A_2)-P(A_1A_3)-P(A_2A_3)+P(A_1A_2A_3).$$

利用样本点在等式两端计算次数相等可直观证明这个公式.

一般地，对于任意 n 个事件 $A_1,\cdots,A_n$，可以用数学归纳法证得

$$P\left(\bigcup_{i=1}^{n}A_i\right)=\sum_{i=1}^{n}P(A_i)-\sum_{1\leqslant i<j\leqslant n}P(A_iA_j)+\sum_{1\leqslant i<j<k\leqslant n}P(A_iA_jA_k)+\cdots+(-1)^{n-1}P(A_1A_2\cdots A_n).$$

此式称为**容斥原理**，也称为**多去少补原理**.

1.3 概率的直接计算

事件的概率通常是未知的，但公理化定义并没有告诉人们如何去计算概率. 历史上在公理化定义出现之前，概率的统计定义、古典定义、几何定义和主观定义都在一定的场合下具有计算概率的方法，所以有了公理化定义后，它们均可以作为概率的计算方法.

1.3.1 计算概率的统计方法

定义 1.3.1 在相同的条件下，重复进行了 n 次试验，若事件 A 发生了 n_A 次，则称比值 $\dfrac{n_A}{n}$

为事件 A 在 n 次试验中出现的**频率**，记为 $f_n(A)$，n_A 为事件 A 的**频数**.

显然，频率具有如下性质：

（1）**非负性**：对任意 A，有 $f_n(A)\geqslant 0$.

（2）**规范性**：$f_n(\Omega)=1$.

（3）**可加性**：若 A,B 互斥，则 $f_n(A\cup B)=f_n(A)+f_n(B)$.

定义 1.3.2　在相同的条件下，独立重复地做 n 次试验，当试验次数 n 很大时，如果某事件 A 发生的频率 $f_n(A)$ 稳定地在 $[0,1]$ 上的某一数值 p 附近摆动，而且一般来说随着试验次数的增多，这种摆动的幅度会越来越小，则称数值 p 为事件 A 发生的概率，记为 $P(A)=p$.

概率的统计定义既肯定了任一事件的概率是存在的，又给出了一种概率的近似计算方法，但不足之处是要进行大量的重复试验，而事实上很多随机现象不能进行大量重复试验，特别是一些经济现象是无法重复的. 有些现象即使能重复，也难以保证试验条件是一样的.

值得注意的是，概率的统计定义以试验为基础，但这并不等于说概率取决于试验. 事实上，事件发生的概率乃是事件本身的一种属性，先于试验而存在. 例如，抛硬币，我们首先相信硬币质量均匀，那么在抛之前就已知道出现正面或反面的机会均等，所以从概率的计算途径看概率的描述性定义是先验的，概率的统计定义是后验的，显然两种定义并非等价. 用“频率”估计“概率”，和用“尺子”度量“长度”、用“天平”度量物质的“质量”，是完全类似的. 可以形象地说，频率是测定事件概率的“尺子”，而测定的“精度”可以靠增大试验次数来保障.

概率客观存在的一个很重要的证据是事件出现的频率呈现稳定性，即在大量的重复试验中，频率常常稳定于某个常数，称为频率的**稳定性**，即随着 n 的增加，频率越来越可能接近概率. 我们还容易看到，若随机事件 A 出现的可能性越大，一般来讲其频率 $f_n(A)$ 也越大. 由于事件 A 发生的可能性大小与其频率大小有如此密切的关系，加之频率又有稳定性，故可通过频率来定义概率，这就是概率的统计定义.

只要重复无穷次试验，事件发生的概率就是事件频率的稳定值，伯努利大数定律给出了严格证明（后面会详细讲解）. 人们把这种有着明确的历史先例和经验的概率称为**客观概率**.

例 1.3.1　一个职业赌徒想要一个灌过铅的骰子，使得掷一点的概率恰好是八分之一而不是六分之一. 他雇佣一位技工制造骰子，几天过后，技工拿着一个骰子告知他出现一点的概率为八分之一，于是他付了酬金，然而骰子并没有掷过，他会相信技工的话吗？

解　实际中，当概率不易求出时，人们常通过做大量试验，用事件出现的频率去估计概率，只要试验次数 n 足够大，估计精度完全可以满足人们的需求.

职业赌徒可掷一个骰子 800 次，如果一点出现的次数在 100 次左右，则骰子满足要求；如果一点出现的次数在 133 次左右，则此骰子基本上是正常的骰子，不满足要求.

至于“左右”到底多大，不同的人可取不同的值，保守、悲观的人可取小点，乐观的人可取大点，这涉及假设检验与决策问题，我们会在后面详细讲解.

例 1.3.2　说明频率稳定性的例子.

（1）抛硬币试验.

历史上有不少人做过抛硬币试验，其结果见表 1.3.1. 从表中的数据可看出：出现正面的频率逐渐稳定在 0.5，用频率的方法可以说，出现正面的概率为 0.5.

表 1.3.1 抛掷硬币试验记录

实验者	抛硬币次数	出现正面的次数	频率
德莫根(De Morgan)	2 048	1 061	0.518 1
蒲丰（Buffon）	4 040	2 048	0.506 9
费勒（Feller）	10 000	4 979	0.497 9
皮尔逊(Person)	12 000	6 019	0.501 6
皮尔逊	24 000	12 012	0.500 5

(2) **英语字母的频率.**

在生活实践中人们认识到：英语中某些字母出现的频率要高于其他字母.有人对各类典型的英语书刊中字母出现的频率进行统计，发现各个字母的使用频率相当稳定. 这项研究对计算机键盘的设计（在方便的地方安排使用频率较高的字母键）、信息的编码（用较短的码编排使用频率较高的字母键）等方面都十分有用.

统计概率通常是计算大量重复试验中该事件出现次数的比例，但有些试验是不能重复的.比如，你投资开设一家餐馆，那么要预测这家餐馆生存 5 年的概率，就不可能重复地将这家饭馆开很多家. 不过，通常可以用生存 5 年的类似餐馆所占的比率，作为所求概率的一个近似值，这也是用过去相关的历史数据对未来做出的判断.

1.3.2 计算概率的古典方法

引入计算概率的数学模型是在概率论发展过程中最早出现的研究对象，它简单、直观，不需要做大量重复试验，而是在经验、事实的基础上，对被考察事件的可能性进行逻辑分析后得出该事件的概率.

如果一个随机试验满足：

（1）**有限性**：样本空间中只有有限个样本点；

（2）**等可能性**：样本点是等可能发生的，

则称为**古典型试验**，简称**古典概型**.

"等可能性"是一种假设，在实际应用中常需要根据实际情况去判断是否可以认为各基本事件或样本点是等可能的. 在许多场合，由对称性和均衡性就可以认为基本事件是等可能的并在此基础上计算事件的概率. 如掷一枚均匀的硬币，经过分析后就可以认为出现正面和反面的概率各为 0.5.

定义 1.3.3 设古典型随机试验的样本空间 $\Omega=\{\omega_1,\omega_2,\cdots,\omega_n\}$，若事件 A 中含有 $k(k\leqslant n)$ 个样本点，则称 $\frac{k}{n}$ 为事件 A 发生的**概率**，记为

$$P(A)=\frac{k}{n}=\frac{A\text{中含有的样本点数}}{\text{总样本点数}}.$$

显然，古典概率也满足非负性、规范性、可加性.

在确定概率的古典方法中经常要用到排列组合知识，下面介绍排列与组合公式，但要注

意区别有序与无序、重复与不重复. 排列和组合都是计算“从 n 个元素中任取 r 个元素”的取法总数公式，其主要区别在于：如果不讲究取出元素间的次序，则用组合公式，否则用排列公式，而所谓讲究元素间的次序，可以从实际问题中进行辨别. 例如，两个人握手是不讲次序的，而两个人排队是讲次序的.

众所周知，当遇到复杂事情时，常常先将事情分类，再对每类分步，进而将复杂事情分解为多个简单事情，然后一一攻破，这就是加法原理和乘法原理.

（1）**加法原理**：设完成一件事有 m 种方式，第一种方式有 n_1 种方法，第二种方式有 n_2 种方法，……，第 m 种方式有 n_m 种方法，则完成这件事共有 $\sum_{i=1}^{m} n_i$ 种方法.

譬如，某人要从甲地到乙地去，可以乘火车，也可以乘轮船，火车有两班，轮船有三班，那么甲地到乙地共有 $2+3=5$ 个班次供旅客选择.

（2）**乘法原理**：设完成一件事有 m 个步骤才能完成，第一步有 n_1 种方法，第二步有 n_2 种方法，……，第 m 步有 n_m 种方法，则完成这件事总共有 $\prod_{i=1}^{m} n_i$ 种方法.

譬如，若一个男人有三顶帽子和两件背心，则他可以有 $3\times 2=6$ 种打扮.

加法原理和乘法原理是两个很重要的计数原理，它们不但可以直接解决不少具体问题，同时也是推导下面常用排列组合公式的基础.

（1）**排列**：从 n 个不同元素中任取 r $(r\leqslant n)$ 个元素排成一列，考虑元素先后出现的次序，称此为一个排列，此种排列的总数记为 P_n^r 或 A_n^r. 由乘法原理可得

$$\mathrm{P}_n^r = n(n-1)(n-2)\cdots(n-r+1) = \frac{n!}{(n-r)!}.$$

若 $r=n$，则称为**全排列**，记为 P_n. 显然，$\mathrm{P}_n = n!$.

（2）**重复排列**：从 n 个不同元素中每次取出一个，放回后再取下一个，如此连续 r 次所得的排列称为重复排列，此种排列数共有 n^r，r 可以大于 n.

（3）**组合**：从 n 个不同元素中任取 $r\leqslant n$ 个元素并成一组，不考虑时间的先后顺序，称此为一个组合，此种组合的总数记为 C_n^r，或 $\binom{n}{r}$. 由乘法原理可得

$$\mathrm{C}_n^r = \frac{\mathrm{P}_n^r}{r!} = \frac{n!}{(n-r)!r!}.$$

规定 $0!=1,\ \mathrm{C}_n^0=1$.

（4）**重复组合**：从 n 个不同元素中每次取出一个，放回后再取下一个，如此连续 r 次所得的组合称为重复组合，此种组合数共有 C_{n+r-1}^r，r 可以大于 n.

例如，一箱中有两球，分别记为 a 和 b，每次取出一个，放回后再取下一个，连续 3 次所得的组合共有 4 项，分别为 a^3,a^2b,ab^2,b^3. 事实上，

$$(a+b)^3 = a^3+3a^2b+3ab^2+b^3.$$

如果考虑取出顺序，则为重复排列，结果共 8 项，即 $1+3+3+1=2^3$；如果不考虑顺序，则为重复组合.

组合系数 C_n^r 又常称为**二项式系数**，因为它是二项式展开的系数，

$$(a+b)^n=\sum_{r=0}^{n}\binom{n}{r}a^r b^{n-r}.$$

利用该公式，可以得到许多有用的组合公式：

令 $a=b=1$，可得

$$\binom{n}{0}+\binom{n}{1}+\binom{n}{2}+\cdots+\binom{n}{n}=2^n.$$

令 $a=-1,\ b=1,$ 可得

$$\binom{n}{0}-\binom{n}{1}+\binom{n}{2}-\cdots+(-1)^n\binom{n}{n}=0.$$

由 $(1+x)^{m+n}=(1+x)^m(1+x)^n$，运用二项式展开有

$$\sum_{j=0}^{m+n}\binom{m+n}{j}x^j=\sum_{j_1=0}^{m}\binom{m}{j_1}x^{j_1}\sum_{j_2=0}^{n}\binom{n}{j_2}x^{j_2}.$$

比较两边 x^r 的系数，可得

$$\binom{m+n}{r}=\sum_{i=0}^{r}\binom{m}{i}\binom{n}{r-i}.$$

n 个不同元素分为 k 组，各组元素数目分别为 $r_1,\cdots,r_k$ 的分法总数为

$$\frac{n!}{r_1!r_2!\cdots r_k!},\quad 其中\ r_1+r_2+\cdots r_k=n,$$

即

$$C_n^{r_1}\cdot C_{n-r_1}^{r_2}\cdots C_{r_k}^{r_k}=\frac{n!}{r_1!r_2!\cdots r_k!}.$$

在对古典概型中的事件概率进行计算时，要注意以下几点：

（1）对于比较简单的试验，即样本空间所含样本点的个数比较少，这时可直接写出样本空间 Ω 和事件 A，然后数出各自所含的样本点的个数即可.

（2）对于比较复杂的试验，一般不再写出样本空间 Ω 和事件 A 中的元素，而是利用排列组合方法计算出它们各自所含样本点数，但这时一定要保证它们的计算方法一致，即要么都用排列，要么都用组合，否则就容易出错.

例 1.3.3 有三个子女的家庭，设每个孩子是男是女的概率相等，则至少有一个男孩的概率是多少?

解 （方法一）设 A 表示“至少有一个男孩”，以 B 表示男孩，G 表示女孩，则

$A=\{\mathrm{BBB,BBG,BGB,GBB,BGG,GBG,GGB}\}$，含有 7 个样本点；

$\Omega=\{\mathrm{BBB,BBG,BGB,GBB,BGG,GBG,GGB,GGG}\}$，含有 8 个样本点.

$$P(A)=\frac{k}{n}=\frac{A\ 中含有的样本点数}{总样本点数}=\frac{7}{8}.$$

（方法二）A 表示“至少有一个男孩”，则事件 A 比较复杂，而 A 的对立事件 $\overline{A}$ 则相对简单，$\overline{A}=\{GGG\}$，所以

$$P(A)=1-P(\overline{A})=1-\frac{1}{8}=\frac{7}{8}.$$

可见，有些事件直接考虑比较复杂，而考虑其对立事件则相对比较简单. 值得注意的是，在自然状态下，由于男性的死亡率高于女性，因此，男孩的出生率略高于女孩，当到结婚年龄时，男女比例就持平了.

以下有一些常用的模型，请读者熟练掌握和灵活运用.

例 1.3.4（抽样模型） 一批产品中共有 N 个，其中 M 个不合格品，从中随机抽取 n 个，试求事件 $A_m=$ “取出 n 个产品中有 m 个不合格品”的概率.

解 （方法一）**不放回抽样**：抽取一个不放回，然后再抽下一个，……，如此重复直到抽取 n 个为止，等价于：一次抽取 n 个.

先计算样本空间 Ω 的样本点数. 由组合定义可知，样本点数共有 C_N^n 个，又因为是随机抽取的，故样本点是等可能的.

下面计算事件 A_m 包含的样本点数. 先分步，第一步：m 个不合格品一定是从 M 个不合格品中取出，有 C_M^m 种取法；第二步：$n-m$ 个合格品一定是从 $N-M$ 个合格品中取出，有 C_{N-M}^{n-m} 种取法. 由乘法原理可知，A_m 包含的样本点数为 $C_M^m C_{N-M}^{n-m}$，故

$$P(A_m)=\frac{C_M^m C_{N-M}^{n-m}}{C_N^n}, \quad m=0,1,\cdots,r=\min(n,M).$$

（方法二）**放回抽样**：抽取一个后放回，然后再抽下一个，……，如此重复直到抽取 n 个为止.

我们对事件 A_m 的发生情况进行分类. 由于 m 个不合格品可能在 n 次抽样的任意 m 次取出，故有 C_n^m 种可能类型且每种可能类型有 $M^m(N-M)^{n-m}$ 个样本点. 又因样本空间有 N^n 个样本点，故

$$P(A_m)=C_n^m\frac{M^m(N-M)^{n-m}}{N^n}=C_n^m\left(\frac{M}{N}\right)^m\left(1-\frac{M}{N}\right)^{n-m}, \quad m=0,1,\cdots,n.$$

例 1.3.5 某班有 50 名同学，其中正、副班长各 1 名，先从中任意选派 5 名同学参加假期社会实践活动，试求正、副班长至少一人被派上的概率.

解 设 $A=\{$正、副班长至少一人被派上$\}$，

（方法一）基本事件总数为 C_{50}^5，事件 A 的基本事件数为 $C_2^1C_{48}^4+C_2^2C_{48}^3$，于是

$$P(A)=\frac{C_2^1C_{48}^4+C_2^2C_{48}^3}{C_{50}^5}=\frac{47}{245}.$$

（方法二）因为 $\overline{A}$ 的基本事件数为 C_{48}^5，于是

$$P(A)=1-P(\overline{A})=1-\frac{C_{48}^5}{C_{50}^5}=\frac{47}{245}.$$

例 1.3.6 设袋中有 $M+N$ 个同样（除颜色外）的球，其中有 M 个白球，N 个黑球. 现从袋中一次一次不放回地取一球，求第 k 次取到白球的概率，$1\leqslant k\leqslant M+N$.

解 下面用三种方法求解.

（方法一）排列法.

将 $M+N$ 个球从 1 到 $M+N$ 编号，白球先编. 现有 k 个盒子，一次一次不放回地取一球将 k 个盒子放满，共有 $\mathrm{A}_{M+N}^{k}=\dfrac{(M+N)!}{(M+N-k)!}$ 放法，它也是全部基本事件.

现在考虑第 k 次放白球并将盒子放满的放法.

假定第 k 次取出白球，并放在第 k 个盒子，共 M 种放法，剩下 $k-1$ 个盒子只能从剩下 $M+N-1$ 个球中不放回地一个个取出，共 A_{M+N-1}^{k-1}. 因此所求事件的概率为

$$\frac{M\mathrm{A}_{M+N-1}^{k-1}}{\mathrm{A}_{M+N}^{k}}=\frac{M}{M+N}.$$

此概率与 k 无关.

（方法二）排列法.

将 $M+N$ 个球从 1 到 $M+N$ 编号，白球先编. 现有 $M+N$ 个盒子，一次一次不放回地取一球将 $M+N$ 个盒子放满，则共有 $(M+N)!$ 放法，它也是全部基本事件.

现在考虑第 k 次放白球并将盒子放满的放法.

假定第 k 次取出白球并放在第 k 个盒子，共 M 种放法，剩下 $M+N-1$ 个盒子只能从剩下 $M+N-1$ 个球中不放回地一个一个取出，共有 $(M+N-1)!$ 种放法. 因此所求事件的概率为

$$\frac{M\times(M+N-1)!}{(M+N)!}=\frac{M}{M+N}.$$

（方法三）组合法.

除了颜色之外，将各个球看作没有区别，将取出的球依次放在直线上的 $M+N$ 个盒子上，此时 M 个白球在 $M+N$ 个位置上的所有不同放法的组合数为 C_{M+N}^{M}. 因为白球没有区别，也就是不必考虑其排列次序，所以是组合数. 而这个数就是 M 个白球被取出的所有不同取法总数，即样本空间中基本事件的总数.

令 $A=\{$第 k 次取到白球$\}$，第 k 次取到白球，即在第 k 个位置上必须放白球，其余 $M-1$ 个白球可放在其余的 $M+N-1$ 个位置的任意 $M-1$ 个位置上，其所有不同的方法为组合数 C_{M+N-1}^{M-1}，即所求事件 A 的基本事件数，因此

$$P(A)=\frac{\mathrm{C}_{M+N-1}^{M-1}}{\mathrm{C}_{M+N}^{M}}=\frac{M}{M+N}.$$

例 1.3.6 也称为**抽签原理**，在选择题和填空题中可直接应用.

在着手用间接方法计算概率时，用字母来适当表示事件是重要的. 首先，对于需求概率的事件要用一字母表示，再考察与之相关的已知概率或较易算出概率的事件也要用字母表示. 然后，根据事件运算的意义表示其关系式，再利用基本定理计算需求的概率. 从上面的例题可以看出，不同的思路可得到事件的不同关系式，从而也会导致解题过程的简或繁.

1.3.3 计算概率的几何方法

早在概率论发展初期，人们就认识到，只考虑有限个等可能样本点的古典方法是不够的. 把等可能推广到无限个样本点场合，便引入了**几何概型**，由此形成了确定概率的**几何方法**. 基本思想是：

（1）设样本空间 Ω 充满某区域 S，其度量（长度、面积、体积等）大小为 $\mu(S)$；

（2）向区域 S 上随机投掷一点，这里“随机投掷一点”的含义是指该点落入 S 任何部分区域内的可能性只与这部分区域的度量成比例，而与这部分区域的位置和形状无关；

（3）设事件 A 是 S 的某个区域，度量为 $\mu(A)$，

则向区域 S 上随机投掷一点，该点落在区域 A 的概率为 $P(A)=\dfrac{\mu(A)}{\mu(S)}$.

这个概率称为**几何概率**，它满足概率的公理化定义.

实际上，许多随机试验的结果未必是等可能的，而几何方法的正确运用依赖于“等可能性”的正确规定，即样本空间 Ω 是某空间的一有界区域，A 是 Ω 的可度量子集，即 A 是可测集. 只有 Ω 的可测子集才能视为一个事件，不可测子集不能称为事件，不是概率论的研究对象. 一切可测子集的集合用 $\mathcal{F}$ 来表示.

在几何概型中，事件概率的计算一般可按以下步骤进行：

（1）选取合适模型，用几何空间中的点表示样本点，构造样本空间 Ω；

（2）在坐标系中正确表示 Ω 和所求事件 A 所在的有限区域；

（3）计算 Ω 和 A 的几何度量，如果计算度量时不宜用观察方法，可改用多重积分计算，得到概率 $P(A)=\dfrac{\mu(A)}{\mu(\Omega)}$.

例 1.3.7（会面问题） 甲乙约定在下午 6 时到 7 时之间在某处会面，并约定先到者应等候另一个人 20 分钟，过时即可离去. 求两人会面的概率.

解 设 x,y 分别表示甲乙两人到达约会地点的时间，以分钟为单位，在平面上建立直角坐标系 xOy，见图 1.3.1.

因为甲乙都是在 0 到 60 分钟内等可能到达，所以由等可能性知这是一个几何概率问题. (x,y) 的所有可能取值是边长为 60 的正方形，面积为 $\mu_\Omega=60^2$；事件 $A=\{$两人能会面$\}$相当于 $|x-y|\leqslant 20$，其面积为 $\mu_A=60^2-40^2$，则

$$P(A)=\frac{\mu(A)}{\mu(S)}=\frac{60^2-40^2}{60^2}=\frac{5}{9}\approx 0.5556.$$

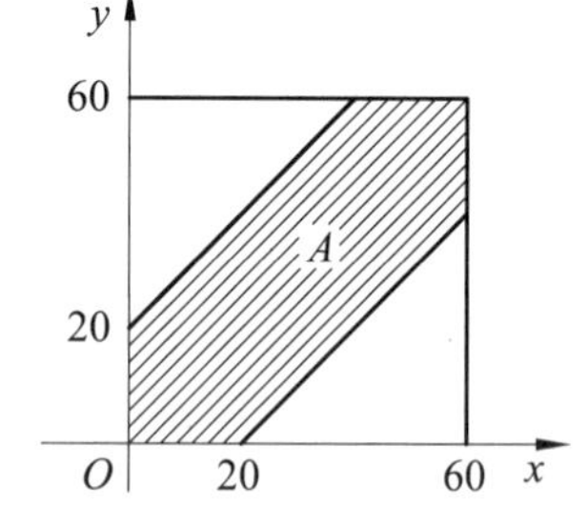

图 1.3.1 会面问题

结果表明：按此规则约会，两人能够会面的概率不超过 0.6.

这个例子是许多实际问题的一个模型. 例如，一个人理发需要 20 分钟，当他正在理发期间，又来一人理发，此人就需要等待，所以会面问题是许多实际问题的雏形.

数学是由两个大类——**证明**和**反例**组成，数学发现主要是提出证明和构造反例. 在数学上要论证一个命题的正确性是相当不易的，而要推翻一个命题，用一个反例就足够了. 比如证明：世界上所有天鹅都是白天鹅，你考察了 10 万只天鹅，全是白的，也不能证明此命题，

但如果你考察了 10 只天鹅，只要有一只不是白的便可推翻此命题. 由此可见，对命题构造反例是多么的重要.

在大学数学的教育和学习中，反例的作用是多方面的，从科学上来讲，反例就是推翻错误命题的重要手段；从教学方面讲，反例是加深对概念和定理的理解的重要手段，还有助于发现问题，活跃思维，避免常犯的错误，并能培养学生的思维品质. 在概率论教学中，恰当地运用反例教学，可以帮助学生加深对该课程的理解，并激发他们积极思维，有助于提高教学质量；从自学角度来讲，运用反例对自学者更有指导作用，因为自学时，对于一个结论不知是对还是不对，有了反例就知道哪些结论是错误的，从而可以解决许多疑难问题. 因此在教学中引入反例，有利于对问题的理解.

不可能事件的概率必为零，反之却未必成立. 当考虑的概型为古典概型时，概率为零的事件一定是不可能事件，但对于几何概型，概率为零的事件未必是不可能事件. 例如，在会面问题中，事件 $B=$ “两人同时到达”，则 $B=\{(x,y)\in\Omega,x=y\}$，它的图形是一条对角线，而概率是用面积之比计算的，B 的面积为 0，所以 $P(B)=0$，但 B 显然不是不可能事件 $\varnothing$.

例 1.3.8 将一线段任意分为三段，求能组成三角形的概率.

解 如图 1.3.2，设线段总长度为 1，由于是将线段任意分成三段，所以由等可能性知，这是一个几何概率问题，分别用 $x,y,1-x-y$ 表示三段长度. 显然应该有

$$0<x<1;\quad 0<y<1;\quad 0<1-(x+y)<1.$$

所以样本空间

$$\Omega=\{(x,y):0<x<1,0<y<1,0<x+y<1\}.$$

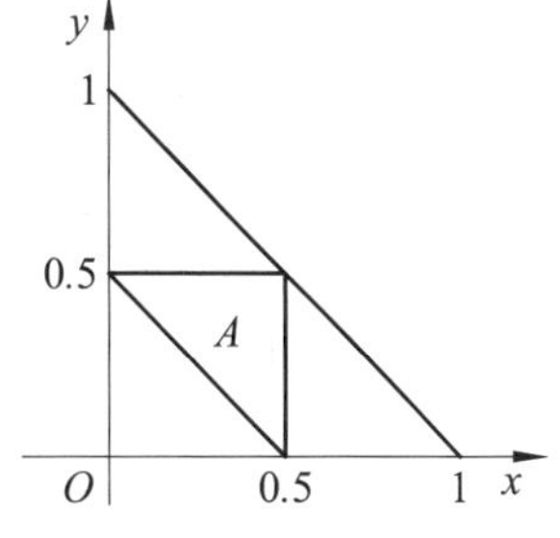

图 1.3.2 构成三角形的条件

又根据构成三角形的条件，三角形中任意两边之和大于第三边，所以事件 $A=$ “线段任分三段可以构成三角形”所含样本点必须满足：

$$0<x<y+1-x-y;\quad 0<y<x+1-x-y;\quad 0<1-x-y<x+y.$$

整理可得

$$A=\{(x,y)\mid 0.5<x+y<1,0<x<0.5,0<y<0.5\}.$$

因此

$$P(A)=\frac{\mu(A)}{\mu(\Omega)}=\frac{0.5\times0.5\times0.5}{1\times1\times0.5}=\frac{0.125}{0.5}=\frac{1}{4}.$$

例 1.3.9 随机向半圆 $0<y<\sqrt{2ax-x^2}$ $(a>0)$ 内掷一点，点落在半圆内任何区域的概率与该区域面积成正比，求该点与原点的连线与 x 轴的夹角小于 $\frac{\pi}{4}$ 的概率.

解 如图 1.3.3，设事件 A 表示“点与原点的连线与 x 轴的夹角小于 $\frac{\pi}{4}$”，于是样本空间 $\Omega=\{(x,y)\mid 0<y<\sqrt{2ax-x^2}\}$，即为图中半圆，其面积为 $\frac{1}{2}\pi a^2$；而 $A=\{(x,y)\mid(x,y)\in\Omega,x>y\}$，其面积为 $\frac{1}{4}\pi a^2+\frac{1}{2}a^2$. 则由几何概率计算公式可得

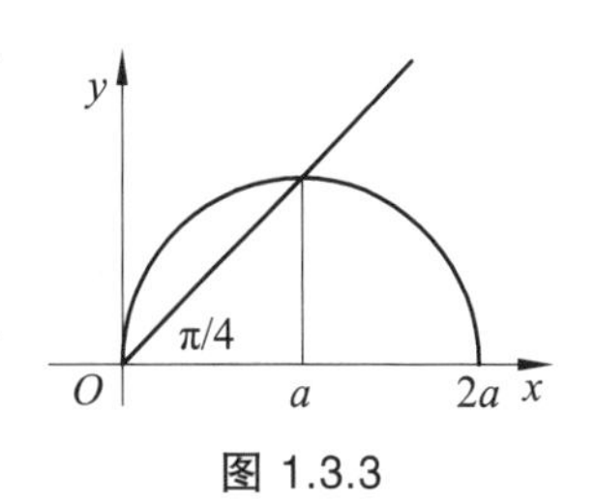

图 1.3.3

$$P(A)=\frac{\frac{1}{4}\pi a^2+\frac{1}{2}a^2}{\frac{1}{2}\pi a^2}=\frac{1}{2}+\frac{1}{\pi}.$$

1777 年，法国科学家蒲丰（Buffon）提出的一种计算圆周率的方法——随机投针法，即著名的蒲丰投针问题，这是几何概率的一个早期例子.

例 1.3.10（蒲丰问题） 平面上画有等距离为 $d>0$ 的一些平行线，向平面任意地投一长度为 $l\ (l<d)$ 的针，试求针能与任一平行线相交的概率 p.

解 以 x 表示针的中点与最近一条平行线相交的距离，φ 表示针与此直线的交角，见图 1.3.4.

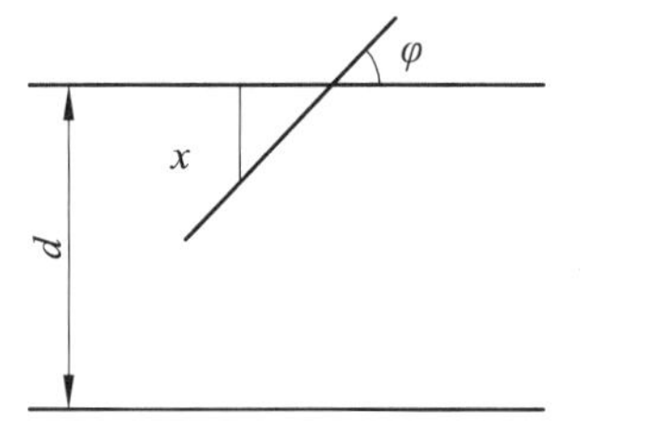

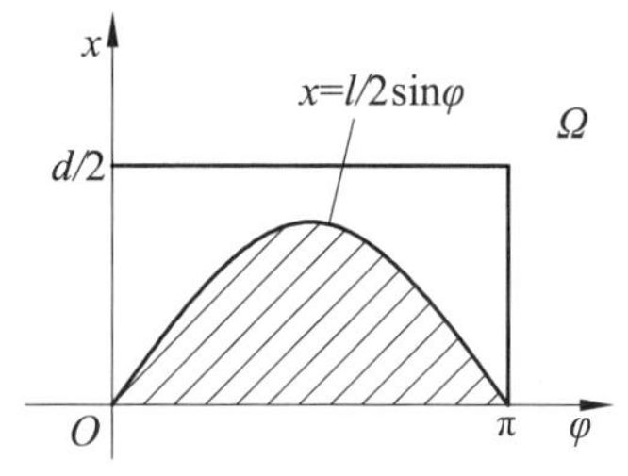

图 1.3.4　蒲丰投针问题

易知，样本空间 Ω 满足 $0\leqslant x\leqslant\frac{d}{2}$, $0\leqslant\varphi\leqslant\pi$，其面积为 $S_\Omega=\frac{d\pi}{2}$. 这时，针与平行线相交（记为事件 A）的充要条件为 $x\leqslant\frac{l}{2}\sin\varphi$.

由于针是向平面任意投掷的，由等可能性知这是一个几何概率问题，所以

$$P(A)=\frac{S_A}{S_\Omega}=\frac{\int_0^\pi \frac{l}{2}\sin\varphi\mathrm{d}\varphi}{\frac{d\pi}{2}}=\frac{2l}{d\pi}.$$

如果 l,d 已知，则将 π 值代入可得 $P(A)$；反之，如果知道了 $P(A)$，则用上式可求 π. 而关于 $P(A)$ 的值，可从试验中用频率去近似它，即投针 N 次，其中针与平行线相交 n 次，则事件 A 的概率可估计为 $\frac{n}{N}$，即 $P(A)\approx\frac{n}{N}$. 可得 $\pi\approx\frac{2lN}{dn}$.

表 1.3.2 摘录了有关的历史资料：

表 1.3.2　投针试验记录

实验者	年份	投针次数	相交次数	π 值
Wolf	1850	5 000	2 531	3.159 6
Smith	1855	3 204	1219	3.155 4
De Morgan C.	1860	600	383	3.137
Fox	1884	1 030	489	3.159 5
Lazzerini	1901	3 408	1 808	3.141 592 9
Reina	1925	2 520	859	3.179 5

这是一个很奇妙的方法，只要设计一个随机试验，使一个事件的概率与某个未知参数有关，然后通过重复试验，以频率估计概率，即可求得未知数的近似解. 一般而言，试验次数越多，求得的近似解越精确. 随着计算机的发展，人们可以利用计算机来大量重复地模拟所设计的随机试验，人们称这种方法为**随机模拟法**，也称为**蒙特卡罗法**（Monte Carlo）. M-C方法是计算机模拟的基础，它的名字来源于世界著名的赌城——摩纳哥的蒙特卡罗，它起源于1777年法国科学家蒲丰提出的一种计算圆周率 π 的方法——随机投针法.

蒙特卡罗的基本思想：首先建立一个概率模型，使所求问题的解正好是该模型的参数或其他有关的特征量，然后通过模拟一统计试验，即多次随机抽样试验，统计出某事件发生的百分比，只要试验次数很大，该百分比便近似于事件发生的概率，这实际上就是概率的统计定义. 然后利用建立的概率模型，求出要估计的参数.

1.3.4 计算概率的主观方法*

前面已经阐述了可重复的随机现象，即客观概率，现在介绍不可重复的随机现象. **不可重复的随机现象也就是“一次性事件”，即一次之后不可能再重复**，它的存在性和随机性是毋庸置疑的. 例如，某气象台预报明天有雨；球迷在比赛前预测比赛结果；买足球彩票猜中奖. 对这样不可重复随机现象的概率确定，我们只能采用主观方法. 统计界的贝叶斯学派认为：**一个事件的概率是人们根据经验对该事件发生的可能性给出的个人信念**，这样给出的概率称为**主观概率**.

关于“一次性事件”的概率计算，由于没有直接的历史先例作为确定概率的根据，又无法通过实验的手段使用统计方法，因此只能靠主观判断. 这种认识主体依据自己的知识、经验和所掌握的相关信息，对“一次性事件”发生可能性大小所作的数量估计和判断称之为主观概率. 主观概率因人而异，且无法核对准确程度. 例如，凭借经验，王老师认为：2015年小明高等数学期末考试及格的概率为0.9，而张老师则认为“及格的概率仅为0.1”，结果显示，小明在2015年高等数学期末考试中及格了，但这并不能表明王老师的判断更精确，而张老师预测错误. 因此，我们常常需要调查、比较多人的主观概率，并了解他们各自的依据.

主观概率的确定除了根据自己的经验外，还可利用别人的经验. 例如，对一项风险投资，决策者向某位专家咨询的结果为“成功的概率为0.8”，但决策者根据自己的经验认为这个专家一向乐观，决策者可将结论修正为0.7. 不管怎样，主观给定的概率要符合公理化定义. 主观概率数值的给出，虽然有赖于主观因素，但是“一次性事件”往往都有着极强的客观背景，主观概率绝不是不联系实际的主观臆断，也正是因为这样，才使得主观概率成为一个有用的概念.

“一次性事件”随处可见，特别是在经济决策领域，主观概率的功效更是不言而喻，当决策者面临“一次性事件”的场合（比如预测“一项投资赢利”的概率），往往先是对随机事件的每一种可能结果分配一项主观概率，然后根据所分配的概率制定决策. 当然我们不难想到，在决策分析中使用主观概率固然有风险，但比起什么也不用要好得多，且适合于某人的决策，即使风险小也未必适合另一个人，因为对他而言，可能仍感到风险太大. 确实地，许多决策都难免要包含个人判断的成分，而这就是主观概率. 人们几乎每天都要使用主观概率，例如，午餐时要估计就餐餐馆的拥挤程度；外出时要估计使用某种交通工具的可能性与候车等待时间；购物时要估计商场某种物品脱销的可能性；医生要估计“一次手术成功”的概率；某教师要估计“某考生在一次高考中考取”的概率；教练要估计“某运动员在比赛中取胜的概率”，等等.

小到一个个人，大至一个国家，都存在着决策问题. 特别是国家重大事件的决策，比如经济战略的决策、空间科学的决策、军事行动的决策、开采矿藏的决策等，都需要对未来事件成功与失败做出预测，这时，主观概率的作用要远比客观概率的作用大得多. 例如，20 世纪 50 年代的苏联，正是由于对晶体管发展方向的错误预测，才造成了巨大的损失.

例 1.3.11 某人得了一种罕见的病，根据现代医学统计资料，这种病的患者有 75% 被治愈，因而家人称他康复的概率为 0.75，试问怎样解释他康复的概率值？

解 这里讨论的“该人患此病被治愈”是只出现一次的事件，这就排除了对此概率值作频率解释的可能性，因为把过程重复多次就意味着要使他多次得这种罕见的病，然后再看康复几次，这一说法显然是不合理的. 所以这个概率值是家人的主观概率，且这个主观概率是以现代医学统计资料为基础而做出的，它以数量化的形式表达了家人对他康复的期望程度和信心.

主观概率之所以有着强大的生命力，就在于它能付诸实践. 事实充分说明，回避主观概率是不客观的，只有用主观概率与客观概率共同构建的概率论，才是我们认识和理解随机世界的一把钥匙，才可称概率论是“生活真正的领路人”.

当然，在肯定主观概率在决策中的作用时，也不能否定其他学科在决策中的作用，因为决策科学本身是一门综合性学科，绝不可以偏概全，而要综合衡量利弊，慎重决策.

1.4 条件概率

在解决许多概率问题时，往往需要在有某些附加信息（条件）下求事件的概率.

班上有 100 名学生，其中有 60 名男生，40 名女生. 老师告诉他们从班上随意挑出 1 名学生免费旅游，这时他们每个人都觉得自己被挑中的可能性为 $\frac{1}{100}$. 当老师宣布“挑出来的学生是女学生”时，每个学生都被挑选的可能性都变了，男生认为自己没机会了，而女生则认为自己有 $\frac{1}{40}$ 的可能性了.

两种可能性就是两种概率：第一种可能性是在全班范围内计算的，这种可能性就是通常意义上的概率；第二种可能性是在女同学范围内计算的，这种可能性就是下面要讲的条件概率. 设事件 $A=$ “挑中”，$B=$ “女同学”，则 $P(A)=\frac{1}{100}$. 第二种可能性是在 B 发生条件下的条件概率，记为 $P(A|B)$，则

$$P(A|B)=\frac{1}{40}=\frac{1/100}{40/100}=\frac{P(AB)}{P(B)}$$

由此得到的条件概率公式是在古典概型下导出的. 对于一般概率模型，我们把它作为定义.

定义 1.4.1 设 A,B 是两个随机事件，且 $P(B)>0$，称

$$P(A|B)=\frac{P(AB)}{P(B)}$$

为**在事件 B 发生条件下事件 A 发生的条件概率**.

（1）当 $P(B)=0$ 时，条件概率无意义，即条件不能是概率为 0 的事件；

（2）$P(A|\Omega)=\dfrac{P(A\Omega)}{P(\Omega)}=P(A)$，即概率 $P(A)$ 是特殊的条件概率.

若 $P(B)>0$，利用条件概率的定义，我们很容易证明：

（1）$P(A|B)\geqslant 0,\forall A\in\mathcal{F}$；

（2）$P(\Omega|B)=1$；

（3）若 $A_i\cap A_j=\varnothing,i\neq j,i,j=1,2,\cdots$，则 $P\left(\bigcup\limits_{i=1}^{\infty}A_i\,|\,B\right)=\sum\limits_{i=1}^{\infty}P(A_i\,|\,B)$.

所以条件概率 $P(\cdot|B)$ 也是概率，也具有概率的其他性质.

“条件概率是概率”是需要证明的，就像命题“白马是马”也需要证明一样，初学者要慢慢体会其中的奥妙. 定义虽然不需要证明，但可解释其合理性.

$P(A|B)$ 的前提是“B 发生”，此时样本空间变为 B, A 发生只可能是 AB 发生，故 $P(A|B)$ 定义为 $\dfrac{P(AB)}{P(B)}$，这是人们目前能想到的最合理的定义了.

条件概率 $P(A|B)$ 与 $P(A)$ 的区别：每一个随机试验都是在一定条件下进行的，$P(A)$ 是在该试验条件下的事件 A 发生的可能性大小，而条件概率 $P(A|B)$ 是在原条件下又添加“B 发生”这个条件时 A 发生的可能性大小，即 $P(A|B)$ 仍是概率. 它们的区别在于两者发生的条件不同，故它们是两个不同的概念，在数值上一般也不同.

由条件概率的定义立即可得**乘法公式**：

$$P(A|B)=\frac{P(AB)}{P(B)}\Rightarrow P(AB)=P(B)P(A|B),\quad (P(B)>0).$$

$$P(B|A)=\frac{P(AB)}{P(A)}\Rightarrow P(AB)=P(A)P(B|A),\quad (P(A)>0).$$

乘法公式也称为**联合概率**，是指两个任意事件乘积的概率，或称之为**交事件的概率**，也可称为**链式规则**，它是一种把联合概率分解为条件概率的方法.

定理 1.4.1（乘法公式的推广） 对 $\forall n$ 个事件 $A_1,\cdots,A_n$，若 $P(A_1\cdots A_n)>0$，则

$$P(A_1\cdots A_n)=P(A_1)P(A_2|A_1)P(A_3|A_1A_2)\cdots P(A_n|A_1\cdots A_{n-1}). \qquad (1.4.1)$$

证明 因为 $A_1A_2\cdots A_n\subset A_1\cdots A_{n-1}\subset\cdots\subset A_1A_2\subset A_1$，由概率的单调性有

$$P(A_1)\geqslant P(A_1A_2)\geqslant\cdots\geqslant P(A_1A_2\cdots A_{n-1})>0.$$

又由条件概率的定义有

$$\text{式(1.4.1)右}=P(A_1)\frac{P(A_1A_2)}{P(A_1)}\frac{P(A_1A_2A_3)}{P(A_1A_2)}\cdots\frac{P(A_1A_2\cdots A_n)}{P(A_1A_2\cdots A_{n-1})}=P(A_1A_2\cdots A_n)=\text{式(1.4.1)左}.$$

例 1.4.1 一家超市所做的一项调查表明，有 80%的顾客到超市是购买食品的，有 60%

的人是购买其他商品的，40%的人既购买食品也购买其他商品. 试求：

（1）已知某顾客来超市购买食品的条件下，也购买其他商品的概率.

（2）已知某顾客来超市购买其他商品的条件下，也购买食品的概率.

解 设 $A=$ “购买食品”，$B=$ “购买其他商品”，依题意有

$$P(A)=0.8\ ,\quad P(B)=0.6\ ,\quad P(AB)=0.4\ .$$

（1）$P(B\mid A)=\dfrac{P(AB)}{P(A)}=\dfrac{0.4}{0.8}=0.5$;

（2）$P(A\mid B)=\dfrac{P(AB)}{P(B)}=\dfrac{0.4}{0.6}\approx 0.67$.

例 1.4.2 一场精彩的足球赛将要举行，5 个球迷好不容易才搞到一张 入场券. 大家都想去，只好用抽签的方法来解决. 5 张同样的卡片，只有一张上面写有“入场券”. 将它们放在一起，洗匀，让 5 个人依次抽取. 有人说：“先抽的人当然要比后抽的人抽到的机会大”，请问，后抽比先抽的人确实吃亏吗？

解 设 A_i 表示“第 i 个人抽到入场券”，$i=1,2,3,4,5$ ，则 $\overline{A}_i$ 表示“第 i 个人未抽到入场券”. 显然

$$P(A_1)=\frac{1}{5},\quad P(\overline{A}_1)=\frac{4}{5}\ ,$$

也就是说，第 1 个人抽到入场券的概率是 $\dfrac{1}{5}$.

由于 $A_2=\overline{A}_1A_2$ ，由乘法公式可得

$$P(A_2)=P(\overline{A}_1)P(A_2\mid\overline{A}_1)=\frac{4}{5}\times\frac{1}{4}=\frac{1}{5}.$$

同理，第 3 个人要抽到“入场券”，必须是第 1、2 个人都没有抽到，因此

$$P(A_3)=P(\overline{A}_1\overline{A}_2A_3)=P(\overline{A}_1)P(\overline{A}_2\mid\overline{A}_1)P(A_3\mid\overline{A}_1\overline{A}_2)=\frac{4}{5}\times\frac{3}{4}\times\frac{1}{3}=\frac{1}{5}.$$

继续做下去就会发现，每个人抽到“入场券”的概率都是 $\dfrac{1}{5}$.

例 1.4.3 一批零件共有 100 个，其中有 10 个不合格品，从中一个一个地取出，求第三次才取得不合格品的概率是多少？

解 以 A_i 表示事件“第 i 次取出的是不合格品”，$i=1,2,3$ ，则所求概率为 $P(\overline{A}_1\overline{A}_2A_3)$，由乘法公式可得

$$P(\overline{A}_1\overline{A}_2A_3)=P(\overline{A}_1)P(\overline{A}_2\mid\overline{A}_1)P(A_3\mid\overline{A}_1\overline{A}_2)=\frac{90}{100}\times\frac{89}{99}\times\frac{10}{98}=0.0826\,.$$

注意的是，本例也可依古典概率直接算出，但现在的处理显得更自然.

例 1.4.4 监狱看守通知三名囚犯，在他们中要随机地选出一名处决，而把另外两名释放. 囚犯甲请求看守秘密地告诉他，另外两个囚犯中谁将获得自由. 甲说：“因为我已经知道他们两人中至少有一人要获得自由，所以你泄露这点消息是无妨的.” 看守说：“如果你知道

了你的同伙中谁将获释，那么你自己被处决的概率就由$\frac{1}{3}$增加到$\frac{1}{2}$，因为你就成了剩下的两名囚犯中的一个了．”对于看守的上述理由，你是怎么想的?

解　记$A=\{$囚犯甲被处决$\}$，$B=\{$囚犯乙被处决$\}$，$C=\{$囚犯丙被处决$\}$，则

$$P(A)=\frac{1}{3}，\quad P(A\mid\overline{B})=\frac{P(A)}{P(\overline{B})}=\frac{1}{3}\div\frac{2}{3}=\frac{1}{2}，\quad P(A\mid\overline{C})=\frac{1}{2}.$$

所以看守说得对!

1.5　全概率公式与贝叶斯公式

对于复杂事件的概率，直接计算就比较麻烦了，但我们可以借助全概率公式和贝叶斯公式，它们实质上是加法公式和乘法公式的综合运用和推广.

1.5.1　全概率公式

全概率公式是概率论中的一个重要公式，它提供了计算复杂事件概率的一条有效途径，使一个复杂事件的概率计算问题化繁为简.

定义 1.5.1　设$A_1,A_2,\cdots,A_n$是Ω的一组事件，若$\bigcup_{i=1}^{n}A_i=\Omega$，且$A_iA_j=\varnothing(i\neq j)$，则称$A_1,A_2,\cdots,A_n$为$\Omega$的一个**完备事件组**或一个**分割**.

显然，事件A与$\overline{A}$就是一个分割，很多问题对空间分割就采用了此种方法. 把一个蛋糕分割，每块的体积为0，在现实中做不到，但在数学上我们可以做到，即Ω分割中，$P(A_i)$可能等于0.

定理 1.5.1（全概率公式）　设$A_1,\cdots,A_n$是Ω的一个分割，且$P(A_i)>0$，$i=1,\cdots,n$，则对任一事件B有

$$P(B)=\sum_{i=1}^{n}P(A_i)P(B\mid A_i).$$

证明　显然，

$$B=B\Omega=B\cap\left(\bigcup_{i=1}^{n}A_i\right)=\bigcup_{i=1}^{n}A_iB\quad 且\quad (A_iB)\cap(A_jB)=(A_iA_j)B=\varnothing,i\neq j,$$

由有限可加性及乘法公式有

$$P(B)=P\left(\bigcup_{i=1}^{n}A_iB\right)=\sum_{i=1}^{n}P(A_iB)=\sum_{i=1}^{n}P(A_i)P(B|A_i).$$

下面，我们利用数学归纳法再次证明**抽签原理**.

例 1.5.1　如果n张彩票中有$k\leqslant n$张奖券，现在n个人依次抽取一张彩票，在未抽完之前不准宣布结果. 求证每个人抽取奖券的概率均为$\frac{k}{n}$.

解 $A_i=$“第 i 个抽取彩票的人中彩”，显然 $P(A_1)=\frac{k}{n}$.

由全概率公式可得

$$P(A_2)=P(A_1)P(A_2|A_1)+P(\bar{A}_1)P(A_2|\bar{A}_1)=\frac{k}{n}\frac{k-1}{n-1}+\frac{n-k}{n}\frac{k}{n-1}=\frac{k}{n}.$$

由此可见，抽签原理对第二次抽样成立. 作归纳假设，抽签原理对第 m 次抽取成立，仍用全概率公式与归纳假设可得

$$P(A_{m+1})=P(A_1)P(A_{m+1}|A_1)+P(\bar{A}_1)P(A_{m+1}|\bar{A}_1)=\frac{k}{n}\frac{k-1}{n-1}+\frac{n-k}{n}\frac{k}{n-1}=\frac{k}{n},$$

其中 $P(A_{m+1}|A_1)=\frac{k-1}{n-1}$. 这是因为，当第一个人抽到奖券后，还剩 $n-1$ 张彩票，其中有 $k-1$ 张奖券，以此作为初始状态，而后的第 $m+1$ 个人是第 m 次抽取，由归纳假设可得之. 同理得 $P(A_{m+1}|\bar{A}_1)=\frac{k}{n-1}$. 这说明抽签原理对 $m+1$ 次抽样也成立. 得证.

可见，在抽签时，不论先抽后抽，抽中的概率是一样的.

例 1.5.2（敏感性问题调查） 考试是检验考生对知识掌握程度的一种可行手段，有利于选拔人才，提高生产力，但由于各种原因，经常有人作弊. 现在设计一个调查方案，从调查数据中估计学生考试作弊的比率 p.

设计这类敏感性问题的调查方案，关键要使调查者愿意做出真实回答同时又能保守个人秘密. 一旦调查方案有误，调查者就会拒绝配合，所得调查数据就会失去真实性. 经过多年实践，一些心理学家和统计学家设计了一套方 案，在这套方案中，调查者只需回答下列两个问题中的一个问题，且只需回答“是”或“否”.

（1）问题 A：你的生日是否在 7 月 1 日之前？

（2）问题 B：你在考试中是否作过弊？

为了消除调查者的顾忌，我们让被调查者在没有旁人的情况下，独自回答问题，且让被调查者从一个只装有白色与红色球的箱子中随机抽取一个 球,看过颜色后放回,若抽到白色，则回答 A；若抽到红色，则回答 B. 被调查者无论回答 A 或 B，只需在答卷方框内打钩“是”或“否”.

现在分析调查结果，显然我们对问题 A 不感兴趣.

首先，我们设有 n 张答卷，其中 k 张回答“是”，但不知道回答的是哪个问题，不过，有两个信息是预先知道的：

（1）在参加人数较多的场合，任选一人其生日在 7 月 1 日之前的概率为 0.5.

（2）箱中红球的比率 π 是已知的.

现在从这 4 个数据 $(n,k,0.5,\pi)$ 去求出 p. 由全概率公式得

$$P(\text{是})=P(\text{白球})\,P(\text{是}|\text{白球})+P(\text{红球})\,P(\text{是}|\text{红球}),$$

即

$$\frac{k}{n}=0.5(1-\pi)+p\pi.$$

则
$$p = \frac{\frac{k}{n} - 0.5(1-\pi)}{\pi}.$$

因为我们用频率$\frac{k}{n}$代替了概率$P($是$)$，所以上式得到的是p的估计.

1.5.2 贝叶斯公式

“已知结果求原因”在实际中更为常见，它所求的是条件概率，是已知某结果发生条件下，探求各原因发生可能性的大小.

定理 1.5.2（贝叶斯公式） 设$A_1, A_2, \cdots, A_n$是Ω的一个分割，且$P(A_i) > 0$，$i = 1, 2, \cdots, n$，若对任一事件B，$P(B) > 0$，则有
$$P(A_i \mid B) = \frac{P(A_i)P(B \mid A_i)}{\sum_{j=1}^{n} P(A_j)P(B \mid A_j)}, i = 1, 2, \cdots, n.$$

证明 由条件概率定义及全概率公式可得
$$P(A_i \big| B) = \frac{P(A_i B)}{P(B)} = \frac{P(A_i)P(B \big| A_i)}{\sum_{j=1}^{n} P(A_j)P(B \big| A_j)}, i = 1, 2, \cdots, n.$$

全概率公式和贝叶斯公式对可列分割也是成立的，即
$$P(B) = \sum_{i=1}^{\infty} P(A_i)P(B \mid A_i),$$
$$P(A_i \mid B) = \frac{P(A_i)P(B \mid A_i)}{\sum_{j=1}^{\infty} P(A_j)P(B \mid A_j)}, i = 1, 2, \cdots.$$

贝叶斯公式也称为**后验概率公式**，用途很广，由贝叶斯（T. Bayes）于 1763 年给出，它是在观察到事件B已经发生的条件下，寻找导致B发生的每个原因的概率. 在贝叶斯公式中，$P(A_i)$和$P(A_i \mid B)$分别称为原因的**先验概率**和**后验概率**. $P(A_i), i = 1, 2, \cdots, n$，是在没有进一步信息（不知道事件$B$是否发生）的情况下，人们对诸事件发生可能性大小的认识. 当有了新的信息（知道B发生），人们对诸事件发生的可能性大小就有了新的估计$P(A_i \mid B)$，贝叶斯公式从数量上刻画了这种变化.

先验概率是根据历史资料或主观判断确定各事件发生的概率. 由于该概率没有经过试验证实，所以称为先验概率. 它可分为两类：

（1）客观先验概率，是指利用过去历史资料计算得到的概率；

（2）主观先验概率，是指在无历史资料或历史资料不全的时候，只能凭借人们的主观经验来判断取得的概率.

后验概率一般指利用贝叶斯公式，结合调查等方式获取了新的附加信息，对先验概率进行修正后得到的更符合实际的概率. 这种根据后验概率做出判断的方法称为**贝叶斯决策**. 这

种推理方法也经常被人们所运用，如果运用得当，人们在用概率方法进行决策时，不必首先在一个很长的过程中搜集决策所必需的全部信息，只需在事物或发展过程中不断地捕捉新的信息，逐步修正对有关事件概率的估计，以便做出正确或满意的决策.

贝叶斯公式后来慢慢演变成了一门学科——Bayes **统计**，它与经典统计是并列的. 英国统计学家 Savage 曾考察过一个著名的统计实验：一位常饮牛奶的女士称她能辨别先倒入杯子里的是茶还是牛奶，对此做了十次试验她都答对了.

在这个统计实验中，假如认为被实验者是在猜测，则每次成功的概率为 0.5，那么 10 次都猜中的概率为 $2^{-10}=0.0009766$. 这是一个小概率事件，几乎不可能发生，但事实上发生了，所以原假设应该被拒绝，即被实验者每次成功的概率要比 0.5 大得多. 这就不是猜测，而是经验帮了他们的忙，可见经验（先验假设）是一种在推断中不可忽视的重要假设，我们应该加以利用.

例 1.5.3　某工厂有四个车间生产同一产品，已知这四个车间的产量分别占总产量的 15%, 20%, 30%, 35%. 又知这四个车间的次品率依次为 0.05, 0.04, 0.03, 0.02，出厂时，四个车间的产品完全混合，现从中任取一件产品，

（1）问取到次品的概率是多少？

（2）厂部规定，出了次品要追究有关车间的责任. 现在在出厂的产品中任取一件，检查结果是次品，但厂方无法区分是哪个车间生产的，问厂方应怎样追究这件次品的责任较为合理？

解　（1）设 $B=\{$产品是次品$\}$，$A_i=\{$产品来自第 i 车间$\}$，$i=1,\cdots,4$，由全概率公式得

$$P(B)=\sum_{i=1}^{4}P(A_i)P(B|A_i)$$

$$=0.15\times0.05+0.20\times0.04+0.30\times0.03+0.35\times0.02=0.0315.$$

（2）从概率角度看，按 $P(A_i\mid B)$ 的大小确定第 i 个车间的责任份额较为合理. 将已知的数据代入贝叶斯公式可得

$$P(A_1\mid B)=\frac{0.15\times0.05}{0.0315}=0.2381,$$

$$P(A_2\mid B)=\frac{0.20\times0.04}{0.0315}=0.2540,$$

$$P(A_3\mid B)=\frac{0.30\times0.03}{0.0315}=0.2857,$$

$$P(A_4\mid B)=\frac{0.35\times0.02}{0.0315}=0.2222.$$

由此可知，较为合理的分摊责任的方案，既不是次品率最高的第 1 车间，也不是占产品份额最高的第 4 车间承担较多的责任，而是第 3 车间与第 2 车间承担了更大的责任.

例 1.5.4　某地区患有癌症的人占 0.005. 患者对某种试验的反应呈阳性的概率为 0.95，正常人对这种试验的反应呈阳性的概率为 0.04. 现抽查了一个人，试验反应是阳性，问此人是癌症患者的概率有多大？

解　设 $C=\{$患癌症$\}$，$A=\{$阳性$\}$，则 $\overline{C}=\{$不患癌症$\}$，由贝叶斯公式可得

$$P(C\mid A)=\frac{P(C)P(A\mid C)}{P(C)P(A\mid C)+P(\bar{C})P(A\mid \bar{C})}$$
$$=\frac{0.005\times 0.95}{0.005\times 0.95+0.995\times 0.04}=0.1066.$$

因此，虽然检验法相当可靠，但检验呈阳性确系癌症患者的可能性并不大，只有 10.66%. 现在来分析一下结果的意义.

（1）这种试验对于诊断一个人是否患有癌症有无意义？这种试验对于人们是否患有癌症普查有无意义？

如果不做试验，抽查一人，他是患者的概率为 0.005；若试验后呈阳性反应，则根据试验结果，此人是患者的概率修正为 0.106 6，从 0.005 增加到 0.106 6，将近增加 21 倍，这说明试验对于诊断一个人是否患有癌症有意义. 但这种试验对于人们是否患有癌症普查意义不大，因为若试验后呈阳性反应，此人是患者的概率为 0.106 6，概率太低.

（2）检出阳性是否一定患有癌症？

即使检出阳性，尚可不必过早下结论有癌症，这种可能性只有 10.66%（平均来说，1 000 个人中大约 107 人确患癌症），此时医生常要通过再试验来确认. 在实际中，常采用复查的方法来减少错误率，或用一些简单易行的辅助方法先进行初查，排除大量明显不患有此癌症的人后，再用此试验对被怀疑的对象进行检查. 此时，癌症的发病率已大大提高，这就提高了试验的准确率. 基本上每个子女都是父母亲生的，但做亲子鉴定的人发现，很多子女都非亲生. 为什么呢？原因就在于，父母通过简单易行的辅助方法进行了初查，排除了大量明显是亲生的人后，去做亲子鉴定的人中非亲生的比例就很高了.

思考：在例 1.5.4 中，一病人连续两次试验都呈现阳性，则此人患有癌症的概率是多少？

例 1.5.5 口袋中有一个球，不知它的颜色是黑的还是白的，再往口袋中放入一个白球，然后从口袋中任意取出一个，发现取出的是白球，试问口袋中原来那个球是白球的可能性是多少？

解 记事件 A 为“取出的是白球”，B 为“原来那个球是白球”. 容易看出：

$$P(A\mid B)=1,\quad P(A\mid \bar{B})=0.5.$$

另外由于对袋中原来那个球的颜色一无所知，故设 $P(B)=P(\bar{B})=0.5$ 是合理的，这也是**贝叶斯假定**. 由贝叶斯公式可得

$$P(B\mid A)=\frac{P(B)P(A\mid B)}{P(B)P(A\mid B)+P(\bar{B})P(A\mid \bar{B})}=\frac{0.5\times 1}{0.5\times 1+0.5\times 0.5}=\frac{2}{3}.$$

例 1.5.6 某考生回答一道四选一的考题，假设他知道正确答案的概率为 $\frac{1}{2}$，而他不知道正确答案时猜对的概率为 $\frac{1}{4}$，那么，他答对题的概率是多大呢？

解 设事件 $A=$ “答对了”，$B=$ “知道正确答案”，根据已知条件，有

$$P(B)=\frac{1}{2},\quad P(A\mid \bar{B})=\frac{1}{4},\quad P(A\mid B)=\frac{1}{2}.$$

根据贝叶斯公式可得

$$P(B \mid A)=\frac{P(B)P(A \mid B)}{P(B)P(A \mid B)+P(\overline{B})P(A \mid \overline{B})}=\frac{0.5\times1}{0.5\times1+0.5\times0.25}=0.8 .$$

这说明这个考生答对题的可能性达 80%.

例 1.5.7 伊索寓言“孩子与狼”讲的是一个孩子每天到山上放羊，山里有狼出没. 这一天，他在山上喊:“狼来了! 狼来了!”，山下的村民闻声便去打狼，可到山上，发现狼没来；第二天依然如此；第三天，狼真的来了，可无论小孩怎么喊叫，也没有人来救他，因为前两次他说了谎，人们不再信任他了.

现在用贝叶斯公式来分析此寓言中村民对这个小孩的可信程度是如何下降的. 首先记事件 $A=\{小孩说谎\}$， $B=\{小孩可信\}$，不妨设村民过去对这个小孩的印象是

$$P(B)=0.8 , \quad P(\overline{B})=0.2 . \tag{1.5.1}$$

我们用贝叶斯公式来求 $P(B \mid A)$，即小孩说了一次谎后，村民对他的可信程度的改变. 不妨设 $P(A \mid B)=0.1, P(A \mid \overline{B})=0.5$.

第一次村民上山打狼，发现狼没有来，即小孩说了谎 (A). 村民根据这个信息对这个小孩的可信程度改变为

$$P(B \mid A)=\frac{P(B)P(A \mid B)}{P(B)P(A \mid B)+P(\overline{B})P(A \mid \overline{B})}=\frac{0.8\times0.1}{0.8\times0.1+0.2\times0.5}=0.444 .$$

这表明村民上了一次当后，对这个小孩的可信程度由原来的 0.8 调整为 0.444，也就是（1.5.1）式调整为

$$P(B)=0.444 , \quad P(\overline{B})=0.556 . \tag{1.5.2}$$

在此基础上，我们再用一次贝叶斯公式来计算 $P(B \mid A)$，即这个小孩第二次说谎后，村民对他的可信程度改变为

$$P(B \mid A)=\frac{0.444\times0.1}{0.444\times0.1+0.556\times0.5}=0.138 .$$

这表明村民上了两次当后，对这个小孩的可信程度由原来的 0.8 调整为 0.138，如此低的可信度，村民听到第三次呼叫时怎么再会上山打狼呢?

1.6 事件与试验的独立性

独立性是概率论中一个十分重要的概念，利用它可以简化概率运算. 随机事件的独立性是最基本的，集合族之间的独立以及随机变量之间的独立都是通过事件独立进行定义的.

本节首先讨论随机事件之间的独立性，最后讨论随机试验之间的独立性.

1.6.1 事件的独立性

一般来说， $P(A \mid B)\neq P(A), P(B)>0$，这表明事件 B 的发生提供了一些信息，影响了事

件 A 发生的概率. 但在有些情况下， $P(A|B)=P(A)$ ，从这可以想象出必定是事件 B 的发生对 A 发生的概率不产生任何影响，或不提供任何信息，即事件 A 与 B 发生的概率是互不影响的，这就是事件 A,B 相互独立.

定义 1.6.1 若两事件 A,B 满足

$$P(AB)=P(A)P(B),$$

则称 A 与 B **相互独立**.

由于概率为 0 或 1 的事件之间具有非常复杂的关系，故请初学者注意：

（1）$\varnothing,\Omega$ 与任何事件都相互独立；进一步有：概率为 0 或 1 的事件与任何事件也相互独立. 例如，往线段 $[0,1]$ 上任意投一点，令事件 $A=$ “点落在 0”，事件 $B=$ “点落在 0 或 1”，则 $A\subset B$ ，但事件 A,B 相互独立；

（2）事件的独立是指事件发生的概率互不影响，但可同时发生，而互不相容只是说两个事件不能同时发生，故事件 A,B 互不相容 $\not\Leftrightarrow$ 事件 A,B 相互独立.

例 1.6.1 投掷两枚均匀的骰子一次，求出现双 6 点的概率.

解 设 A 表示“第一枚骰子出现 6”，B 表示“第二枚骰子出现 6”，则

$$P(AB)=P(A)P(B)=\frac{1}{6}\times\frac{1}{6}=\frac{1}{36}.$$

我们知道，对于掷两颗骰子，其各自出现 6 点，相互之间能有什么影响 呢？不用计算也能肯定它们是相互独立的. 在概率论的实际应用中，人们常常利用这种直觉来确定事件的相互独立性，从而使问题和计算都得到简化.

定理 1.6.1 若 $P(B)>0$ ，则 A,B 相互独立 $\Leftrightarrow$ $P(A|B)=P(A)$.

证明 必要性：由乘法定理，得

$$P(AB)=P(B)P(A|B).$$

又由 A,B 相互独立，得

$$P(AB)=P(A)P(B).$$

因为 $P(B)>0$ ，故上式两边同时除以 $P(B)$ ，可得

$$P(A|B)=P(A).$$

充分性：由乘法定理和所给条件，有

$$P(AB)=P(B)P(A|B)=P(A)P(B).$$

故 A,B 相互独立.

如果 $P(A|B)=P(A|B,C)$ ，则给定 B ，A 和 C 是独立的. 可见，如果 B 已知，那么信息 C 不能改变 A 的概率.

定理 1.6.2 若 A,B 独立，则 A 与 $\overline{B}$ ，$\overline{A}$ 与 B ，$\overline{A}$ 与 $\overline{B}$ 也相互独立.

证明 由概率的性质可知

$$\begin{aligned}P(A\overline{B})&=P(A-B)=P(A-AB)=P(A)-P(A)P(B)\\&=P(A)(1-P(B))=P(A)P(\overline{B}).\end{aligned}$$

由对称性可知，$\overline{A}$ 与 B 也相互独立.

$$P(\overline{A}\ \overline{B}) = P(\overline{A \cup B}) = 1 - P(A \cup B) = 1 - P(A) - P(B) + P(AB)$$
$$= 1 - P(A) - P(B) + P(A)P(B) = (1 - P(A))(1 - P(B)) = P(\overline{A})P(\overline{B}),$$

即 $\overline{A}$ 与 $\overline{B}$ 相互独立.

思考：若 $P(A) > 0,\ P(B) > 0$，且 $P(A \mid B) + P(\overline{A} \mid \overline{B}) = 1$，则 A, B 相互独立.

例 1.6.2 甲、乙两人同时向同一目标射击一次，甲击中的概率为 0.8，乙击中的概率为 0.6，求在一次射击中目标被击中的概率.

解 设 $A = \{$甲击中$\}$，$B = \{$乙击中$\}$，$C = \{$目标击中$\}$，则 $C = A \cup B$.

（1）$P(C) = P(A \cup B) = P(A) + P(B) - P(AB) = P(A) + P(B) - P(A)P(B)$

$= 0.8 + 0.6 - 0.8 \times 0.6 = 0.92$.

（2）$P(C) = 1 - P(\overline{C}) = 1 - P(\overline{A \cup B}) = 1 - P(\overline{A}\overline{B}) = 1 - P(\overline{A})P(\overline{B})$

$= 1 - (1 - 0.8)(1 - 0.6) = 0.92$.

例 1.6.3 第二次世界大战时用步枪射飞机，若每支步枪命中率均为 0.004，试求：

（1）现用 250 支步枪同时射击一次，飞机被击中的概率；

（2）若想以 0.99 的概率击中飞机，需要多少支步枪同时射击？

解 （1）设 $A_i = \{$第 i 支击中$\}, i = 1, 2, \cdots, n$，则

$$P(A_1 \cup A_2 \cup \cdots \cup A_n) = 1 - P(\overline{A_1 \cup A_2 \cup \cdots \cup A_n}) = 1 - P(\overline{A}_1 \overline{A}_2 \cdots \overline{A}_n)$$
$$= 1 - P(\overline{A}_1)P(\overline{A}_2)\cdots P(\overline{A}_n) = 1 - 0.996^{250} \approx 0.63.$$

（2）由 $1 - 0.996^n \geqslant 0.99 \Rightarrow n \approx 1150$.

随着科技的发展，现代战斗机的性能越来越高，而用步枪打飞机在实际中是不可能的，实际上采用的是导弹.

定义 1.6.2 对于三个事件 A, B, C，若下列四个等式同时成立：

$$\begin{cases} P(AB) = P(A)P(B) \\ P(AC) = P(A)P(C) \\ P(BC) = P(B)P(C) \\ P(ABC) = P(A)P(B)P(C) \end{cases} \tag{1.6.1}$$

则称 A, B, C **相互独立**.

若式（1.6.1）中只有前三个式子成立，则称 A, B, C **两两相互独立**.

由此可以定义三个以上事件的相互独立性.

定义 1.6.3 设 $A_1, A_2, \cdots, A_n$ 是同一概率空间 $(\Omega, \mathcal{F}, P)$ 中的 n 个事件，如果对于任意的 k，$1 < k \leqslant n$，$1 \leqslant i_1 \leqslant i_2 \leqslant \cdots \leqslant i_k \leqslant n$，有等式

$$P(A_{i_1} A_{i_2} \cdots A_{i_k}) = P(A_{i_1})P(A_{i_2})\cdots P(A_{i_k})$$

成立，则称 $A_1, A_2, \cdots, A_n$ 相互独立.

可见相互独立比两两相互独立更强，相互独立一定能推出两两相互独立. 对于两个以上的事件，事件的两两独立不能推出所有事件相互独立.

独立事件经过独立运算，所得结果也应该是独立的. 假设 A_1, A_2, B_1, B_2 没有血缘关系，其

中 A_1,A_2 为男人，B_1,B_2 为女人，那么四人身高可近似看作相互独立. 现在 A_1,B_1 结为夫妻，繁殖后代记为 C_1，A_2,B_2 结为夫妻，繁殖后代记为 C_2，则 C_1,C_2 的身高也可认为相互独立. 但如果 B_1,B_2 为姐妹，则 C_1,C_2 的身高就不可认为相互独立.

例 1.6.4（2002 数 4） 设 A,B 是任意两事件，其中 A 的概率不等于 0 和 1，证明 $P(B|A)=P(B|\overline{A})$ 是事件 A 与 B 独立的充分必要条件.

证明 必要性：由事件 A 与 B 独立知，事件 $\overline{A}$ 与 B 也独立，因此

$$P(B|A)=P(B)\text{，}\quad P(B|\overline{A})=P(B)\text{，}$$

即

$$P(B|A)=P(B|\overline{A})\text{.}$$

充分性：由 $P(B|A)=P(B|\overline{A})$，有

$$\frac{P(AB)}{P(A)}=\frac{P(\overline{A}B)}{P(\overline{A})}=\frac{P(B)-P(AB)}{1-P(A)}\text{.}$$

化简可得

$$P(AB)-P(AB)P(A)=P(A)P(B)-P(AB)P(A)\text{,}$$

即

$$P(AB)=P(A)P(B)\text{.}$$

因此事件 A,B 相互独立.

所谓元件或系统的**可靠度**，通常指在一段时间内元件或系统正常工作的概率. 系统的可靠度依赖于每个元件的可靠度及连接形式. 下面只介绍元件连接形式对系统可靠度的影响.

设系统由 n 个元件连接而成，令 $A_i=\{$在时间 $[0,t]$ 内第 i 个元件正常工作$\}$，$i=1,2,\cdots,n$，$A=\{$在时间 $[0,t]$ 内系统正常工作$\}$，并假定 A_i 相互独立.

（1）**串联系统**：若一个系统由 n 个元件按图 1.6.1 连接，称为串联系统.

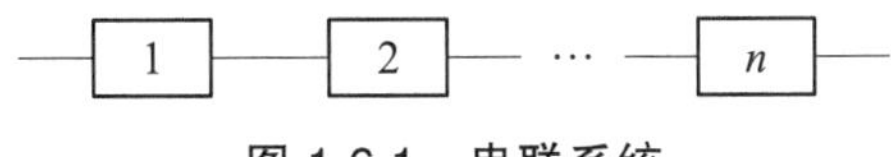

图 1.6.1 串联系统

它的特点是当其中一个元件发生故障时，整个系统就发生故障，因此有

$$P(A)=P(A_1\cap\cdots\cap A_n)=P(A_1)\cdots P(A_n)\text{.}$$

可见，当 n 越大，系统可靠性越小. 因此，对串联系统要提高可靠度，必须要求元件数量越少越好，但是由于其他指标不可能无限制地减少元件.

（2）**并联系统**：若一个系统由 n 个元件按图 1.6.2 连接，称为并联系统.

它的特点是当且仅当所有元件都发生故障，整个系统才发生故障，因此有

$$\begin{aligned}P(A)&=1-P(\overline{A})=1-P(\overline{A_1\cup\cdots\cup A_n})=1-P(\overline{A}_1\cap\cdots\cap\overline{A}_n)\\&=1-P(\overline{A}_1)\cdots P(\overline{A}_n)=1-\prod_{i=1}^{n}[1-P(A_i)].\end{aligned}$$

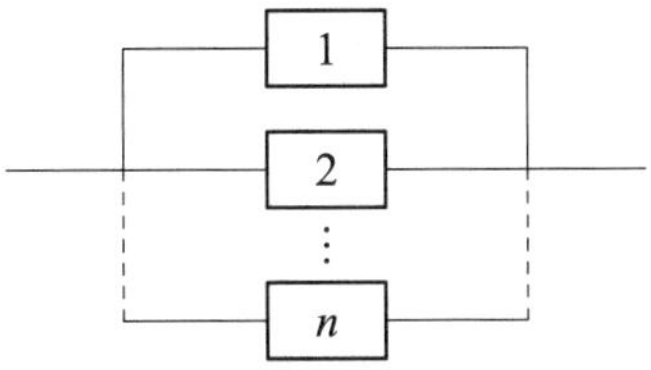

图 1.6.2 并联系统

可见，当 n 越大，系统可靠性越大. 因此，对并联系统要提高可靠度，必须要求元件数量越多越好，但是由于其他指标不可能无限制地增加元件，比如成本因素.

由此可见，并联可以增加系统的可靠度，串联可以减少系统的可靠度. 比如，人的双肾是并联系统，肾如果坏掉一个，虽然对人的生活质量有影响，还不至于立即死亡，但肾和肝构成了串联系统，两者只要坏一个，人就立即死亡.

思考：众所周知，男人的染色体为XY，女人的染色体为XX，试问这对男女的寿命是否有影响？

例 1.6.5 设5个元件 $A_1,\cdots,A_5$ 组成桥式系统 S（见图1.6.3），每个元件正常工作的概率都为 $p=0.9$，试求桥式系统正常工作的概率.

解 由电路理论可知，在桥式系统中，第3个元件是关键，因为：

（1）在"第3个元件不能正常工作"的条件下，元件1、2构成串联系统，记为 S_1，元件4、5构成串联系统，记为 S_2，然后系统 S_1,S_2 并联.

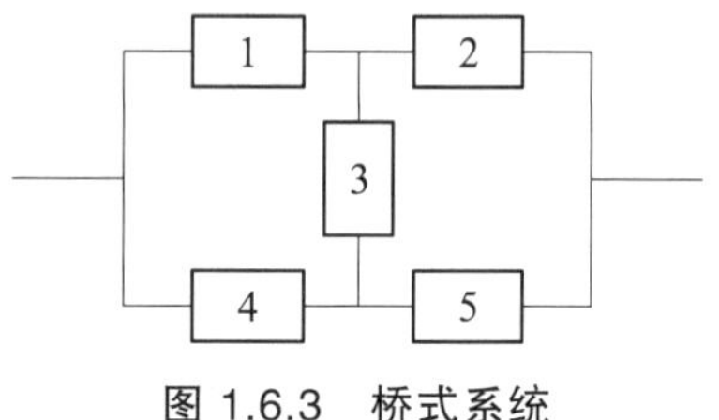

图 1.6.3 桥式系统

$$P(S_1)=P(S_2)=P(A_1A_2)=p^2=0.81.$$

$$P(S\mid\bar{A}_3)=P(S_1\cup S_2)=P(S_1)+P(S_2)-P(S_1\cap S_2)=1-(1-p^2)^2=0.9639.$$

（2）在"第3个元件正常工作"的条件下，元件1、4构成并联系统，记为 S_3，元件2、5构成并联系统，记为 S_4，然后系统 S_3,S_4 串联.

$$P(S_3)=P(S_4)=P(A_1\cup A_2)=1-(1-p)^2=0.99.$$

$$P(S\mid A_3)=P(S_3S_4)=[1-(1-p^2)]^2=0.9801.$$

因此由全概率公式可得

$$P(S)=P(A_3)P(S\mid A_3)+P(\bar{A}_3)P(S\mid\bar{A}_3)=0.9\times0.9801+0.1\times0.9639=0.9785.$$

1.6.2 试验的独立性

直观上说，当做几个随机试验时，如果每个试验无论出现什么结果都不影响其他试验中各事件出现的概率，就称这些试验是独立的.

定义 1.6.4 设有两个试验 E_1 和 E_2，假如试验 E_1 的任一结果与试验 E_2 的任一结果都是相互独立的事件，则称**这两个试验是相互独立的**.

例如，第一次掷一枚硬币与第二次掷一枚硬币是相互独立的.

类似地可以定义 n 个试验 $E_1,\cdots,E_n$ 的相互独立性：

如果试验 E_1 的任一结果、试验 E_2 的任一结果，……，试验 E_n 的任何一个结果都是相互独立的事件，则称试验 $E_1,\cdots,E_n$ 相互独立. 如果这 n 个独立试验还是相同的，则称为 **n 重独立重复试验**.

独立性是许多概率模型和统计模型的前提条件，在许多情形下并不需要对独立性的定义进行验证. 独立性是人们根据试验的主观或客观条件，根据有关理论、实践知识或直观，对模型所做的要求或假设，而且，如果确信独立性存在，则利用独立性进行概率计算. 假如直观上或理论上无法确定独立性是否存在，则需要根据试验结果利用统计检验的方法判断独立性是否存在.

定义 1.6.5　如果试验 E 只有两个可能结果 A 和 $\overline{A}$，则称 E 为**伯努利试验**. 将 E 独立重复地进行 n 次，即 n 重独立重复试验中，每次试验只有两个结果 A 和 $\overline{A}$，则称这一串重复的试验为 **n 重伯努利试验**.

在这里，“独立”是指试验之间相互独立，“重复”是指每次试验中事件 A 发生的概率保持不变. 掷 n 次硬币就可以看作 n 重伯努利试验，它是一种很 重要的数学模型，应用广泛，是经常研究的模型，由伯努利试验序列可以构造出很多重要的随机变量.

例 1.6.6　某彩票每周开奖一次，每次提供万分之一的中奖概率，且每次开奖是独立的. 若你每周买一张彩票，若你坚持一年，从未中奖的概率是多少?

解　假设每年 52 周，每次开奖是独立的，相当于你进行了 52 次独立重复试验，每次成功的概率为 $P(A)=0.0001$，失败的概率为 $1-P(A)$，即相当于你进行了 52 重伯努利试验，则一年中从未中奖的概率为

$$(1-10^{-5})^{52}=0.9995\ ,$$

这表明一年中你从未中奖是很正常的事.

现实中，很多人都在想办法预测中奖号码，甚至研究历届的中奖号码，希望找出规律，其实中奖号码理论上是不能预测的，是完全随机的，故一个真正的理性人是不会预测的，甚至不会去买彩票. 其实，彩票可看成一种商品，即希望，两元钱不会影响你的生活，但可能改变你的一生，就像娱乐一样，买的是一种心理感受，因此，现实中购买彩票的人很多.

小　结

本章属于概率论的基础章节，概念比较多，在复习时要特别注意准确理解、区分不同的概念，逐步培养概率论的思维，它与以前的确定性数学思维是不一样的，例如，概率为 0 的事件是可能发生的. 大多公共数学教材侧重于概率的描述定义，而本书简单、通俗地给出了概率的公理化定义，供读者参考.

本章重点是事件的关系，独立性概念，概率性质与计算，条件概率、全概率公式，贝叶斯公式以及独立重复试验，它们也是研究生入学考试的重点，具体考试要求是：

（1）了解样本空间的概念，理解随机事件的概念，掌握事件的关系及运算.

（2）理解概率、条件概率的概念，掌握概率的基本性质，会计算古典型概率和几何型概率，掌握概率的加法公式、减法公式、乘法公式、全概率公式和贝叶斯公式.

（3）理解事件独立性概念，掌握用事件的独立性进行概率计算；理解独立重复试验的概念，掌握计算有关事件概率的方法.

习题 1

1. 写出下列随机试验的样本空间 Ω.

（1）某班一次考试数学成绩的平均分数（以百分制计分）;

（2）某厂出厂的电视机数量；

（3）往线段$[0,1]$上任意投一点；

（4）从 0, 1, …, 9 这 10 个数字中，先后随机抽取两个数（分别为放回和不放回时的样本空间）.

2. 设 A,B,C 为三个事件，用 A,B,C 之间的运算关系表示下列各事件；

（1）A 发生，B,C 不发生；

（2）A,B,C 至少一个发生；

（3）A,B,C 至少两个发生；

（4）A,B,C 都不发生.

3. 设样本空间 $\Omega=\{0,1,2,\cdots,9\}$，事件 $A=\{2,3,4\}$，$B=\{3,4,5\}$，$C=\{4,5,6\}$，求 $\overline{\overline{A}\cap\overline{B}}$，$\overline{A\cap\overline{(B\cap C)}}$.

4. 选择题.

（1）设 A,B 为两个事件，且 $A\neq\varnothing, B\neq\varnothing$，则 $(A+B)(\overline{A}+\overline{B})$ 表示（　　）.

（A）必然事件　　（B）不可能事件

（C）A,B 不能同时发生　　（D）A,B 中恰有一个发生

（2）设 A,B 为两个事件，则（　　）.

（A）$P(A\cup B)\geqslant P(A)+P(B)$　　（B）$P(A-B)\geqslant P(A)-P(B)$

（C）$P(AB)\geqslant P(A)P(B)$　　（D）$P(A|B)\geqslant\dfrac{P(A)}{P(B)}, P(B)>0$

（3）（2003 数 4）对于任意两事件 A,B，（　　）.

（A）若 $AB\neq\varnothing$，则 A,B 一定独立　　（B）若 $AB\neq\varnothing$，则 A,B 有可能独立

（C）若 $AB=\varnothing$，则 A,B 一定独立　　（D）若 $AB=\varnothing$，则 A,B 一定不独立

（4）设 A,B,C 是三个相互独立的速记事件，且 $0<P(C)<1$，$P(AC)>0$，则在下列给定的四对事件中不相互独立的是（　　）.

（A）$\overline{A+B}$ 与 C　　（B）$\overline{AC}$ 与 $\overline{C}$　　（C）$\overline{A-B}$ 与 C　　（D）$\overline{AB}$ 与 $\overline{C}$

5. 填空题.

（1）设样本空间为 $\Omega=[0,2]$，事件 $A=(0.5,1], B=[0.25,1.5)$，则 $\overline{A}B=$（　　）.

（2）（1990 数 1）设随机事件 A,B 及其和事件的概率分别为 0.4, 0.3 和 0.6，若 $\overline{B}$ 表示 B 的对立事件，那么积事件 $A\overline{B}$ 的概率 $P(A\overline{B})=$（　　）.

（3）在$(0,1)$中随机取两个数，则事件“两数之和小于 $\dfrac{6}{5}$”的概率为（　　）.

（4）在某城市共发行三种报纸：甲、乙、丙. 在这个城市的居民中，订甲种报纸的有 45%，订乙种报纸的有 35%，订丙种报纸的有 30%，同时订甲、乙两种报纸的有 10%，同时订甲、丙两种报纸的有 8%，同时订乙、丙两种报纸的有 5%，同时订甲、乙、丙三种报纸的有 3%，至少订一种报纸的百分比为（　　）.

（5）已知 $P(A)=P(B)=P(C)=\dfrac{1}{4}$，$P(AC)=P(BC)=\dfrac{1}{16}$，$P(AB)=0$，则事件 A,B,C 全不发生的概率（　　）.

（6）钥匙掉了，掉在宿舍、教室、路上的概率分别是 40%, 35%和 25%，而在上述三个地

方被找到的概率分别为 0.8, 0.3 和 0.1，则找到钥匙的概率为（　　）.

（7）三个人独立地破译一个密码，他们能译出的概率分别是 $0.2, \frac{1}{3}, 0.25$，则密码被破译的概率（　　）.

（8）（2012 数 1，3）设 A,B,C 是随机事件，A 与 C 互不相容，$P(AB)=\frac{1}{2}$，$P(C)=\frac{1}{3}$，则 $P(AB\mid\overline{C})=$（　　）.

（9）（2005 数 1）从数 1, 2, 3, 4 中任取一个数，记为 X，再从 $1, 2, \cdots, X$ 中任取一个数，记为 Y，则 $P\{Y=2\}=$（　　）.

（10）进行一系列独立重复试验，若每次试验成功的概率为 p，则在成功 n 次之前已经失败了 m 次的概率为（　　）.

6. 已知 $P(A)=\frac{1}{4}$，$P(B\mid A)=\frac{1}{3}$，$P(A\mid B)=\frac{1}{2}$，求 $P(A\cup B)$.

7. 设 A,B 为两事件，$P(A)=P(B)=\frac{1}{3}$，$P(A\mid B)=\frac{1}{6}$，求 $P(\overline{A}\mid\overline{B})$.

8. 设 A,B,C 两两独立，且 $ABC=\varnothing$，

（1）如果 $P(A)=P(B)=P(C)=x$，求 x 的最大值；

（2）如果 $P(A)=P(B)=P(C)<\frac{1}{2}$，且 $P(A\cup B\cup C)=\frac{9}{16}$，求 $P(A)$.

9. 若事件 A,B 相互独立，且两个事件仅 A 发生或仅 B 发生的概率都是 $\frac{1}{4}$，求 $P(A),P(B)$.

10. 抛一枚硬币 5 次，求既出现正面又出现反面的概率.

11. 在房间里有 10 个人，分别佩戴从 1 号到 10 号的纪念章，任选 3 人记录其纪念章的号码.

（1）求最小号码为 5 的概率；

（2）求最大号码为 5 的概率.

12. 从 5 双不同的鞋子中任取 4 只，问这 4 只鞋子中至少有两只配成一双的概率是多少？

13. 把 10 本书任意放在书架上，求其中指定的 3 本书放在一起的概率.

14. n 个人随机地围一圆桌，求甲、乙两人相邻而坐的概率.

15. 将 2 个红球和 1 个白球随机地放入甲、乙、丙三个盒子中，则乙盒中至少有 1 个红球的概率是多少？

16. 用主观方法确定：中国大学生考试作弊的概率是多少？试给出解决方案.

17. 根据以往资料，某一 3 口之家患某种传染病的概率有以下规律：

$$P\{\text{孩子得病}\}=0.6,\quad P\{\text{母亲得病}\mid\text{孩子得病}\}=0.5,$$

$$P\{\text{父亲得病}\mid\text{母亲及孩子得病}\}=0.4,$$

求母亲及孩子得病但父亲未得病的概率.

18. 将两种信息分别编码为 0 和 1 并传送出去，接收站收到时，0 被误收作 1 的概率为 0.02，而 2 被误收作 0 的概率为 0.01. 信息 0 和 1 传送的频繁程度为 2∶1. 若接受站收到的信息是 0，问原发信息是 0 的概率是多少？

19. 病树的主人外出，委托邻居浇水. 设已知如果不浇水，树死去的概率为 0.8，若浇水

则树死去的概率为 0.15，有 0.9 的把握确定邻居会记得浇水.

（1）求主人回来，树还活着的概率；

（2）若主人回来树已死去，求邻居忘记浇水的概率.

20. 两台车床加工同样的零件，第一台出现不合格品的概率是 0.03，第二台出现不合格品的概率为 0.06，加工出来的零件放在一起，并且已知第一台加工的零件比第二台加工的零件数多一倍.

（1）求任取一个零件是合格品的概率；

（2）如果取出的零件是不合格品，求它是第二台车床加工的概率.

21. 假设只考虑天气的两种情况：有雨或无雨. 若已知今天的天气情况，明天天气保持不变的概率为 p，变的概率为 $1-p$，问第一天无雨，试求第 n 天也无雨的概率.

22.（1998 数 3）设有来自三个地区的各 10 名、15 名和 25 名考生的报名表，其中女生的报名表分别为 3 份、7 份和 5 份. 随机地取一个地区的报名表，从中先后任意抽出两份.

（1）求先抽到的一份是女生的表的概率 p；

（2）已知后抽到的一份是男生的表，求先抽到的一份是女生的表的概率 q.

23. 学生在做一道有 4 个选项的单项选择题，如果他不知道问题的正确答案，就随机猜测. 现从卷面上看，题是答对了，试在以下情况下求学生确实知道正确答案的概率.

（1）学生知道正确答案和胡乱猜测的概率都是 0.5.

（2）学生知道正确答案的概率为 0.2.

24. 设罐中有 b 个黑球、r 个红球，每次随机地取出一个球，取出后将原球放回，再加入 c 个同色球. 试证：第 k 次取到黑球的概率为 $\dfrac{b}{b+r}, k=1,2,\cdots$.

25. 设 $0<P(A)<1$，$0<P(B)<1$，$P(A\mid B)+P(\bar{A}\mid \bar{B})=1$，试证 A,B 独立.

2 随机变量

随机变量是近代概率论中描述随机现象的重要方法. 随机变量的引入使随机事件有了数量标识，进而可用函数来刻画与研究随机事件，同时将微积分中关于函数的导数、积分、级数等方面的知识用于一些概率与分布的数字特征的计算.

本章主要学习随机变量,重点介绍一些常见的概率分布,并研究随机变量函数的分布. 本章内容是概率论中最基本和最重要的.

2.1 随机变量及其分布

在涉及随机试验的实际问题中，经常遇到这样的情况，人们主要感兴趣的是试验结果的某个函数而不是结果本身. 例如，在考察掷两颗骰子的随机试验，人们感兴趣的可能是两颗骰子的点数之和，不妨设为 7，而不会在乎出现了什么具体结果，比如 $(1,6),(2,5),(3,4)$ 等. 为全面研究随机试验的结果，揭示客观存在的统计规律性，我们必须将随机试验的结果与实数对应起来，即必须把随机试验的结果数量化，这就是引入随机变量的原因. 随机变量的引入使得对随机现象的处理更简单与直接，也更统一而有力，更便于进行定量的数学处理.

2.1.1 随机变量

我们研究随机现象，首先要研究随机现象的表现或状态. 随机试验的结果就是随机事件，常常表示为数量 X，称为随机变量. 例如，射击命中环数、掷骰子出现的点数等，其共同点就是：X 是随机事件到实数的函数.

定义 2.1.1 定义在样本空间 $\Omega=\{\omega\}$ 到实数集上的一个实值单值函数 $X(\omega)$ 称为**随机变量**，若对 $\forall x\in\mathbf{R}$，$\{\omega\mid X(\omega)\leqslant x\}$ 都是随机事件，即

$$\forall x\in\mathbf{R}，\ \{\omega\mid X\leqslant x\}\in\mathcal{F}.$$

随机变量 $X(\omega)$ 在不必强调 ω 时，常省去 ω，简记为 X，常用大写字母 X,Y,Z 等表示，而用小写字母 x,y,z 等表示它的取值. 随机变量的取值随试验的结果而定. 在试验之前不能预知它取什么值，但它的取值有一定的概率，这显示了随机变量与普通函数有着本质的差异.

实值单值函数将具体样本空间抽象化，随机变量 X 的抽象样本空间为实数集 $\mathbf{R}$ 或 $\mathbf{R}$ 的子集，具体样本空间 $\Omega=\{\omega\mid X(\omega)\in\mathbf{R}\}$ 或 $\Omega=\{\omega\mid X(\omega)\in\mathbf{R}$ 的子集$\}$，样本点 ω 为随机试验取值 x，$x\in\mathbf{R}$.

随机变量在概率与统计的研究中应用非常普遍，可以这样说，如果微积分是研究变量的数学，那么概率与统计是研究随机变量的数学. 通常将随机变量分为两类:

（1）**离散型随机变量**：所有取值可以逐个一一列举；

（2）**连续型随机变量**：全部可能取值不仅无穷多，而且还不能一一列举，而是充满一个区间.

有了随机变量，就可通过随机变量将各个事件联系起来，进而去研究随机试验的全部结果. 一般地，若 B 是某些实数组成的集合，即 $B \subset \mathbf{R}$，则 $\{X \in B\}$ 表示随机事件 $\{\omega \mid X(\omega) \in B\}$. 随机变量的引入使得我们有可能借助于微积分等数学工具把研究引向深入，这在后面学习中会有所体会.

例 2.1.1 利用随机变量表示随机事件.

（1）记 X 表示掷一颗骰子出现的点数，则 X 的所有可能取值为 $\{1,2,3,4,5,6\}$，是一个离散随机变量. 事件 $A=$ "点数小于 3" 可以表示为 $A=\{X<3\}$；

（2）记 T 表示某种电器的使用寿命，则 T 的所有可能取值为 $[0,+\infty)$，是一个连续随机变量. 事件 $B=$ "使用寿命在 40000 至 50000 小时" 可以表示为 $B=\{40000 \leqslant T \leqslant 50000\}$.

2.1.2 分布函数

为了掌握 X 的统计规律，只需掌握 X 取各值的概率，于是引入概率分布来描述随机变量的统计规律，但概率分布难以表示，我们可根据概率的累加特性，引入分布函数 F 来描述随机变量的统计规律.

定义 2.1.2 设 X 为随机变量，x 为任意实数，称函数

$$F(x)=P\{X \leqslant x\}$$

为 X 的**分布函数**，且称 X 服从 $F(x)$，记为 $X \sim F(x)$.

例 2.1.2 向半径为 r 的圆内随机投一点，记 X 为此点到圆心的距离，试求 X 的分布函数 $F(x)$，并求 $P\left(X \leqslant \frac{1}{2}r\right)$.

解 显然，X 的取值范围为 $[0,r]$，由几何概率可知

$$F(x)=P\{X \leqslant x\}=\begin{cases} 0, & x<0 \\ \dfrac{\pi x^2}{\pi r^2}=\dfrac{x^2}{r^2}, & 0 \leqslant x<r \\ 1, & x \geqslant r \end{cases},$$

从而

$$P\left(X \leqslant \frac{1}{2}r\right)=\frac{\left(\frac{1}{2}r\right)^2}{r^2}=\frac{1}{4}.$$

定理 2.1.1 分布函数 $F(x)$ 具有如下性质：

（1）**单调性**：$F(x)$ 是单调不减函数，即若任意 $x_1<x_2$，则 $F(x_1) \leqslant F(x_2)$；

（2）**有界性**：$F(-\infty)=\lim\limits_{x \to -\infty} F(x)=0,\ F(+\infty)=\lim\limits_{x \to +\infty} F(x)=1$；

（3）**右连续性**：$F(x)$ 是右连续函数，即 $\forall x \in \mathbf{R},\ F(x+0)=F(x)$.

证明 由于严格证明需要较深的数学知识，我们只给出解释供读者参考.

（1）设 $x_1 \leqslant x_2$，故 $\{X \leqslant x_1\} \subseteq \{X \leqslant x_2\}$，由概率的单调性可知

$$F(x_1)=P(X \leqslant x_1) \leqslant P(X \leqslant x_2)=F(x_2).$$

（2）由于 $X \in (-\infty,+\infty)$，所以

$$F(-\infty)=P(X\leqslant-\infty)=0,\quad F(+\infty)=P(X\leqslant+\infty)=1.$$

（3）$\lim\limits_{\Delta x\to 0+}[F(x+\Delta x)-F(x)]=\lim\limits_{\Delta x\to 0+}P(x<X\leqslant x+\Delta x)=P(x<X\leqslant x)=P(\varnothing)=0$.

以上三条性质是分布函数必须具有的性质. 还可以证明：如果函数 $F(x)$ 满足上述三条性质，则必存在概率空间 $(\Omega,\mathcal{F},P)$ 及其上的一个随机变量 X，使得 X 的分布函数为 $F(x)$. 从而这三条基本性质也成为判断某个函数能否成为分布函数的充要条件.

有了随机变量 X 的分布函数，那么关于 X 的各种事件的概率都可以用分布函数表示，即分布函数可以描述随机变量的统计规律.

对于任意 $\forall a,b\in\mathbf{R}$，有：

（1）随机变量 X 取值不超过 a 的概率可以表示为 $F(a)$，即 $P(X\leqslant a)=F(a)$；

（2）分布函数只在随机变量以正概率取值的点处发生跳跃性间断，其跳跃度正是随机变量取此值的概率，即 $P(X=a)=F(a)-F(a-)$；

（3）$P(a<X\leqslant b)=F(b)-F(a)$；

特别当 $F(x)$ 在 a 点连续时，有 $F(a-)=F(a)$，即 $P(X=a)=0$.

例 2.1.3 设 $F(x)=\dfrac{1}{\pi}\left[\arctan x+\dfrac{\pi}{2}\right],x\in\mathbf{R}$，它在实数域上是连续、单调严格递增的函数，且 $F(-\infty)=0,\ F(+\infty)=1$. 由于此 $F(x)$ 满足分布函数的三条基本性质，故 $F(x)$ 是一个分布函数，称这个分布函数为**柯西分布函数**.

若 X 服从柯西分布，则

$$P(-1<X\leqslant 1)=F(1)-F(-1)=\frac{1}{\pi}[\arctan 1-\arctan(-1)]=\frac{1}{2}.$$

2.1.3 分布列

定义 2.1.3 若随机变量 X 只可能取有限或可列个值，则称 X 为**离散型随机变量**. 如果离散型随机变量 X 的所有可能取值为 $x_1,\cdots,x_n,\cdots$，则称 X 取 x_i 的概率为

$$p_i=p(x_i)=P(X=x_i),i=1,2,\cdots,$$

为 X 的**概率分布列**，简称**分布列**，记作 $X\sim\{p_i\}$.

分布列也可表示为

$$\begin{pmatrix} x_1 & \cdots & x_n & \cdots \\ p_1 & \cdots & p_n & \cdots \end{pmatrix},$$

或表示为**概率分布表**：

X	x_1	x_2	$\cdots$	x_n	$\cdots$
P	p_1	p_2	$\cdots$	p_n	$\cdots$

离散型随机变量 X 的分布函数

$$F(x)=\sum_{x_i\leqslant x}P\{X=x_i\}=\sum_{x_i\leqslant x}p(x_i),$$

它在 $x = x_i$ 处有跳跃，跳跃值为 $p_i = P\{X = x_i\}$. 由于它的图形是阶梯函数，难于表达，故常用概率分布列来描述. 分布列具有如下性质：

（1）**非负性**：$p_i \geqslant 0, i = 1,2,\cdots$；

（2）**正则性**：$\sum_{i=1}^{+\infty} p_i = 1$，也称为**归一性**.

以上两条基本性质也是判断某个数列是否为分布列的充要条件.

例 2.1.4　设随机变量 X 的分布列为

X	-1	2	3
P	$\frac{1}{4}$	$\frac{1}{2}$	$\frac{1}{4}$

求 X 的分布函数，并求 $P(X \leqslant 1)$，$P(0.5 < X \leqslant 3)$.

解　由概率的有限可加性可知

$$F(x) = \begin{cases} 0, & x < -1 \\ P(X = -1), & -1 \leqslant x < 2 \\ P(X = -1) + P(X = 2), & 2 \leqslant x < 3 \\ 1, & x \geqslant 3 \end{cases},$$

即

$$F(x) = \begin{cases} 0, & x < -1 \\ \frac{1}{4}, & -1 \leqslant x < 2 \\ \frac{3}{4}, & 2 \leqslant x < 3 \\ 1, & x \geqslant 3 \end{cases},$$

且有

$$P(X \leqslant 1) = P(X = -1) = \frac{1}{4},$$

$$P(0.5 < X \leqslant 3) = P(X = 2) + P(X = 3) = \frac{3}{4}.$$

思考：给出离散随机变量的分布函数，如何求出它的分布列？

提示：离散随机变量的取值一定为其分布函数的间断点，在间断点取值的概率为分布函数在此点的左右极限之差：$P(X = x_i) = F(x_i) - F(x_i -)$.

例 2.1.5　已知离散随机变量 X 的概率分布描述如下：

$$\begin{pmatrix} -1 & 0 & 1 & 2 & 3 \\ 0.16 & \frac{a}{10} & a^2 & \frac{a}{5} & 0.3 \end{pmatrix}$$

试求出 X 的分布列.

解　根据分布列的性质，必有

$$a \geqslant 0 \quad 与 \quad 0.16 + \frac{a}{10} + a^2 + \frac{a}{5} + 0.3 = 1,$$

即
$$a^2+0.3a-0.54=0.$$
解得 $a_1=0.6$，$a_2=-0.9$（舍去）. 于是，X 的分布列为
$$X\sim\begin{pmatrix}-1 & 0 & 1 & 2 & 3\\0.16 & 0.06 & 0.36 & 0.12 & 0.3\end{pmatrix}.$$

例 2.1.6 已知离散随机变量 X 的分布列和分布函数为
$$\begin{pmatrix}-1 & 0 & 1\\\frac{1}{4} & a & b\end{pmatrix},\quad F(x)=\begin{cases}c, & -\infty<x<-1\\d, & -1\leqslant x<0\\\frac{3}{4}, & 0\leqslant x<1\\e, & 1\leqslant x<+\infty\end{cases},$$
试确定 a,b,c,d,e.

解 综合运用分布函数、分布列的性质及其关系，讨论如下：

根据分布函数的性质 $F(-\infty)=0$，$F(+\infty)=1$ 可得 $c=0,\ e=1$.

再由 $F(1)-F(1-0)=P(X=1)$ 得 $1-\frac{3}{4}=b$，即 $b=\frac{1}{4}$.

将 b 代入 $a+b+\frac{1}{4}=1$，可得 $a=\frac{1}{2}$.

由 $F(0)-F(0-0)=P(X=0)$ 得 $\frac{3}{4}-d=\frac{1}{2}$，即 $d=\frac{1}{4}$.

综上讨论结果，有
$$a=\frac{1}{2},\ b=\frac{1}{4},\ c=0,\ d=\frac{1}{4},\ e=1.$$

特别，常量 c 可看作一个值的随机变量，即 $P(X=c)=1$，这个分布常称为**单点分布**或**退化分布**.

以下例子说明：在具体求随机变量 X 的分布列时，关键是求出 X 的所有可能取值及这些值的概率.

例 2.1.7 口袋中有 5 个球，编号为 1, 2, 3, 4, 5. 从中任取 3 个，以 X 表示求出 3 个球中最大号码，试求出 X 的分布列.

解 从 5 个球中任取 3 个，共有 $\binom{5}{3}=10$ 种等可能取法. X 表示求出 3 个球中最大号码，则它的可能取值为 3,4,5. 因为
$$P(X=i)=P(X\leqslant i)-P(X\leqslant i-1),$$
且当 $i\geqslant 3$ 时，有 $P(X\leqslant i)=\frac{\mathrm{C}_i^3}{10}$，所以
$$P(X=3)=P(X\leqslant 3)-P(X\leqslant 2)=\frac{\mathrm{C}_3^3}{10}-0=0.1,$$

$$P(X=4)=P(X\leqslant 4)-P(X\leqslant 3)=\frac{C_4^3}{10}-\frac{C_3^3}{10}=0.3,$$

$$P(X=5)=P(X\leqslant 5)-P(X\leqslant 4)=1-\frac{C_4^3}{10}=0.6.$$

所以 X 的分布列为

$$X\sim\begin{pmatrix}3 & 4 & 5\\ 0.1 & 0.3 & 0.6\end{pmatrix}.$$

2.1.4 密度函数

除离散型随机变量外，还有一类重要的随机变量——连续型随机变量，这种随机变量 X 可以取某个区间 $[a,b]$ 或 $(-\infty,+\infty)$ 的一切值. 由于这种随机变量的所有可能取值无法像离散型随机变量那样一一排列，因而也就不能用离散型随机变量的分布列来描述它的概率分布，刻画这种随机变量的概率分布可以用分布函数，但在理论上和实践中更常用的方法是用所谓的概率密度.

定义 2.1.4 设随机变量 X 的分布函数为 $F(x)$，如果存在一个非负函 数 $f(x)$，使得对于 $\forall x\in\mathbf{R}$，有 $F(x)=\int_{-\infty}^{x}f(t)\mathrm{d}t$，则称 X 为**连续型随机变量**，$f(x)$ 称为 X 的**概率密度函数**，简称**密度函数**.

因为 $F(x)$ 是非减函数，导数非负，又 $F(\infty)=1$，所以

（1）非负性：$f(x)\geqslant 0,\forall x\in\mathbf{R}$；

（2）正则性：$\int_{-\infty}^{+\infty}f(x)\mathrm{d}x=1$.

以上两条基本性质也是判断某个函数是否为密度函数的充要条件.

定理 2.1.2 如果连续随机变量 X 的分布函数为 $F(x)$, 密度函数为 $f(x)$, 概率分布为 F_X，则

（1）$F(x)$ 是连续函数，如果 $f(x)$ 在点 x 连续，则有 $F'(x)=f(x)$；

（2）对于任意实数 $x_1\leqslant x_2$，$P(x_1<X\leqslant x_2)=F(x_2)-F(x_1)=\int_{x_1}^{x_2}f(x)\mathrm{d}x$.

证明 由于 $F(x)$ 是关于 $f(x)$ 的变动上限积分，故（1）是数学分析中有关的定理.（2）是积分的牛顿-莱布尼茨公式及其推广，因为

$$P(c-\Delta x<X\leqslant c)=\int_{c-\Delta x}^{c}f(t)\mathrm{d}t=F(c)-F(c-\Delta x),$$

令 $\Delta x\to 0$，由 $F(x)$ 的连续性可得 $P(X=c)=0$. 由 P 的可列可加性得 $P(X\in B)=0$.

连续型随机变量的分布函数一定是连续函数，但不能错误地认为分布函数连续的随机变量就是连续型的，另外，它的密度函数不一定连续且密度函数在某点上的函数值可以改变. 由于在若干点改变密度函数 $f(x)$ 的函数值不影响其积分值，从而不影响 $F(x)$ 的值，因此我们不必特意考虑密度函数在个别点上的值. 于是当计算连续型随机变量在某一区间上取值的概率时，区间端点对概率无影响.

密度函数一词来源于物理. 设 x 为 $f(x)$ 的连续点，任意 $\Delta x>0$，

$$\frac{P(x<X\leqslant x+\Delta x)}{\Delta x}=\frac{F(x+\Delta x)-F(x)}{\Delta x}$$

称为 X 在区间 $[x,x+\Delta x]$ 上的**概率的平均密度**. 而在 x 点处的密度为

$$\lim_{\Delta x\to 0}\frac{P(x<X\leqslant x+\Delta x)}{\Delta x}=\lim_{\Delta x\to 0}\frac{F(x+\Delta x)-F(x)}{\Delta x}=F'(x)=f(x).$$

由此可知，称 $f(x)$ 为 x 的概率密度函数是有道理的.

如果密度函数 $f(x)$ 关于 x 连续，那么根据微积分基本性质，我们至少还有：

$$P(x<X\leqslant x+\Delta x)=f(x)\Delta x+o(\Delta x)\text{，当 }\Delta x\to 0\text{ 时}$$

其中 $o(\Delta x)$ 表示 Δx 的高阶无穷小. 令 $\Delta x\to 0$，可得连续型随机变量 X 落入微小区间 $(x,x+\mathrm{d}x]$ 的概率

$$P(x<X\leqslant x+\mathrm{d}x)=f(x)\mathrm{d}x,$$

称为**连续型随机变量 X 的概率元**. 它与离散型随机变量分布列中 p_i 的作用类似. 今后我们会经常用到概率元，在很多场合，它可以简化证明，有助于我们对概率论本质的理解.

虽然 $P(X=x)=0$，但可表示为

$$P(X=x)=f(x)\mathrm{d}x,$$

可见密度函数并不是随机变量在这一点取值的概率，但它可以衡量随机变量在这一点取值的概率大小.

在日常生活中我们常说“甲的身高为 172cm”，其实，由测不准原理可知人的身高是不能精确测量的，因为尺子不一定标准，尺子和人都在热胀冷缩，等等，故正确的理解应为“在某给定时刻，甲的身高近似为 172cm”. 虽然在某固定时刻“人的身高为 172cm”的概率为 0，但确实可能存在这样的人，只是不知道是谁而已. 值得注意的是，身高超过 172cm 的人一定经历过 172cm，但持续的时间几乎为 0.

例 2.1.8 设随机变量 X 具有概率密度

$$f(x)=\begin{cases}K\mathrm{e}^{-3x}, & x>0\\ 0, & x\leqslant 0\end{cases},$$

（1）试确定常数 K；（2）求 $P(X>0.1)$；（3）求 $F(x)$.

解 （1）由于 $\int_{-\infty}^{+\infty}f(x)\mathrm{d}x=1$，即

$$\int_{-\infty}^{+\infty}f(x)\mathrm{d}x=\int_0^{\infty}K\mathrm{e}^{-3x}\mathrm{d}x=\frac{1}{-3}\int_0^{\infty}K\mathrm{e}^{-3x}\mathrm{d}(-3x)=\frac{K}{3}=1,$$

故 $K=3$. 于是 X 的概率密度

$$f(x)=\begin{cases}3\mathrm{e}^{-3x}, & x>0\\ 0, & x\leqslant 0\end{cases}.$$

（2）$P(X>0.1)=\int_{0.1}^{+\infty}3\mathrm{e}^{-3x}\mathrm{d}x=0.7408$；

（3）由定义 $F(x)=\int_{-\infty}^{x}f(t)\mathrm{d}t$，有：

当 $x\leqslant 0$ 时，$F(x)=\int_{-\infty}^{x}0\mathrm{d}t=0$；

当 $x>0$ 时，$F(x)=\int_{-\infty}^{x}f(t)\mathrm{d}t=\int_{-\infty}^{0}0\mathrm{d}t+\int_{0}^{x}3\mathrm{e}^{-3t}\mathrm{d}t=1-\mathrm{e}^{-3x}$.

所以

$$F(x)=\begin{cases}1-\mathrm{e}^{-3x}, & x>0\\ 0, & x\leqslant 0\end{cases}.$$

分段函数在定义域的不同区间有着不同的表达式，因此对分段函数进行积分时，一定要注意积分区域上的被积函数是谁.

例 2.1.9　设随机变量 X 的密度函数为

$$f(x)=A\mathrm{e}^{-|x|}, x\in\mathbf{R},$$

试求：（1）系数 A；（2）$P\{0<X<1\}$；（3）X 的分布函数.

解　（1）由密度函数的性质有

$$1=\int_{-\infty}^{\infty}A\mathrm{e}^{-|x|}\mathrm{d}x=2A\int_{0}^{\infty}\mathrm{e}^{-x}\mathrm{d}x=-2A\mathrm{e}^{-x}\Big|_{0}^{\infty}=2A,$$

即 $A=\dfrac{1}{2}$.

（2）$P\{0<X<1\}=\int_{0}^{1}f(x)\mathrm{d}x=\dfrac{1}{2}\int_{0}^{1}\mathrm{e}^{-x}\mathrm{d}x=-\dfrac{1}{2}\mathrm{e}^{-x}\Big|_{0}^{1}=\dfrac{1-\mathrm{e}^{-1}}{2}$.

（3）分布函数 $F(x)=\int_{-\infty}^{x}f(t)\mathrm{d}t=\int_{-\infty}^{x}\dfrac{1}{2}\mathrm{e}^{-|t|}\mathrm{d}t$，

当 $x<0$ 时，$F(x)=\int_{-\infty}^{x}f(t)\mathrm{d}t=\int_{-\infty}^{x}\dfrac{1}{2}\mathrm{e}^{t}\mathrm{d}t=\dfrac{1}{2}\mathrm{e}^{x}$；

当 $x\geqslant 0$ 时，$F(x)=\int_{-\infty}^{0}\dfrac{1}{2}\mathrm{e}^{t}\mathrm{d}t+\int_{0}^{x}\dfrac{1}{2}\mathrm{e}^{-t}\mathrm{d}t=1-\dfrac{1}{2}\mathrm{e}^{-x}$；

故

$$F(x)=\begin{cases}\dfrac{1}{2}\mathrm{e}^{x}, & x<0\\ 1-\dfrac{1}{2}\mathrm{e}^{-x}, & x\geqslant 0\end{cases}.$$

例 2.1.10　设连续型随机变量 X 的分布函数为

$$F(x)=\begin{cases}0, & x<0\\ A\sin x, & 0\leqslant x<\dfrac{\pi}{2}\\ 1, & x\geqslant\dfrac{\pi}{2}\end{cases},$$

求（1）系数 A；（2）$P\left(|X|<\dfrac{\pi}{6}\right)$；（3）密度函数 $f(x)$.

解 （1）由于 $F(x)$ 的连续性，有 $\lim\limits_{x\to\frac{\pi}{2}} F(x)=F\left(\frac{\pi}{2}\right)=1$，故 $A=1$.

（2）$P\left(|X|<\frac{\pi}{6}\right)=P\left(X<\frac{\pi}{6}\right)-P\left(X\leqslant-\frac{\pi}{6}\right)=F\left(\frac{\pi}{6}\right)-F\left(-\frac{\pi}{6}\right)=\frac{1}{2}$.

（3）$f(x)=\begin{cases}0, & x<0\\ \cos x, 0\leqslant x<\frac{\pi}{2}\\ 0, & x\geqslant\frac{\pi}{2}\end{cases}$.

除了离散型和连续型随机变量外，还有既非离散型也非连续型的随机变量，见下例.

例 2.1.11 函数

$$F(x)=\begin{cases}0, & x<0\\ \frac{1+x}{3}, & 0\leqslant x<2\\ 1, & x\geqslant 2\end{cases}$$

的确是一个分布函数，但它既不是阶梯函数，又不是连续函数，所以它既不是离散的又不是连续的，而是一类新的分布. 本节不研究此类分布，只是让大家知道山外有山，人外有人，我们需要不断学习与研究，变得更有智慧，知而获知，智达高远，也要有自知之明，绝不干能力之外之事.

2.2 常见离散型随机变量

每个随机变量都有一个分布，不同的随机变量可以有不同的分布，也可以有相同的分布. 随机变量千千万万，但常用的并不多，主要有离散分布和连续分布，本节讲常用离散分布，下节讲常用连续分布.

2.2.1 二项分布

实际问题中，有许多试验与掷硬币试验类似，且具有共同的性质，它们只包含两个结果，例如，市场调查中考虑的产品的喜好、社会学家感兴趣的“农民是否脱贫”. 这些例子都可以用二项分布描述.

如果记 X 为 n 重 Bernoulli 试验序列中事件 A 成功的次数，$P(A)=p$，则 X 的可能取值为 $0,1,\cdots,n$，分布列为

$$p_k=P(X=k)=\mathrm{C}_n^k p^k q^{n-k}, \quad k=0,1,\cdots,n,$$

其中 $q=1-p$，这个分布称为**二项分布**，记为 $X\sim B(n,p)$ 或 $X\sim b(n,p)$.

二项分布的样本空间 $\Omega=\{\omega\,|\,X(\omega)=k, k=0,1,\cdots,n\}$，即 $\{n$ 重 Bernoulli 试验中事件 A 成功 k 次，$k=0,1,\cdots,n\}$.

容易验证其和为 1，即

$$\sum_{k=0}^{n} \mathrm{C}_n^k p^k q^{n-k} = (p+q)^n .$$

由此可见，二项概率 $\mathrm{C}_n^k p^k q^{n-k}$ 恰为二项式 $(p+q)^n$ 展开的第 $k+1$ 项，这正是其名字的由来.

二项分布是一种常用的离散分布，比如，

（1）检查 100 个产品，不合格的个数 $X \sim B(100, p)$，其中 p 为不合格率；

（2）某家庭共生育 4 个孩子，4 个孩子中女孩的个数 $X \sim B(4, 0.5)$.

若记二项分布 $B(n,p)$ 的通项为

$$B(k;n,p) = \mathrm{C}_n^k p^k q^{n-k} , \quad k = 0,1,\cdots,n ,$$

则有

$$\frac{B(k;n,p)}{B(k-1;n,p)} = \frac{\mathrm{C}_n^k p^k q^{n-k}}{\mathrm{C}_n^{k-1} p^{k-1} q^{n-k+1}} = \frac{(n-k+1)p}{kq} = 1 + \frac{(n+1)p-k}{kq} .$$

因此当 $k < (n+1)p$ 时，$B(k;n,p)$ 大于前一项，即随着 k 的增加而上升；

当 $k > (n+1)p$ 时，$B(k;n,p)$ 随着 k 的增加而下降；

当 $(n+1)p = k$ 为正整数时，两项相等，此时该两项同为最大值.

总之，二项分布 $B(n,p)$ 中最可能出现次数 $k = [(n+1)p]$. 若 $(n+1)p$ 为正整数时，则最可能出现的次数为 $(n+1)p$ 或 $(n+1)p-1$.

当 $n=1$ 时，二项分布称为**两点分布**（0-1 **分布**），分布列为

$$p_k = p^k q^{1-k}, k = 0,1 .$$

两点分布主要用来描述一次 Bernoulli 试验中事件 A 成功的次数，也称为 Bernoulli **分布**.

很多随机现象的样本空间 Ω 常一分为二，记为 $A, \overline{A}$，由此形成 Bernoulli 试验，故二项分布在实际中具有广泛应用.

例 2.2.1 已知发射一枚地对空导弹击中来犯敌机的概率为 0.96，问需要在同样条件下发射多少枚导弹才能保证至少有一枚导弹击中敌机的概率大于 0.999?

解 假设需要发射 n 枚导弹，那么击中敌机的导弹数就是随机变量 $X \sim B(n, 0.96)$，按要求有

$$P(X \geqslant 1) = 1 - (1-0.96)^n > 0.999 ,$$

即

$$0.04^n < 0.001 .$$

由此解得 $n > \dfrac{\lg 0.001}{\lg 0.04} = 2.15$，取 $n = 3$，即需要发射 3 枚导弹.

例 2.2.2（药效试验） 设某种鸡在正常情况下感染某种传染病的概率为 0.2，现发明两种疫苗，疫苗 A 注射给 9 只健康的鸡后无一只感染，疫苗 B 注射给 25 只健康的鸡后仅一只感染.

（1）试问如何评价这两种疫苗，能否初步估计哪种药较为有效?

（2）在正常情况下，没有注射疫苗时，9 只健康鸡与 25 只健康鸡当中分别最可能受到感

染传染病的鸡数?

解 (1)若疫苗 A 完全无效,则注射后鸡受感染的概率仍为 0.2,故 9 只健康的鸡的感染个数 X 服从 $B(9,0.2)$. 而且 9 只健康的鸡无一只感染的概率为

$$P(X=0)=0.8^9=0.1342.$$

同理,若疫苗 B 完全无效,则注射后鸡受感染的概率仍为 0.2,故 25 只健康的鸡至多一只感染的概率为

$$0.8^{25}+\mathrm{C}_{25}^{1}0.2^1 0.8^{24}=0.0274.$$

因为 $0.0274<0.1342$,且都很小,因此可初步认为这两种药都有效,疫苗 B 更有效.

(2)对于 9 只健康鸡,最可能是 1 或 2 只鸡感染.

对于 25 只健康鸡,最可能感染的只数为 $[(25+1)0.2]=[5.2]=5$.

本例主要运用了小概率事件原理,如果小概率事件发生,就认为原假设不成立,这也是假设检验的思想雏形.

例 2.2.3 设有 80 台同类型设备,各台工作是相互独立的,发生故障的概率为 0.01,且一台设备的故障能由一人处理. 考虑两种配备维修工人的方法,其一由 4 人维护,每人负责 20 台;其二由三人共同维护 80 台. 试比较这两种维修方案的优缺点.

解 按第一种方法,以 X 表示一人维护 20 台设备同一时刻发生故障的台数,则 $X\sim B(20,0.01)$,则

$$P(X\geqslant 2)=1-\sum_{k=0}^{1}P(X=k)=0.0169.$$

以 A_i 表示事件"第 i 人维护 20 台设备发生故障不能及时维修",则 $P(A_i)=P(X\geqslant 2)$,则 80 台设备发生故障不能及时维修的概率为

$$P\left(\bigcup_{i=1}^{4}A_i\right)=\sum_{i=1}^{4}P(A_i)=4P(X\geqslant 2)=4\times 0.0169=0.0676.$$

按第二种方法,以 Y 表示 4 人维护 80 台设备同一时刻发生故障的台数,则 $Y\sim B(80,0.01)$,则 80 台设备发生故障不能及时维修的概率为

$$P(Y\geqslant 4)=1-\sum_{k=0}^{3}\mathrm{C}_{80}^{k}0.01^k 0.99^{80-k}=0.0087.$$

我们发现,按第二种方法,在减少劳动力的情况下,工作效率得到了显著提高,即老板可以雇佣相同或更少的人,但取得更好的效果.

若干维修工共同负责大量设备的维修,将提高工作效率,但世上没有免费的午餐,它也存在责任不明确的缺点,可能会导致"一个和尚担水吃,两个和尚抬水吃,三个和尚没水吃"的局面.

这个例子说明:科学的概率分析常有助于讨论实际生活中更为有效的调配人力、物力资源等问题. 读者在学习时,不仅仅要学会课本上的理论,更重要的是理论联系实际,进而解决实际问题.

2.2.2 泊松分布

泊松分布 X 以全体自然数为一切可能值，分布列为

$$p_k = P(X=k) = \frac{\lambda^k e^{-\lambda}}{k!},\quad k=0,1,\cdots,$$

其中参数 $\lambda>0$，记为 $X\sim P(\lambda)$.

泊松分布是 1837 年由法国数学家 Poisson 首次提出的，主要用来表示“稀少”事件发生的个数. 例如，一本书中的错字个数、地球表面某个固定区域捕捉到宇宙粒子的个数等都服从泊松分布.

思考：泊松分布的样本空间是什么，样本点是什么？

若 $X\sim P(\lambda)$，记 $P(k;\lambda)=P(X=k)$，则

$$\frac{P(k;\lambda)}{P(k-1;\lambda)}=\frac{\lambda}{k}.$$

可见（1）当 $k<\lambda$ 时，分布列 $P(k-1;\lambda)<P(k;\lambda)$；

（2）当 $k>\lambda$ 时，分布列 $P(k-1;\lambda)>P(k;\lambda)$；

（3）当 λ 为整数时，分布列 $P(k-1;\lambda)=P(k;\lambda)$.

因此，当 $k=[\lambda]$，分布列达到最大值，即泊松分布最可能出现的次数为 $[\lambda]$，但当 $\lambda=[\lambda]$ 时，即 λ 为整数，则有两个最可能出现的次数 $\lambda,\lambda-1$.

在 $B(n,p)$ 中，当 n 较大时，计算量是很大的，如果在 p 较小时使用下面的泊松定理近似计算可以大大减少计算量.

定理 2.2.1 在 n 重伯努利试验中，记事件 A 在一次试验中发生的概率为 p_n（与试验次数 n 有关），如果当 $n\to\infty$ 时有 $np_n\to\lambda$，则

$$\lim_{n\to\infty} C_n^k p_n^k (1-p_n)^{n-k} = \frac{\lambda^k}{k!}e^{-\lambda}.$$

证明 记 $np_n=\lambda_n$，可得

$$\begin{aligned} C_n^k p_n^k (1-p_n)^{n-k} &= \frac{n(n-1)\cdots(n-k+1)}{k!}\left(\frac{\lambda_n}{n}\right)^k\left(1-\frac{\lambda_n}{n}\right)^{n-k} \\ &= \frac{\lambda_n^k}{k!}\left(1-\frac{1}{n}\right)\cdots\left(1-\frac{k-1}{n}\right)\left(1-\frac{\lambda_n}{n}\right)^{n-k}. \end{aligned}$$

对固定的 k，我们有

$$\lim_{n\to\infty}\lambda_n=\lambda,\quad \lim_{n\to\infty}\left(1-\frac{\lambda_n}{n}\right)^{n-k}=e^{-\lambda},\quad \lim_{n\to\infty}\left(1-\frac{1}{n}\right)\cdots\left(1-\frac{k-1}{n}\right)=1,$$

故 $\lim\limits_{n\to\infty} C_n^k p_n^k (1-p_n)^{n-k} = \frac{\lambda^k}{k!}e^{-\lambda}$ 对任意的 $k=0,1,2,\cdots$ 成立.

注：在应用 $\lim\limits_{x\to 0}(1+x)^{\frac{1}{x}}=e$ 时，要注意其本质为 $(1+\text{无穷小})^{\frac{1}{\text{无穷小}}}=e$，$x$ 是一个整体，在定

理 2.2.1 中 $x=-\frac{\lambda_n}{n}$.

由于泊松定理是在 $np_n \to \lambda$ 条件下获得的，故在计算二项分布 $B(n,p)$，当 n 很大，p 很小时，$B(n,p)$ 可用 $P(np)$ 来近似，即

$$\mathrm{C}_n^k p^k (1-p)^{n-k} \approx \frac{\lambda^k}{k!}\mathrm{e}^{-\lambda}, k=0,1,2,\cdots.$$

一般当 $n \geqslant 20$，$p \leqslant 0.05$ 时，用 $\frac{\lambda^k}{k!}\mathrm{e}^{-\lambda}$ 来近似 $\mathrm{C}_n^k p^k (1-p)^{n-k}$ 的效果就很好.

思考：泊松分布刻画的是稀有事件发生的次数，如何理解“稀有”二字呢?

满足**泊松条件**的随机变量 X 服从泊松分布，即

（1）普通性：在充分小的观察单位上，X 的取值最多为 1；

（2）平稳性：X 的取值只与单位时间 t 有关，而与观察单位的位置无关；

（3）独立增量性：在某观察单位上 X 的取值与前面各不同观察单位上 X 的取值均独立.

设 X 为单位时间内事件 A 发生的次数，满足泊松条件，λ 为事件 A 发生的速率. 将单位时间等分为 n 个小区间，取 n 足够大，根据泊松条件，每一个小区间内 A 发生一次以上的概率应视为 0，A 恰好发生一次的概率近似为 $\frac{\lambda}{n}$，A 不发生的概率相应地近似为 $1-\frac{\lambda}{n}$，泊松条件意味着伯努利条件成立，则 $X \sim B\left(n,\frac{\lambda}{n}\right)$.

由定理 2.2.1 得当 $n \to \infty$ 时，$P(X=k)=\frac{\lambda^k}{k!}\mathrm{e}^{-\lambda}$，可见满足泊松条件的随机变量 X 为泊松分布，虽不能严格证明，但颇具启发性.

例 2.2.4　假定某航空公司订票处平均每小时接到 42 次订票电话，那么在 10 分钟内，恰好接到 6 次电话的概率是多少?

解　我们可以认为，任意间隔相同的时间内航空公司接到一次电话的概率相等，并且不同时间段内是否接到电话是相互独立的，则 10 分钟内接到电话的次数 X 服从二项分布，且 n 很大，p 很小，由泊松定理可得 $X \sim P(7)$，其中 $7=\frac{10}{60}\times 42$，则

$$P(X=6)=\frac{7^6\mathrm{e}^{-7}}{6!}=0.149.$$

例 2.2.5　有 10000 名同年龄段且同社会阶层的人参加了某保险公司的一项人寿保险，假定投保人的寿命分布相同，且概率分布互不影响. 每个投保人在每年年初需缴纳 200 元保费，且在这一年内若投保人死亡，受益人可从保险公司获得 100000 元的赔偿费. 由生命分布表知，这类人死亡的概率为 0.001，试求保险公司在这项业务上：

（1）亏本的概率；

（2）至少获利 500000 的概率.

解　设 10000 名投保人在这一年内的死亡人数为 X，则 $X \sim B\ (10000, 0.001)$. 保险公司在这项业务上一年的总收入为 $200\times 10000=2000000$（元）. 因为 $n=10000$ 很大，$p=0.001$，所以用 $\lambda=np=10$ 的泊松分布近似计算.

（1）保险公司在这项业务上亏本等价于 $\{X>20\}$，故

$$P(X>20)=1-P(X\leqslant 20)=1-\sum_{i=0}^{20}\mathrm{C}_{10000}^{i}0.001^{i}0.999^{10000-i}$$

$$=1-\sum_{i=0}^{20}\frac{10^{i}}{i!}\mathrm{e}^{-10}=1-0.998=0.002.$$

（2）至少获利 500000 等价于 $\{X\leqslant 15\}$，所以

$$P(X\leqslant 15)\approx\sum_{i=0}^{15}\frac{10^{i}}{i!}\mathrm{e}^{-10}=0.951.$$

由此可见，保险公司在这项业务上至少获利 500000 元的可能性很大.

事实上，我们可以求出精确解：$1-\sum\limits_{i=0}^{20}\mathrm{C}_{10000}^{i}0.001^{i}0.999^{10000-i}$，但计算量太大且很难算出，即使采用计算机计算也有误差. 但是可以通过泊松分布求出近似解，它的精确度完全可以满足决策的需求. 记住，我们只需要适合我们的，而不是不惜成本地追求最佳效果，决策其实就是在理想和成本之间找到一个折中方案.

例 2.2.6 某商店出售某种商品，由历史记录分析表明，月销售量（件）$X\sim P(8)$，问在月初进货时，需多少库存才能有 90%的把握满足顾客的需求？

解 满足要求的最小库存是使式 $P(X\leqslant n)\geqslant 0.90$ 成立的最小正整数 n. 这类不等式直接求解是很困难的，我们只能查表或借助计算机软件.

因为 poissinv(0.9,8) = 12，但泊松分布是离散随机变量，故 12 最可能满足要求. 又因为 poisscdf(12,8) = 0.9362，poisscdf(11,8) = 0.8881，即

$$P(X\leqslant 12)=0.9362\geqslant 0.90,\quad P(X\leqslant 11)=0.8881<0.90,$$

所以月初进货 12 件，就有 93.62%的把握满足顾客的需求.

2.2.3 负二项分布

在 Bernoulli 试验序列中，每次试验事件 A 成功的概率为 p，如果 X 为恰好出现 r 次成功所需试验次数，则 X 的所有可能取值为 $r,r+1,r+2,\cdots$，其分布列为

$$p_k=P(X=k)=\mathrm{C}_{k-1}^{r-1}p^{r}(1-p)^{k-r},k=r,r+1,\cdots,0<p<1,$$

则称 X 服从参数为 (r,p) 的**负二项分布**，也称为**巴斯卡分布**，记为 $NB(r,p)$.

当 $r=1$ 时，负二项分布为**几何分布**，记为 $X\sim Ge(p)$，其分布列为

$$p_k=P(X=k)=p(1-p)^{k-1},k=1,2,\cdots,0<p<1.$$

实际中有不少变量服从几何分布，例如，某家庭首次生女孩所需的试验次数；某产品不合格率为 0.05，则首次查到不合格品的检查次数 $X\sim Ge(0.05)$.

定理 2.2.2（几何分布的无记忆性） 设 $X\sim Ge(p)$，则对任意正整数 m,n 有

$$P(X>m+n\mid X>m)=P(X>n).$$

证明 因为

$$P(X>n)=\sum_{k=n+1}^{+\infty}(1-p)^{k-1}p=(1-p)^{n},$$

所以对任意正整数 m,n ，有

$$P(X>m+n\mid X>m)=\frac{P(X>m+n,X>m)}{P(X>m)}=\frac{(1-p)^{m+n}}{(1-p)^{m}}=(1-p)^{n}=P(X>n).$$

这就证明了

$$P(X>m+n\mid X>m)=P(X>n).$$

可见，在前 m 次试验中 A 没出现的条件下，在接下去的 n 次试验中，A 仍未出现的概率只与 n 有关，而与以前的 m 次试验无关，似乎忘记了前 m 次试验结果，这就是无记忆性. 几何分布是离散随机变量中唯一一个没有记忆的分布. 具有无记忆性的根本原因在于每次试验中事件 A 发生的概率 p 不随试验次数而改变.

例 2.2.7 一个人要开门，他有 n 把钥匙，其中仅有一把能打开此门. 现随机地从中取出一把钥匙试开门. 试开时，每一把钥匙均以 $\frac{1}{n}$ 的概率被取出，问此人直到第 k 次试开时才能成功的概率是多少？

解 假设第 X 次试开门成功，则 $X\sim Ge\left(\frac{1}{n}\right)$，故直到第 k 次试开时才能成功的概率为

$$P(X=k)=\left(\frac{n-1}{n}\right)^{k-1}\left(\frac{1}{n}\right).$$

2.2.4 超几何分布

从一个有限总体中进行不放回抽样常会遇到超几何分布.

设有 N 个产品，其中有 M 个不合格品，若从中不放回地随机抽取 n 个，则其中含有不合格品的个数 X 服从参数为 $N,M,n\leqslant N$ 的**超几何分布**，记为 $X\sim h(n,N,M)$ ，分布列为

$$p_k=P(X=k)=\frac{\mathrm{C}_M^k\mathrm{C}_{N-M}^{n-k}}{\mathrm{C}_N^n},\quad k=1,2,\cdots,r,$$

其中 $r=\min\{M,n\}$ ， $M\leqslant N,\ n\leqslant N$ ， n,N,M 均为正整数.

若要验证以上给出的确实是一个概率分布列，只需注意以下组合等式即可：

$$\sum_{k=0}^{r}\binom{M}{k}\binom{N-M}{n-k}=\binom{M}{n}.$$

当 $n\ll N$ ，即抽样的个数 n 远远小于总数 N ，每次抽取后，总体中不合格率 $p=\frac{M}{N}$ 改变很小，所以不放回抽样可近似看作放回抽样，即可认为抽样是独立试验，这时超几何分布可用二项分布近似：

$$\frac{C_M^k C_{N-M}^{n-k}}{C_N^n} \approx C_n^k p^k (1-p)^{n-k}，\ 其中\ p=\frac{M}{N}，$$

但 N 不是很大时，这两种分布就有明显差别.

例 2.2.8 假定有 10 只股票，其中有 3 只股票购买后可以获利，另外 7 只购买后将会亏损. 如果你打算从 10 只股票中选择 4 只购买，但并不知道哪 3 只是获利的，哪 7 只是亏损的，试求：

（1）所有 3 只能获利的股票都被你选中的概率是多大？

（2）3 只可获利的股票中有 2 只被你选中的概率是多大？

解 本例中，总体元素个数 $N=10$，其中不合格品（获利股票）的次数 $M=3$，样本量 $n=4$. 设 X 为选中 4 只股票中获利股票的只数，则 $X \sim h(4,10,3)$.

（1）$P(X=3)=\dfrac{C_3^3 C_{10-3}^{4-3}}{C_{10}^4}=\dfrac{1\times 7}{210}=\dfrac{1}{30}$.

（2）$P(X \geqslant 2)=P(X=2)+P(X=3)=\dfrac{1}{30}+\dfrac{3}{10}=\dfrac{1}{3}$.

超几何分布是一种常用的离散分布，它在抽样理论中占有重要地位. 由于社会调查是不放回抽样，所以超几何分布在社会统计学中很有用.

2.3 常见连续型随机变量

2.3.1 正态分布

高斯在 1809 年研究误差理论时首先用正态分布刻画误差的分布. 其实棣莫弗早在 1733 年左右就由二项分布的逼近推导出正态分布密度函数的表达式，不幸的是棣莫弗的工作被人遗忘，加之高斯的工作对后世影响极大，所以正态分布也称为**高斯分布**.

若随机变量 X 的密度函数为

$$f(x)=\frac{1}{\sqrt{2\pi}\sigma}\exp\left\{-\frac{(x-\mu)^2}{2\sigma^2}\right\}, x\in\mathbf{R},$$

则称 X 服从**正态分布**，记作 $X \sim N(\mu,\sigma^2)$，其中参数 $\mu\in\mathbf{R}$，$\sigma>0$.

由微积分知识可知（见图 2.3.1）：

（1）当 $x=\mu$ 时，$f(x)$ 达到最大值 $\dfrac{1}{\sqrt{2\pi}\sigma}$，在 $x=\mu\pm\sigma$ 处，$y=f(x)$ 有拐点.

（2）$y=f(x)$ 的图形对称于直线 $x=\mu$，以 x 轴为渐近线.

（3）若固定 σ，改变 μ 值，则曲线 $y=f(x)$ 沿 x 轴平移，但几何图形不变，也就是正态密度函数的位置由参数 μ 确定，因此 μ 为**位置参数**.

（4）若固定 μ，改变 σ 值，由 $f(x)$ 的最大值可知，当 σ 越大，$f(x)$ 的图形越平坦；当 σ 越小，$f(x)$ 的图形越陡峭. 也就是说正态密度函数的尺度由参数 σ 确定，因此 σ 称为**尺度参数**.

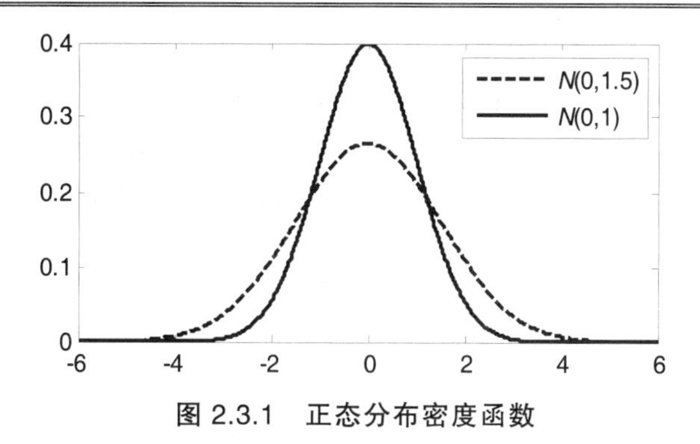

图 2.3.1 正态分布密度函数

由第 5 章的中心极限定理可知，大量的、微小的、独立的随机因素叠加的总结果近似服从正态分布，因此很多随机结果都可用正态分布描述或近似描述，譬如测量误差、人的体重，这也是正态分布具有广泛应用的原因.

称 $\mu=0,\ \sigma=1$ 时的正态分布 $N(0,1)$ 为**标准正态分布**，通常记为 U，密度函数记为 $\varphi(u)$，分布函数记为 $\Phi(u)$，即

$$\varphi(u)=\frac{1}{\sqrt{2\pi}}\exp\left\{-\frac{u^2}{2}\right\},u\in\mathbf{R}.$$

由于 $N(0,1)$ 的分布函数不含任何未知参数，故 $\Phi(u)=P(U\leqslant u)$ 完全可以算出，且有：

（1）$\Phi(-u)=1-\Phi(u)$，$P(U>u)=1-\Phi(u)$；

（2）$P(a<U<b)=\Phi(b)-\Phi(a)$，$P(|U|<c)=2\Phi(c)-1$.

由于正态分布密度函数的原函数很难表达，为应用方便，编制了标准正态分布函数 $\Phi(u)$ 的函数值表，一般正态分布 $N(\mu,\sigma^2)$ 可通过变量替换化为 $N(0,1)$.

定理 2.3.1 若 $X\sim N(\mu,\sigma^2)$，则 $U=\dfrac{X-\mu}{\sigma}\sim N(0,1)$，称为**正态分布的标准化**.

证明 设 X 和 U 的分布函数分别为 $F_X(x)$ 和 $F_U(u)$，则由分布函数定义可知

$$F_U(u)=P(U\leqslant u)=P\left(\frac{X-\mu}{\sigma}\leqslant u\right)=P(X\leqslant\mu+\sigma u)=F_X(\mu+\sigma u).$$

由于正态分布函数是严格单调递增的且处处可导，因此 U 的密度函数为

$$f_U(u)=\frac{\mathrm{d}}{\mathrm{d}u}F_X(\mu+\sigma u)=f_X(\mu+\sigma u)\sigma=\frac{1}{\sqrt{2\pi}}\exp\left\{-\frac{u^2}{2}\right\}.$$

故结论成立.

正态分布的 3σ 原则：设 $X\sim N(\mu,\sigma^2)$，则

$$P(|X-\mu|<k\sigma)=\Phi(k)-\Phi(-k)=\begin{cases}0.6826, k=1\\0.9545, k=2\\0.9973, k=3\end{cases}.$$

尽管正态分布的取值范围为 $\mathbf{R}$，但它的 99.73% 的值落在 $(\mu-3\sigma,\mu+3\sigma)$ 内，仅有 0.27% 的值落在其外面. 这是一个小概率事件，通常在一次试验中不可能发生，一旦发生就认为质

量发生了异常. 这个性质被实际工作者称为3σ**原则**. 它在工业生产上具有重要应用，统计质量管理上的控制图和一些产品的质量指数都是根据3σ原则制订的.

在 20 世纪中叶之前，人们一直沿用休哈特博士的经济控制理论，以3σ法则控制产品质量. 当时认为以$\pm 3\sigma$的控制界限来控制产品质量是最经济、最合理的控制手段，其对生产设备的精度要求并不苛刻，能为降低生产成本提供方便. 实施“$\pm 3\sigma$”质量控制原则，当生产过程处于稳定状态时，产品质量的合格率为 99.73%，即出现不合格的概率仅在千分之三左右，这在当时是一个很高的质量水平. 但随着社会生产力的发展，科技的进步，管理水平的提高，这一质量控制在现在许多情况下还是不够的.

当今风靡全球的6σ质量管理标准也是在正态分布原理基础上建立的. 当上、下公差不变时，6σ标准就意味着产品的合格率达到 99.9999998%，即

$$P(|X-\mu|<6\sigma)=\Phi(6)-\Phi(-6)=0.999999998,$$

其特性值落在$(\mu-6\sigma,\mu+6\sigma)$外的概率仅为十亿分之二.

由于种种随机因素的影响，任何流程在实际运行中都会出现偏离目标值或期望值的情况，通常将这种偏移称为**漂移**. 通常考虑1.5σ漂移时，6σ质量水准下的不合格率仅为百万分之 3.4，即在某生产流程或服务系统中有 100 个出现缺陷的机会，而6σ质量水准下出现的缺陷不到 4 个.

例 2.3.1　假定某公司职员每周的加班津贴服从均值为 50 元、标准差为 10 元的正态分布，那么，全公司中有多少比例的职员每周的加班津贴会超过 70 元，又有多少比例的职员每周的加班津贴在 40 元与 60 元之间呢?

解　设X为该公司职员每周的加班津贴，则$X\sim N(50,10^2)$. 则

$$\begin{aligned}P(X>70)&=1-P(X\leqslant 70)=1-\Phi\left(\frac{70-50}{10}\right)=1-\Phi(2)\\&=1-0.97725=0.02275;\end{aligned}$$

$$\begin{aligned}P(40\leqslant X\leqslant 60)&=\Phi\left(\frac{60-50}{10}\right)-\Phi\left(\frac{40-50}{10}\right)=\Phi(1)-\Phi(-1)\\&=2\Phi(1)-1=2\times 0.8413-1=0.6826.\end{aligned}$$

例 2.3.2　某单位招聘 155 人，标准是综合考试成绩从高分到低分依次录取. 现有 526 人报名应聘，假定考试成绩$X\sim N(\mu,\sigma^2)$，已知 90 分以上有 12 人，60 分以下有 83 人，某应试者成绩为 78 分，问此人能否被录取?

解　由两个已知条件可确定出未知参数μ,σ.

$$P(X\leqslant 90)=1-P(X>90)=1-\frac{12}{526}=0.9772,$$

$$P\left(\frac{X-\mu}{\sigma}\leqslant\frac{90-\mu}{\sigma}\right)=0.9772;$$

$$P(X\leqslant 60)=\frac{83}{526}\approx 0.1588,$$

$$P\left(\frac{X-\mu}{\sigma}\leqslant\frac{60-\mu}{\sigma}\right)=0.1588\,.$$

由标准正态分布表查表或运用 MATLAB 得

$$\text{norminv}(0.9772,0,1)=1.9991\text{，}\ \text{norminv}(0.1588,0,1)=-0.9994.$$

所以
$$\frac{90-\mu}{\sigma}=2.0\,,\quad \frac{60-\mu}{\sigma}=-1.0\,,$$

解得 $\sigma=10,\mu=70$.

某人成绩 78 分，能否被录用，主要考察录用率 $\frac{155}{526}=0.2947$ ，这样可从两个角度分析此事：

（1）如果 $P(X>78)<0.2947$ ，则该人录取.

$$P(X>78)=1-P(X\leqslant 78)=1-P\left(\frac{X-70}{10}\leqslant 0.8\right)$$
$$=1-\varPhi(0.8)=0.2119<0.2947\,.$$

$$1-\text{normcdf}(78,70,10)=0.2119.$$

所以该人可被录取.

（2）如果 $P(X>x)=0.2947$ ，算出录用分数下限，从而明确此人能否被录取.

$$P(X>x)=1-P(X\leqslant x)=1-P\left(\frac{X-70}{10}\leqslant\frac{x-70}{10}\right)=1-\varPhi\left(\frac{x-70}{10}\right)=0.2947\,.$$

所以 $\frac{x-70}{10}\approx 0.54$. 故 $x=75$ ，所以录取下限为 75 分. 而该人得分为 78 分，所以该人可被录取.

2.3.2 均匀分布

最简单的连续型随机变量是密度函数在某个有限区间取正的常数值，其余皆为零的随机变量，即均匀分布. 若随机变量 X 的密度函数为

$$f(x)=\begin{cases}\dfrac{1}{b-a}, & a<x<b\\ 0, & \text{其他}\end{cases},$$

则称 X 服从区间 (a,b) 上的**均匀分布**，记作 $X\sim U(a,b)$.

均匀分布的背景可视为随机点 X 落在区间 (a,b) 上的位置. 定点计算中的舍入误差，可作为最常见的均匀分布随机变量的例子. 假如在运算中，数据都只保留到小数点后第五位，而紧随其后的这位数字按四舍五入处理. 如以 x 表示真值，$\hat{x}$ 表示经过四舍五入处理后的值，则误差 $\varepsilon=x-\hat{x}$ 一般可假定是 $[-0.5\times10^{-5},0.5\times10^{-5}]$ 上均匀分布的随机变量. 有了这个假定，就可对经过大量运算后的数据进行误差分析，这种误差分析在数字计算解题时常常用到. 均匀分布在随机模拟中也具有重要应用，常用来对各种分布进行数值仿真，这在日后的学习中要慢慢体会.

思考：在无限区域上可以定义均匀分布吗？

例 2.3.3　设随机变量 $X \sim U(0,10)$，现对 X 进行 4 次独立观察，试求至少 3 次观测值大于 5 的概率.

解　设随机变量 Y 是 4 次独立观察中取值大于 5 的次数，则 $Y \sim B(4,p)$，其中

$$p = P(X > 5) = \int_5^{10} \frac{1}{10} \mathrm{d}x = 0.5 ,\quad 1 - \text{unifcdf}(5,0,10) = 0.5.$$

于是

$$P(Y \geqslant 3) = \sum_{i=3}^{4} \mathrm{C}_4^i p^i (1-p)^i = \frac{5}{16} ,\quad 1 - \text{binocdf}(2,4,0.5) = 0.3125.$$

例 2.3.4　设随机变量 $X \sim U(0,5)$，求一元二次方程

$$4t^2 + 4Xt + X + 2 = 0 ,$$

（1）有两个不同实根的概率 p；（2）有重根的概率 q.

解　因为 $X \sim U(0,5)$，一元二次方程的判别式为

$$\Delta = 16X^2 - 16X - 32 = 16(X-2)(X+1) .$$

（1）方程有不同实根的充要条件是 $\Delta > 0$，即 $X > 2$，所以

$$p = P(X > 2) = \int_2^5 \frac{1}{5} \mathrm{d}x = \frac{3}{5} .$$

（2）方程有重根的充要条件是 $\Delta = 0$，即 $X = 2$，所以

$$q = P(X = 2) = 0 .$$

2.3.3　指数分布

若随机变量 X 的密度函数

$$f(x) = \begin{cases} \lambda \mathrm{e}^{-\lambda x}, & x \geqslant 0 \\ 0, & x < 0 \end{cases} ,$$

则称 X 服从**指数分布**，记作 $X \sim \text{Exp}(\lambda)$，其中参数 $\lambda > 0$.

显然，指数分布的分布函数

$$F(x) = \begin{cases} 1 - \mathrm{e}^{-\lambda x}, & x \geqslant 0 \\ 0, & x < 0 \end{cases} .$$

定理 2.3.2（指数分布的无记忆性）　如果 $X \sim \text{Exp}(\lambda)$，则对任意 $s,t > 0$ 有

$$P(X > s + t \mid X > s) = P(X > t) .$$

证明　因为 $X \sim \text{Exp}(\lambda)$，所以

$$P(X > s) = \mathrm{e}^{-\lambda s} .$$

由条件概率的定义可知，对任意 $s,t > 0$ 有

$$P(X>s+t\,|\,X>s)=\frac{P(X>s+t,X>s)}{P(X>s)}=\frac{P(X>s+t)}{P(X>s)}=\frac{\mathrm{e}^{-\lambda(s+t)}}{\mathrm{e}^{-\lambda s}}=\mathrm{e}^{-\lambda t}=P(X>t).$$

相反，如果定义函数 $f(t)=P(X>t)$，那么上面等式意味着

$$f(t+s)=f(t)f(s)\,,\quad f(0)=P(X>0)=1.$$

我们注意到：函数 $t\to f(t)$ 是连续单调的，故一定存在一个常数 $\lambda>0$ 使得

$$f(t)=\mathrm{e}^{-\lambda t}.$$

这说明指数分布是连续随机变量唯一一个无记忆的分布.

因为指数分布只能取非负值，且具有无记忆性，故常用来表示在连续使用过程中没有明显消耗的产品的寿命，特别是电气产品的寿命，如电阻、电容、保险丝，随机服务系统中的服务时间、等待时间等. 另外，它在可靠性理论与排队论中有着广泛的应用. 如果用指数分布描述保单持有人的损失金额，则免赔额 d 的使用不会影响保险公司对每次事故的期望赔款，它始终是一个与 d 无关的常数，但期望索赔次数会减少.

例 2.3.5 假设钻头的有效使用时间（单位：年）服从参数为 0.125 的指数分布. 现在某人买了一个旧钻头，试求电视机还能使用 4 年以上的概率 a.

解 设钻头使用年限为 X，已知 $X\sim\mathrm{Exp}(0.125)$. 假设钻头已经使用了 T_0 年，由指数分布的无后效性可得

$$a=P(X\geqslant T_0+4\,|\,X\geqslant T_0)=P(X\geqslant 4)=\mathrm{e}^{-0.125\times 4}\approx 0.6065.$$

例 2.3.6 假设一大型设备在任意长为 t 的一段时间内发生故障的次数 $N(t)$ 服从参数为 λt 的泊松分布，若用 T 表示相邻两次故障之间的时间间隔，试求：

（1）T 的分布函数；

（2）在排除一次故障后，该设备能无故障运行 8 小时的概率 Q_1；

（3）该设备在已经无故障运行 t_0 小时后，再无故障运行 8 小时的概率 Q_2.

解 （1）两次故障之间的时间间隔 T 是非负时间变量，且事件 $\{T>t\}$ 说明设备在 $[0,t]$ 内没有故障发生，即 $\{T>t\}=\{N(t)=0\}$. 所以

当 $t<0$ 时，$F(t)=P(T\leqslant t)=0$；

当 $t\geqslant 0$ 时，$P(N(t)=k)=\dfrac{(\lambda t)^k}{k!}\mathrm{e}^{-\lambda t},k=0,1,2\cdots$，故

$$F(t)=P(T\leqslant t)=1-P(T>t)=1-P(N(t)=0)=1-\mathrm{e}^{-\lambda t}.$$

（2）$Q_1=P(T>8)=1-P(T\leqslant 8)=1-F(8)=\mathrm{e}^{-8\lambda}$.

（3）$Q_2=P(T>t_0+8\,|\,T>t_0)$，由指数分布的无记忆性可知 $Q_2=Q_1=\mathrm{e}^{-8\lambda}$.

例 2.3.7 设在某服务窗口办事，需要排队等待，若等待时间 $X\sim\mathrm{Exp}(0.1)$（单位：min），其密度函数为 $f(t)=0.1\mathrm{e}^{-0.1t}$, $t>0$. 假设某人到此窗口办事，在等待 15 min 仍未得到服务，他就愤然离去. 若此人一个月去该处办事 10 次，试求：（1）他有两次愤然离去的概率；

（2）最多有两次愤然离去的概率；

（3）至少有两次愤然离去的概率.

解 他在任一次排队等待服务时，愤然离去的概率为

$$p = P(X > 15) = \int_{15}^{\infty} 0.1\mathrm{e}^{-0.1t}\mathrm{d}t = -\mathrm{e}^{-0.1t}\Big|_{15}^{\infty} = \mathrm{e}^{-1.5} \approx 0.2231,$$

$$1 - \mathrm{expcdf}(15,10) = 0.2231.$$

故在 10 次排队中愤然离去的次数 $Y \sim B(10, p)$，于是所求概率分别为：

（1）$P(Y = 2) = \mathrm{C}_{10}^{2} p^2 (1-p)^8 \approx 0.2973$,

binocdf(2,10,0.2231)=0.2973.

（2）$P(Y \leqslant 2)=\sum_{i=0}^{2}\mathrm{C}_{10}^{i} p^i (1-p)^{10-i} \approx 0.6074$,

binocdf(2,10,0.2231)=0.6074.

（3）$P(Y \geqslant 2) \approx 0.6899$,

1 − binocdf(1,10,0.2231)=0.6899.

2.4 随机变量函数的分布

在实际中，我们常对随机变量的函数更感兴趣，例如，在有些试验中，某些随机变量我们不能直接测量，但它可以表示为能直接测量变量的函数，例如，圆的面积不能直接测量，但我们可以测量圆的半径为 r，其面积表示为 πr^2，其中 r 为随机变量. 设 $y = g(x)$ 是定义在 $\mathbf{R}$ 上的实值函数，X 是一随机变量，那么 $Y = g(X)$ 也是一个随机变量. 我们要研究的是：已知 X 的分布，如何求出 Y 的分布.

寻求随机变量函数的分布是概率论的基本技巧，下面对离散和连续两种场合分别讨论随机变量函数的分布.

2.4.1 离散型随机变量函数的分布

离散随机变量的分布比较容易求出. 设 X 为离散随机变量，其分布列为

X	x_1	x_2	$\cdots$	x_n	$\cdots$
P	p_1	p_2	$\cdots$	p_n	$\cdots$

则 $Y = g(X)$ 也是一个离散随机变量，它的分布列可简单表示为

Y	$Yg(x_1)$	$g(x_2)$	$\cdots$	$g(x_n)$	$\cdots$
P	p_1	p_2	$\cdots$	p_n	$\cdots$

当函数值 $g(x_1)$, $\cdots$, $g(x_n)$, $\cdots$ 中某些值相等时，可把那些相等的值分别合并，并把对应的概率相加.

例 2.4.1 已知随机变量

$$X \sim \begin{pmatrix} -2 & -1 & 0 & 1 & 2 \\ 0.2 & 0.1 & 0.1 & 0.3 & 0.3 \end{pmatrix},$$

求 $Y=X^2$ 的分布列.

解 首先对每个 x_i 计算 x_i^2，同时保证对应概率不变，再将相等的值合并得 Y 的分布列，即

$$Y\sim\begin{pmatrix}4&1&0&1&4\\0.2&0.1&0.1&0.3&0.3\end{pmatrix}\Rightarrow Y\sim\begin{pmatrix}0&1&4\\0.1&0.4&0.5\end{pmatrix}$$

例 2.4.2 若随机变量 X 的分布列为

$$P(X=n)=\frac{2}{3^n},n=1,2,3,\cdots,$$

试求 $Y=1+(-1)^X$ 的分布列.

解 Y 的可能取值为 0, 2，且

$$P(Y=0)=P(1+(-1)^X=0)=\sum_{k=1}^{\infty}P(X=2k-1)=\sum_{k=1}^{\infty}\frac{2}{3^{2k-1}}=\frac{\frac{2}{3}}{1-\left(\frac{1}{3}\right)^2}=\frac{3}{4},$$

$$P(Y=2)=1-P(Y=0)=\frac{1}{4},$$

故 Y 的分布列为 $\begin{pmatrix}0&2\\\frac{3}{4}&\frac{1}{4}\end{pmatrix}$.

2.4.2 连续型随机变量函数的分布

例 2.4.3 设随机变量 X 具有密度函数

$$f_X(x)=\begin{cases}\frac{x}{8},0<x<4\\0,其他\end{cases}$$

求随机变量 $Y=2X+8$ 的密度函数.

解 先求 Y 的分布函数

$$F_Y(y)=P(Y\leqslant y)=P(2X+8\leqslant y)=P\left(X\leqslant\frac{y-8}{2}\right)=F_X\left(\frac{y-8}{2}\right).$$

对其求导可得密度函数

$$f_Y(y)=f_X\left(\frac{y-8}{2}\right)\frac{1}{2}=\begin{cases}\frac{1}{16}\frac{y-8}{2},0<\frac{y-8}{2}<4\\0,\qquad 其他\end{cases}=\begin{cases}\frac{y-8}{32},8<y<16\\0,\qquad 其他\end{cases}.$$

定理 2.4.1 设 X 为连续型随机变量，它有连续的密度函数 $f_X(x)$. $Y=g(X)$ 是一随机变量，若 $y=g(x)$ 严格单调，其反函数 $h(y)=g^{-1}(y)$ 存在且连续可导，则 $Y=g(X)$ 的密度函数为

$$f_Y(y)=\begin{cases}f_X(h(y))|h'(y)|,y\in I\\0,\qquad y\notin I\end{cases},$$

I 是使 $h(y)$ 有定义、$h'(y)$ 有定义及 $f_X(h(y))>0$ 的 y 取值的公共部分.

证明　不妨设 $g(x)$ 是严格单调增函数，这时它的反函数 $h(y)$ 也是严格单调增函数，且 $h'(y)>0$，从而当 $y\in I$，I 是使 $h(y)$ 有定义、$h'(y)$ 有定义及 $f_X(h(y))>0$ 的 y 取值的公共部分，则

$$F_Y(y)=P(g(X)\leqslant y)=P(X\leqslant g^{-1}(y))=F_X(g^{-1}(y)).$$

从而由复合函数求导可得

$$f_Y(y)=\begin{cases}f_X(h(y))h'(y), & y\in I\\ 0, & y\notin I\end{cases}.$$

同理可证，当 $g(x)$ 是严格单调减函数时，结论也成立. 但此时要注意 $h'(y)<0$，故要加绝对值符号.

若 $g(x)$ 不是严格单调的可微函数，可将 $g(x)$ 在其定义域分成若干个单调分支，在每个单调分支上应用上述结果.

学习时，读者可以在验证定理的过程中加以理解，不必强记，因为只有真正理解定理的内涵，才能转化为自己的知识，否则过不了几天我们就会把定理忘得一干二净，毫无收获. 这也是很多初学者的学习误区，认为一定要记住所有定理，否则无法做题，其实我们只需记住基本的概念和公理，定理在推导中会自然记忆. 其实，本定理的证明只用到了分布函数、密度函数的定义、等价事件以及原函数与反函数具有相同的单调区间，如果我们对上述内容比较熟悉，自己很容易推导出此定理，根本不用死记.

例 2.4.4　设随机变量 X 的密度函数为

$$f_X(x)=\frac{1}{\pi},-\frac{\pi}{2}\leqslant x\leqslant\frac{\pi}{2},$$

令 $Y=\tan X$，试求 Y 的密度函数 $f_Y(y)$.

解　由于 $y=\tan x$，故其反函数为

$$h(y)=\arctan y, y\in\mathbf{R}，且\ h'(y)=\frac{1}{1+y^2}，y\in\mathbf{R}，$$

因此 Y 的密度函数

$$f_Y(y)=\frac{1}{\pi}\frac{1}{1+y^2},y\in\mathbf{R}.$$

例 2.4.5　设 $X\sim N(0,1)$，试求 $Y=X^2$ 的分布函数 $F_Y(y)$ 和密度函数 $f_Y(y)$.

解　由于 $Y=X^2\geqslant 0$，故

当 $y\leqslant 0$ 时，$F_Y(y)=0$，从而 $f_Y(y)=0$；

当 $y>0$ 时，有

$$F_Y(y)=P(Y\leqslant y)=P(X^2\leqslant y)=P(-\sqrt{y}\leqslant X\leqslant\sqrt{y})=2\Phi(\sqrt{y})-1.$$

故
$$F_Y(y)=\begin{cases}0, & y\leqslant 0\\ 2\Phi(\sqrt{y})-1, & y>0\end{cases}.$$

求导可得

$$f_Y(y)=\begin{cases}0, & y\leqslant 0\\ \dfrac{1}{\sqrt{2\pi}}y^{-\frac{1}{2}}\mathrm{e}^{-\frac{y}{2}}, & y>0\end{cases}.$$

例 2.4.6 设随机变量 X 的概率密度为

$$f_X(x)=\mathrm{e}^{-x}, x\geqslant 0,$$

求随机变量 $Y=\mathrm{e}^X$ 的概率密度 $f_Y(y)$.

解 根据分布函数的定义，有 $F_Y(y)=P(Y\leqslant y)=P(\mathrm{e}^X\leqslant y)$. 于是

当 $y<1$ 时，$F_Y(y)=0$，$f_Y(y)=F_Y'(y)=0$；

当 $y\geqslant 1$ 时，$F_Y(y)=P(\mathrm{e}^X\leqslant y)=P(X\leqslant \ln y)=\int_0^{\ln y}\mathrm{e}^{-x}\mathrm{d}x$.

由复合函数求导公式可得

$$f_Y(y)=F_Y'(y)=\mathrm{e}^{-\ln y}\frac{1}{y}=\frac{1}{y^2}.$$

故

$$f_Y(y)=\begin{cases}\dfrac{1}{y^2}, & y\geqslant 1\\ 0, & y<1\end{cases}.$$

注意：一般初学者，当写到 $P(\mathrm{e}^X\leqslant y)$ 时，急于让它等于 $P(X\leqslant \ln y)$，这样做容易出现错误，因为分布函数中 y 要从 $-\infty$ 变到 ∞，当 $y\leqslant 0$，$\ln y$ 无意义；当 $0<y<1$，即使 $\ln y$ 有意义，但也不符合题意，所以先停下来，对 y 的取值范围进行讨论是非常有必要的.

例 2.4.7 （2003 数 3）设随机变量 X 的概率密度为

$$f(x)=\begin{cases}\dfrac{1}{3\sqrt[3]{x^2}}, & x\in[1,8]\\ 0, & 其他\end{cases},$$

$F(x)$ 是 X 的分布函数，求随机变量 $Y=F(X)$ 的分布函数.

解 先求 $F(x)$ 的表达式，再用分段函数写出. 易见，

当 $x<1$ 时，$F(x)=0$；

当 $x\geqslant 8$ 时，$F(x)=1$；

当 $1\leqslant x<8$ 时，有 $F(x)=\int_1^x\frac{1}{3\sqrt[3]{t^2}}\mathrm{d}t=\sqrt[3]{t}\,\Big|_1^x=\sqrt[3]{x}-1$.

所以

$$F(x)=\begin{cases}0, & x<1\\ \sqrt[3]{x}-1, & 1\leqslant x<8\\ 1, & x\geqslant 8\end{cases}.$$

设 $G(y)$ 是随机变量 Y 的分布函数，因为 $0\leqslant F(x)\leqslant 1$，所以

当 $y<0$ 时，$G(y)=0$；

当 $y \geqslant 1$ 时，$G(y)=1$；

当 $0 \leqslant y < 1$ 时，

$$G(y)=P(Y \leqslant y)=P(\sqrt[3]{X}-1 \leqslant y)=P(X \leqslant (y+1)^3) = F[(y+1)^3] = y .$$

于是，随机变量 $Y=F(X)$ 的分布函数

$$G(y)=\begin{cases}0, & y<0 \\ y, & 0 \leqslant x<1 \\ 1, & y \geqslant 1\end{cases}.$$

例 2.4.8 （2013 数 1）设随机变量 X 的概率密度为

$$f(x)=\begin{cases}\frac{1}{9}x^2, 0<x<3 \\ 0, \quad 其他\end{cases},$$

令随机变量 $Y=\begin{cases}2, & X \leqslant 1 \\ X, 1<X<2 \\ 1, & X \geqslant 2\end{cases}$，试求（1）$Y$ 的分布函数；（2）概率 $P\{X \leqslant Y\}$.

解 （1）Y 的分布函数 $F_Y(y)=P\{Y \leqslant y\}$.

当 $y<1$ 时，$F_Y(y)=0$；

当 $y \geqslant 2$ 时，$F_Y(y)=1$；

当 $1 \leqslant y<2$ 时，

$$\begin{aligned} F_Y(y)&=P\{Y=1\}+P\{1<X \leqslant y\}=P\{X \geqslant 2\}+P\{1<X \leqslant y\} \\ &=\frac{1}{9}\int_2^3 x^2 \mathrm{d}x+\frac{1}{9}\int_1^y x^2 \mathrm{d}x=\frac{2}{3}+\frac{1}{27}y^3 . \end{aligned}$$

故 Y 的分布函数为

$$F_Y(y)=\begin{cases}0, & y<1 \\ \frac{2}{3}+\frac{1}{27}y^3, & 1 \leqslant y<2 \\ 1, & y \geqslant 2\end{cases}.$$

（2）$P\{X \leqslant Y\}=P\{X \leqslant 1\}+P\{1<X<2\}=P(X<2)=\frac{1}{9}\int_0^2 x^2 \mathrm{d}x=\frac{8}{27}$.

在求连续型随机变量函数 $Y=g(X)$ 的密度函数时，往往不需要求出 $F_Y(y)$ 的具体表达式，应用复合函数求导公式可能更简洁，这一点特别注意，

$$\frac{\mathrm{d}}{\mathrm{d}x}\int_{f(x)}^{g(x)} h(t,x)\mathrm{d}t=h(g(x),x)g'(x)-h(f(x),x)f'(x)+\int_{f(x)}^{g(x)}\frac{\partial h(t,x)}{\partial t}\mathrm{d}t .$$

例 2.4.9 设随机变量 X 的密度函数为

$$f_X(x)=\begin{cases}\frac{2x}{\pi^2}, 0<x<\pi \\ 0, 其他\end{cases},$$

求 $Y=\sin X$ 的密度函数.

解 由于 X 在 $(0,\pi)$ 取值，所以 $Y=\sin X$ 的取值范围为 $(0,1)$. 由图 2.4.1 可知，当 $0<y<1$ 时，

$\{Y=\sin X\leqslant y\}\Leftrightarrow\{0<X\leqslant\arcsin y\}\cup\{\pi-\arcsin y\leqslant X<\pi\}$，所以

$$F_Y(y)=P(Y\leqslant y)=\int_0^{\arcsin y}\frac{2x}{\pi^2}\mathrm{d}x+\int_{\pi-\arcsin y}^{\pi}\frac{2x}{\pi^2}\mathrm{d}x.$$

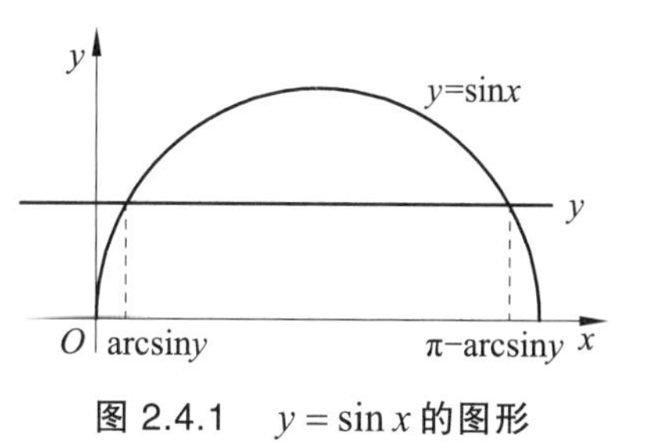

图 2.4.1 $y=\sin x$ 的图形

对 y 求导可得密度函数

$$f_Y(y)=\frac{2\arcsin y}{\pi^2\sqrt{1-y^2}}+\frac{2(\pi-\arcsin y)}{\pi^2\sqrt{1-y^2}}=\frac{2}{\pi^2\sqrt{1-y^2}},0<y<1.$$

小 结

直接利用随机变量描述随机现象是概率统计的一个重要手段，最主要的是掌握它的统计规律，例如分布函数、分布列、密度函数. 本章给出了日常生活中常见的概率分布，其中负二项分布可作为了解，但它的特例——几何分布要求掌握. 同时，作为公共数学教材，本书并没有涉及伽玛分布与贝塔分布. 在计算随机变量函数的分布时，我们并不需要太多的定理，只需熟练利用分布函数、密度函数的定义以及隐函数求导即可.

本章重点是分布函数（含分布列、密度函数）的概念和计算、常见分布和随机变量函数的分布，它们也是研究生入学考试的重点. 具体考试要求如下：

（1）理解随机变量的概念，理解分布函数的概念和性质，会计算与随机变量相联系的事件的概率.

（2）理解离散型随机变量及其概率分布的概念，掌握 0-1 分布、二项分布、几何分布、超几何分布、泊松分布及其应用.

（3）了解泊松定理的结论和应用条件，会用泊松分布近似表示二项分布.

（4）理解连续型随机变量及其概率密度的概念，掌握均匀分布、正态分布、指数分布及其应用.

（5）会求随机变量函数的分布.

习题 2

1. **选择题.**

（1）设随机变量 X 的分布函数为 $F(x)$，密度函数 $f(-x)=f(x)$，有 $F(-a)=$（　　）.

（A）$F(a)$　　（B）$0.5-F(a)$　　（C）$2F(a)-1$　　（D）$1-F(a)$

（2）（2010 数 1,3）设随机变量 X 的分布函数 $F(x)=\begin{cases}0, & x<0\\ 0.5, & 0\leqslant x<1\\ 1-\mathrm{e}^{-x}, & x\geqslant 1\end{cases}$，则 $P\{X=1\}=$（　　）.

（A）0　　（B）0.5　　（C）$0.5-e^{-1}$　　（D）$1-e^{-1}$

（3）（2011 数 1，3）设 $F_1(x)$，$F_2(x)$ 是两个分布函数，其对应的概率密度 $f_1(x), f_2(x)$ 是连续函数，则必为概率密度的是（　　）.

（A）$f_1(x)f_2(x)$　　（B）$2f_2(x)F_1(x)$

（C）$f_1(x)F_2(x)$　　（D）$f_1(x)F_2(x)+f_2(x)F_1(x)$

（4）（2010 数 1,3）设 $f_1(x)$ 是标准正态分布的概率密度，$f_2(x)$ 为 $[-1,3]$ 上的均匀分布的概率密度，若 $f(x)=\begin{cases} af_1(x), x\leqslant 0 \\ bf_2(x), x>0 \end{cases}$，$a>0,\ b>0$ 为概率密度，则 a,b 应满足（　　）.

（A）$2a+3b=4$　　（B）$3a+2b=4$　　（C）$a+b=1$　　（D）$a+b=2$

（5）（2013 数 1,3）设 X_1,X_2,X_3 为随机变量，且 $X_1\sim N(0,1)$，$X_2\sim N(0,2^2)$，$X_3\sim N(5,3^2)$，$p_i=P\{-2\leqslant X_i\leqslant 2\}, i=1,2,3$，则（　　）.

（A）$p_1>p_2>p_3$　　（B）$p_2>p_1>p_3$

（C）$p_3>p_1>p_2$　　（D）$p_1>p_3>p_2$

（6）（2006 数 1,3）设随机变量 X 服从正态分布 $N(\mu_1,\sigma_1^2)$，Y 服从正态分布 $N(\mu_2,\sigma_2^2)$，且 $P\{|X-\mu_1|<1\}>P\{|Y-\mu_2|<1\}$，则（　　）.

（A）$\sigma_1<\sigma_2$　　（B）$\sigma_1>\sigma_2$　　（C）$\mu_1<\mu_2$　　（D）$\mu_1>\mu_2$

（7）（2004 数 1,3）设随机变量 X 服从正态分布 $N(0,1)$，对于给定的 α，$0<\alpha<1$，数 u_α 满足且 $P\{X>u_\alpha\}=\alpha$，若 $P\{|X|<x\}=\alpha$，则 x 等于（　　）.

（A）$u_{\frac{\alpha}{2}}$　　（B）$u_{1-\frac{\alpha}{2}}$　　（C）$u_{\frac{1-\alpha}{2}}$　　（D）$u_{1-\alpha}$

（8）设随机变量 $X\sim N(\mu,\sigma^2)$，则随 σ 增大，$P(|X-\mu|<\sigma)$（　　）.

（A）单调增大　　（B）单调减小　　（C）保持不变　　（D）增减不定

（9）设随机变量 X 的分布函数为 $F(x)$，则 $Y=3X+1$ 的分布函数为（　　）.

（A）$\frac{1}{3}F(y)-\frac{1}{3}$　　（B）$F(3y+1)$　　（C）$3F(y)+1$　　（D）$F\left(\frac{1}{3}y-\frac{1}{3}\right)$

（10）设随机变量 X 服从参数为 $\lambda=3$ 的指数分布，则 $Y=1-e^{-3X}$ 服从（　　）.

（A）$U(0,1)$　　（B）指数分布　　（C）$P(3)$　　（D）正态分布

2．填空题.

（1）掷 99 次均匀硬币，最可能出现的次数为(　　).

（2）若 $X\sim P(9.9)$，则 X 正面最可能发生的次数为(　　).

（3）设人类总人口有限，则在某固定时刻，身高为 172 cm 的人数(　　)（很多、很少、没有）.

（4）（2013 数 1）设随机变量 Y 服从参数为 1 的指数分布，a 为常数且大于 0，则 $P\{Y\leqslant a+1\,|\,Y>a\}=$(　　).

（5）设 X 服从泊松分布，且已知 $P(X=1)=P(X=2)$，则 $P(X=4)=$(　　).

（6）在(0,1)上任取一点 X，则概率 $P\left(X^2-\frac{3}{4}X+\frac{1}{8}\geqslant 0\right)=$(　　).

（7）设随机变量 X 的密度函数 $f(x)=\dfrac{a}{\pi(1+x^2)}$，试确定 a 的值(　　).

（8）设随机变量 X 的密度函数

$$f(x)=\frac{1}{2}\mathrm{e}^{-|x|},\ x\in\mathbf{R},$$

则分布函数 $F(x)=(\qquad)$.

（9）设随机变量 X 的分布函数

$$F(x)=\begin{cases}0, & x<0\\ x^3, & 0\leqslant x<1\\ 1, & x\geqslant 1\end{cases},$$

则概率密度 $f(x)=(\qquad)$.

（10）设随机变量 X 的分布函数

$$F(x)=\begin{cases}0, & x<-1\\ \dfrac{5x+7}{16}, & -1\leqslant x<1\\ 1, & x\geqslant 1\end{cases},$$

则 $P(X^2=1)=(\qquad)$.

3. 考虑为期一年的一张保险单，若投保人在投保后一年内因意外死亡，则公司赔付 20 万元；若投保人因其他原因死亡，则公司赔付 5 万元；若投保人在投保期末生存，则保险公司无需支付任何费用. 若投保人在一年内意外死亡的概率为 0.0002，因其他原因死亡的概率为 0.001，求公司的赔付额的分布列.

4. 将一颗骰子抛两次，以 X 表示两次中得到的小的点数，试求 X 的分布列.

5. 设在 15 只同类型的零件中有 2 只是次品，在其中任取 3 次，每次任取 1 只，作不放回抽样，以 X 表示取出次品的只数，求 X 的分布列.

6. 某人家中在时间 t 小时内接到电话的次数 X 服从参数 $2t$ 的泊松分布.

（1）若他外出计划用 10 分钟，问在此期间电话铃响一次的概率是多少？

（2）若他希望外出时没有电话的概率至少为 0.5，问他外出应控制最长时间是多少？

7. 在区间 $[0,a]$ 中任意抛掷一点，以 X 表示这个点的坐标，设这点落在 $[0,a]$ 中任意小区间内的概率与这个小区间的长度成正比，试求 X 的分布函数.

8. 测度为无限大的区域能否定义均匀分布，为什么？

9. 设随机变量 X 的密度函数为

$$f(x)=\begin{cases}A\cos x, & |x|\leqslant\dfrac{\pi}{2}\\ 0, & |x|>\dfrac{\pi}{2}\end{cases},$$

试求：（1）系数 A；（2）X 落在区间 $\left(0,\dfrac{\pi}{4}\right)$ 的概率；（3）X 的分布函数.

10. 设连续型随机变量 X 的分布函数为

$$F(x)=\begin{cases}0, & x<0\\ Ax^2, & 0\leqslant x<1\\ 1, & x\geqslant 1\end{cases},$$

试求：（1）系数 A；（2）X 落在区间 $(0.3,0.7)$ 内的概率；（3）X 的密度函数.

11. 设随机变量 X 的密度函数为

$$f(x)=\begin{cases}2x, & 0<x<1\\ 0, & \text{其他}\end{cases},$$

以 Y 表示对 X 的 3 次独立重复观察中事件 $\{X\leqslant 0.5\}$ 出现的次数，试求 $P(Y=2)$.

12. 设某单位招聘员工，共有 10 000 人报考，假设考试成绩服从正态分布，且已知 90 分以上有 359 人，60 分以下有 1 151 人. 按考试成绩从高分到低分依次录取 2 500 人，试问被录取者中最低分是多少？

13. 设 $X\sim U(0,1)$，试求 $1-X$ 的分布.

14. 甲袋中有 1 个黑球，2 个白球，乙袋中有 3 个白球，每次从两袋中各任取一球交换放入对方袋中，试求交换 n 次后，黑球仍在甲袋中的概率.

15. 设随机变量 X 的密度函数为

$$f(x)=\begin{cases}\mathrm{e}^{-x}, & 0<x\\ 0, & x\leqslant 0\end{cases},$$

试求以下 Y 的密度函数：（1）$Y=2X+1$；（2）$Y=\mathrm{e}^X$；（3）$Y=X^2$.

3 随机向量

在实际问题中，对每个样本点 ω 只用一个随机变量去描述往往是不够 的，某些随机试验的结果需要同时用两个或两个以上的随机变量来刻画，这就需要研究多维随机变量，即随机向量. 例如，要研究儿童生长发育情况，仅研究儿童的身高 X_1 或仅研究儿童的体重 X_2 都是片面的，有必要把 X_1,X_2 作为一个整体来考虑，即讨论它们总体变化的统计规律性，以研究 X_1 与 X_2 之间的关系.

本章主要介绍二维随机向量及其分布，三维或更多维的情况是可以类推的，同时给出随机变量之间的独立性.

3.1 随机向量及其分布

随机向量又称为**多维随机变量**，本书主要研究二维随机向量（二维随机变量），二维以上的情况可以类似进行. 在有些教材中，为了区分矩阵、向量，常采用黑体表示矩阵、向量，本书为论述简单，不加区分，读者可根据上下文进行区分.

3.1.1 随机向量

定义 3.1.1 设 $(\Omega,\mathcal{F},P)$ 为一概率空间， $X=(X_1,X_2)$ 是定义在 $\Omega=\{\omega\}$ 上的二元实值函数，对任意 $x,y\in\mathbf{R}$ ，都有

$$\{\omega:X_1(\omega)\leqslant x,X_2(\omega)\leqslant y\}\in\mathcal{F}$$

则称 $X=(X_1,X_2)$ 为**二维随机向量**.

定义 3.1.2 若 X_1,X_2 是一维随机变量，则称 $X=(X_1,X_2)$ 为**二维随机向量**.

这两个定义是等价的，今后常用定义 3.1.1，因为它与随机向量的联合分布函数联系最密切. 随机向量是定义在同一样本空间上的，对于不同的样本空间上的两个随机变量，只需在乘积空间 $\Omega_1\times\Omega_2=\{(\omega_1,\omega_2):\omega_1\in\Omega_1,\omega_2\in\Omega_2\}$ 进行定义，这涉及测度论的知识，超出了本书的范围.

进一步推广可得 n 维随机向量定义.

定义 3.1.3 设 $(\Omega,\mathcal{F},P)$ 为一概率空间， $X(\cdot)=(X_1,\cdots,X_n)$ 是定义在 $\Omega=\{\omega\}$ 上的 n 元实值函数，如果对 $\forall x=(x_1,\cdots,x_n)\in\mathbf{R}^n$ ，有

$$\{\omega\mid X_1(\omega)\leqslant x_1,\cdots,X_n(\omega)\leqslant x_n\}\in\mathcal{F}\text{ ,}$$

则称 $X(\cdot)=(X_1,\cdots,X_n)$ 为 **n 维随机向量**，也称为 **n 维随机变量**.

显然，当 $n=2$ 时， X 称为**二维随机向量**. n 维随机向量就是由 n 个一维随机变量构成的向量组. 和一维情况一样，我们借助分布函数来研究随机向量. σ 域的引入只是为了理论上完备化，在实际计算中并没有多大作用. 如果读者数学功底不足，可不用考虑 σ 域，学会计

算即可.

在实际问题中，随机向量的情况是经常遇到的，比如：

（1）在研究儿童生长发育情况时，我们感兴趣的是每个儿童的身高 X_1 和体重 X_2，则 (X_1,X_2) 就是一个二维随机向量；

（2）在研究每个家庭的支出情况时，我们感兴趣的是每个家庭的衣食住行四个方面，若用 X_1,X_2,X_3,X_4 表示在衣、食、住、行上的花费，则 (X_1,X_2,X_3,X_4) 是一个 4 维随机向量.

3.1.2　联合分布函数与边际分布

根据定义 3.1.1，可以定义二维随机向量的联合分布函数.

定义 3.1.4　设 (X,Y) 为二维随机向量，对任意 $x,y\in\mathbf{R}$，令

$$F(x,y)=P(X\leqslant x,Y\leqslant y),$$

则称 $F(x,y)$ 为二维随机向量的 (X,Y) **联合分布函数**. 称

$$F(x)=F(x_1,\cdots,x_n)=P(X_1\leqslant x_1,\cdots,X_n\leqslant x_n),\ \forall x=(x_1,\cdots,x_n)\in\mathbf{R}^n$$

为 $X=(X_1,\cdots,X_n)$ 的**联合分布函数**.

由此定义可知，函数值 $F(x,y)$ 是随机点 X,Y 落入 $(-\infty,x]\times(-\infty,y]$ 内的概率.

定理 3.1.1　联合分布函数 $F(x,y)$ 具有以下基本性质：

（1）$F(x,y)$ 分别对变量 x 或 y 是单调不减的，即

当 $x_1<x_2$ 时，有 $F(x_1,y)\leqslant F(x_2,y)$；

当 $y_1<y_2$ 时，有 $F(x,y_1)\leqslant F(x,y_2)$.

（2）$0\leqslant F(x,y)\leqslant 1$，且 $F(-\infty,y)=F(x,-\infty)=F(-\infty,-\infty)=0$，$F(+\infty,+\infty)=1$.

（3）$F(x,y)$ 分别对变量 x 或 y 是右连续的.

（4）对于任意 $x_1<x_2$, $y_1<y_2$，成立不等式

$$F(x_2,y_2)-F(x_2,y_1)+F(x_1,y_1)-F(x_1,y_2)\geqslant 0.$$

证明*（1）因为当 $x_1<x_2$ 时，有 $\{X\leqslant x_1\}\subseteq\{X\leqslant x_2\}$，所以对任意给定的 y 有

$$\{X\leqslant x_1,Y\leqslant y\}\subseteq\{X\leqslant x_2,Y\leqslant y\}.$$

由此可得

$$F(x_1,y)=P(X\leqslant x_1,Y\leqslant y)\leqslant F(x_2,y)=P(X\leqslant x_2,Y\leqslant y).$$

同理可证 $F(x,y)$ 关于 y 是单调不减函数.

（2）由概率的性质可知 $0\leqslant F(x,y)\leqslant 1$.

又因为对任意正整数 n，有

$$\lim_{x\to-\infty}\{X\leqslant x\}=\lim_{n\to+\infty}\bigcap_{m=1}^{n}\{X\leqslant -m\}=\varnothing,\quad \lim_{x\to+\infty}\{X\leqslant x\}=\lim_{n\to+\infty}\bigcup_{m=1}^{n}\{X\leqslant m\}=\Omega.$$

对 $\{Y\leqslant y\}$ 也类似可得. 再由概率的连续性可得

$$F(-\infty,y)=F(x,-\infty)=F(-\infty,-\infty)=0,\quad F(+\infty,+\infty)=1.$$

（3）固定 y，仿一维分布函数右连续的证明，可知 $F(x,y)$ 关于变量 x 是右连续的.

同理可得 $F(x,y)$ 关于变量 y 也是右连续的.

（4）为此记 $A=\{X\leqslant x_1\}$，$B=\{X\leqslant x_2\}$，$C=\{Y\leqslant x_1\}$，$D=\{Y\leqslant y_2\}$，显然

$A\subseteq B$，$C\subseteq D$，且 $\{x_1<X\leqslant x_2\}=B-A=B\cap\overline{A}$，$\{y_1<Y\leqslant y_2\}=D\cap\overline{C}$.

则

$$\begin{aligned}&P(x_1<X\leqslant x_2,y_1<Y\leqslant y_2)\\&=P(B\cap\overline{A}\cap D\cap\overline{C})=P(BD-(A\cup B))\\&=P(BD)-P(ABD\cup BCD)=P(BD)-P(AD\cup BC)\\&=P(BD)-P(AD)-P(BC)+P(ABCD)\\&=F(x_2,y_2)-F(x_2,y_1)+F(x_1,y_1)-F(x_1,y_2)\geqslant 0.\end{aligned}$$

还可证明，具有上述四条性质的二元函数 $F(x,y)$ 一定是某个二维随机变量的分布函数. 性质（4）是二维场合特有的，也是合理的，不能由前三条性质推出，必须单独列出，且仅满足前三条性质的函数可能不是分布函数.

例 3.1.1 判断下面二元函数 $F(x,y)$ 能否作为联合分布函数：

$$F(x,y)=\begin{cases}1, & x+y\geqslant 1\\0, & x+y<1\end{cases}.$$

解 此函数满足定理 3.1.1 的前三个条件，但若取矩形 $(0,2]\times(0,2]$，则有

$$F(2,2)-F(0,2)-F(2,0)+F(0,0)=1-1-1+0=-1.$$

而 -1 不能作为二维向量的落入该矩形内的概率，故 $F(x,y)$ 不能作为任何二维向量的联合分布函数.

联合分布函数含有丰富的信息，我们的目的是将这些信息从联合分布中挖掘出来. 下面先讨论每个变量的分布，即边际分布.

二维随机向量 (X,Y) 具有联合分布 $F(x,y)$，X,Y 都是随机变量，各自有分布函数，将它们记为 $F_X(x)$，$F_Y(y)$，依次称为二维随机向量 (X,Y) 关于 X 和关于 Y 的**边际分布函数**. 边际分布也称为**边缘分布**.

顾名思义，边际分布就是二维随机向量 (X,Y) 边的分布，即 X,Y 的分布函数，边际分布函数可以由联合分布函数确定. 事实上，

$$F_X(x)=P(X\leqslant x)=P(X\leqslant x,Y<+\infty)=F(x,+\infty),$$

即

$$F_X(x)=F(x,+\infty).$$

同理可得

$$F_Y(y)=F(+\infty,y).$$

3.1.3 离散型随机向量

定义 3.1.5 如果二维随机向量 (X,Y) 只取有限个或可列个数对 (x_i,y_j)，则称 (X,Y) 为二维离散随机向量，称

$$p_{ij}=P(X=x_i,Y=y_j),i,j=1,2,\cdots$$

为 (X,Y) 的**联合分布列**，也可以用如下表格形式记联合分布列.

X \ Y	y_1	y_2	$\cdots$	y_j	$\cdots$
x_1	p_{11}	p_{12}	$\cdots$	p_{1j}	$\cdots$
x_2	p_{21}	p_{22}	$\cdots$	p_{2j}	$\cdots$
$\vdots$	$\vdots$	$\vdots$		$\vdots$	
x_i	p_{i1}	p_{i2}	$\cdots$	p_{ij}	$\cdots$
$\vdots$	$\vdots$	$\vdots$		$\vdots$	

联合分布列的基本性质：

（1）**非负性**：$p_{ij} \geqslant 0$；

（2）**正则性**：$\sum\limits_{i=1}^{+\infty}\sum\limits_{j=1}^{+\infty} p_{ij} = 1$.

设二维离散型随机变量 (X,Y) 的联合分布函数为 $F(x,y)$，则随机变量 X,Y 的边际分布分别为

$$F_X(x) = F(x,+\infty) = \sum_{x_i \leqslant x}\sum_{j=1}^{+\infty} p_{ij}, \quad F_Y(y) = F(+\infty,y) = \sum_{y_j \leqslant y}\sum_{i=1}^{+\infty} p_{ij}.$$

离散型随机变量 X,Y 的分布列分别为

$$P(X=x_i) = P(X=x_i, Y<+\infty) = \sum_{j=1}^{+\infty} P(X=x_i, Y=y_j) = \sum_{j=1}^{+\infty} p_{ij} = p_{i\cdot}, \quad i=1,2,\cdots.$$

$$P(Y=y_j) = \sum_{i=1}^{+\infty} p_{ij} = p_{\cdot j}, \quad j=1,2,\cdots.$$

分别称 $p_{i\cdot}, i=1,2,\cdots$ 和 $p_{\cdot j}$, $j=1,2,\cdots$, 为 (X,Y) 关于 X,Y 的**边际分布列**.

求二维离散随机向量的联合分布列，关键是写出它的可能取值及其发生概率.

例 3.1.2 设随机变量 X 在 1, 2, 3, 4 四个整数中等可能地取一个值，另一个随机变量 Y 在 $1 \sim X$ 中等可能地取一个整数值. 试求：

（1）(X,Y) 的联合分布列；

（2）X,Y 的边际分布列.

解 （1）由乘法公式容易求得 (X,Y) 的联合分布列.

$\{X=i, Y=j\}$ 的取值是 $i=1,2,3,4$， j 取不大于 i 的正整数，

且

$$P(X=i, Y=j) = P(Y=j \mid X=i)P(X=i) = \frac{1}{i} \times \frac{1}{4}, \quad i=1,2,3,4, j \leqslant i.$$

于是 (X,Y) 的联合分布列为

Y \ X	1	2	3	4
1	$\frac{1}{4}$	$\frac{1}{8}$	$\frac{1}{12}$	$\frac{1}{16}$
2	0	$\frac{1}{8}$	$\frac{1}{12}$	$\frac{1}{16}$
3	0	0	$\frac{1}{12}$	$\frac{1}{16}$
4	0	0	0	$\frac{1}{16}$

（2）将联合分布列的列和与行和分别求出，可得 X 与 Y 的边际分布列，分别为

X	1	2	3	4
P	$\frac{1}{4}$	$\frac{1}{4}$	$\frac{1}{4}$	$\frac{1}{4}$

Y	1	2	3	4
P	$\frac{25}{48}$	$\frac{13}{48}$	$\frac{7}{48}$	$\frac{1}{16}$

例 3.1.3 （2009 数 1, 3）袋中有 1 个红球，2 个黑球与 3 个白球，现在放回地从袋中取两次，每次取一球，以 X,Y,Z 分别表示两次取球所得红球、黑球与白球的个数.

（1）求 $P\{X=1|Y=0\}$；

（2）求二维随机变量 (X,Y) 的概率分布.

解 （1）$P\{X=1|Y=0\}$ 相当于在只有 1 个红球、2 个黑球的袋中放回地取两次，取到一个红球的概率. 由古典概型得

$$P\{X=1|Y=0\}=\frac{C_2^1\times1\times2}{3\times3}=\frac{4}{9}.$$

（2）易知 X,Y 的可能取值为 0, 1, 2，由古典概型得

$$P\{X=0,Y=0\}=\frac{3\times3}{6\times6}=\frac{1}{4}，\quad P\{X=0,Y=1\}=\frac{C_2^1\times2\times3}{6\times6}=\frac{1}{3}，$$

$$P\{X=0,Y=2\}=\frac{2\times2}{6\times6}=\frac{1}{9}，\quad P\{X=1,Y=0\}=\frac{C_2^1\times1\times3}{6\times6}=\frac{1}{6}，$$

$$P\{X=1,Y=1\}=\frac{C_2^1\times1\times2}{6\times6}=\frac{1}{9}，\quad P\{X=1,Y=2\}=0，$$

$$P\{X=2,Y=0\}=\frac{1\times1}{6\times6}=\frac{1}{36}，\quad P\{X=2,Y=1\}=P\{X=2,Y=2\}=0.$$

故二维随机变量 (X,Y) 的概率分布为

X \ Y	0	1	2
0	$\frac{1}{4}$	$\frac{1}{3}$	$\frac{1}{9}$
1	$\frac{1}{6}$	$\frac{1}{9}$	0
2	$\frac{1}{36}$	0	0

下面给出几种常见的离散型随机变量.

1）多项分布

多项分布是重要的多维离散分布，它是二项分布的推广.

进行 n 次独立重复试验，如果每次试验结果有 r 个可能的结果：$A_1,\cdots,A_r$，且每次试验中 A_i 发生的概率为 $p_i=P(A_i)$，$i=1,\cdots,r$，$\sum_{i=1}^{n}p_i=1$，记 X_i 为 n 次独立重复试验中 A_i 发生的次数，则 $(X_1,X_2,\cdots,X_r)$ 取值为 $(n_1,n_2,\cdots,n_r)$ 的概率为

$$P(X_1=n_1,X_2=n_2,\cdots,X_r=n_r)=\frac{n!}{n_1!n_2!\cdots n_r!}p_1^{n_1}p_2^{n_2}\cdots p_r^{n_r},$$

其中 $n=\sum_{i=1}^{r}n_i$. 这个联合分布列称为 **r 项分布**或**多项分布**，记为 $M(n,p_1,p_2,\cdots,p_r)$. 这个概率是多项式 $(p_1+p_2+\cdots+p_r)^n$ 展开式中的一项，故其和为 1.

当 $r=2$ 时，多项分布为二项分布.

定理 3.1.2　多项分布的一维边际分布是二项分布，即对于 $\forall i$，$X_i\sim B(n,p_i)$.

证明　为书写简便起见，只证明 $i=1$ 的情形.

$$\begin{aligned}P(X_1=n_1)&=\sum_{n_2+\cdots+n_r=n-n_1}P(X_1=n_1,X_2=n_2,\cdots,X_r=n_r)\\&=\sum_{n_2+\cdots+n_r=n-n_1}\frac{n!}{n_1!n_2!\cdots n_r!}p_1^{n_1}p_2^{n_2}\cdots p_r^{n_r}\\&=\frac{n!}{n_1!(n-n_1)!}\sum_{n_2+\cdots+n_r=n-n_1}\frac{(n-n_1)!}{n_2!\cdots n_r!}p_1^{n_1}p_2^{n_2}\cdots p_r^{n_r}\\&=\mathrm{C}_n^{n_1}p_1^{n_1}(p_2+\cdots+p_n)^{n-n_1}\\&=\mathrm{C}_n^{n_1}p_1^{n_1}(1-p_1)^{n-n_1},n_1=0,1,\cdots,n.\end{aligned}$$

2）多维超几何分布

袋中有 N 个球，其中有 N_i 个 i 号球，$i=1,\cdots,r$，记 $N=N_1+N_2+\cdots+N_r$. 从中任意取出 n 个，若记 X_i 为取出的 n 个球中 i 号球的个数，则

$$P(X_1=n_1,X_2=n_2,\cdots,X_r=n_r)=\frac{\binom{N_1}{n_1}\binom{N_2}{n_2}\cdots\binom{N_r}{n_r}}{\binom{N}{n}},$$

其中 $n=\sum_{i=1}^{r}n_i$ ，则称 $(X_1,X_2,\cdots,X_r)$ 为**多维超几何分布**.

3.1.4 连续型随机向量

定义 3.1.6 如果存在二元非负函数 $f(x,y)$，使得二维随机向量 (X,Y) 的分布函数

$$F(x,y)=\int_{-\infty}^{x}\int_{-\infty}^{y}f(u,v)\mathrm{d}v\mathrm{d}u ,$$

则称 (X,Y) 为**二维连续型随机向量**，称 $f(x,y)$ 为 (X,Y) 的**联合密度函数**.

联合密度函数满足的基本性质：

（1）**非负性**：$f(x,y)\geqslant 0$.

（2）**正则性**：$\int_{-\infty}^{+\infty}\int_{-\infty}^{+\infty}f(x,y)\mathrm{d}x\mathrm{d}y=1$.

（3）设 G 为平面 xOy 上的区域，点 (X,Y) 落在区域 G 的概率为

$$P((X,Y)\in G)=\iint_{G}f(x,y)\mathrm{d}x\mathrm{d}y .$$

（4）若 $f(x,y)$ 在点 (x,y) 连续，则有 $\dfrac{\partial^2 F(x,y)}{\partial x\partial y}=f(x,y)$.

满足性质（1）、（2）的函数一定是某随机向量的密度函数，这也是我们判断函数是不是密度函数的原则.

对于连续型随机变量，边际分布为

$$F_X(x)=F(x,+\infty)=\int_{-\infty}^{x}\int_{-\infty}^{+\infty}f(u,v)\mathrm{d}v\mathrm{d}u ;$$

$$F_Y(y)=F(+\infty,y)=\int_{-\infty}^{+\infty}\int_{-\infty}^{y}f(u,v)\mathrm{d}v\mathrm{d}u .$$

对分布函数进行求导可得其密度函数，故

$$f_X(x)=\int_{-\infty}^{+\infty}f(x,v)\mathrm{d}v ,\quad f_Y(y)=\int_{-\infty}^{+\infty}f(u,y)\mathrm{d}u .$$

分别称 $f_X(x)$，$f_Y(y)$ 为 (X,Y) 关于 X，Y 的**边际密度函数**.

很多初学者也许对 $F_X(x)$ 关于 x 求导不甚理解，感觉无从下手. 事实上，我们可以令 $g(u)=\int_{-\infty}^{+\infty}f(u,v)\mathrm{d}v$ ，则

$$F_X(x)=\int_{-\infty}^{x}\int_{-\infty}^{+\infty}f(u,v)\mathrm{d}v\mathrm{d}u=\int_{-\infty}^{x}g(u)\mathrm{d}u ,$$

对 x 求导可得

$$f_X(x)=g(x)=\int_{-\infty}^{+\infty}f(x,v)\mathrm{d}v .$$

运用微元思想，我们可将离散与连续随机变量的很多结论统一起来.

$$f_Y(y)\mathrm{d}y=P(Y=y)=P(Y=y,X<+\infty)=\sum_{x}P(Y=y,X=x)=\sum_{x}f(x,y)\mathrm{d}x\mathrm{d}y ,$$

$$f_Y(y)=\sum_x f(x,y)\mathrm{d}x=\int_{-\infty}^{+\infty}f(x,y)\mathrm{d}x .$$

在关于二维连续型随机向量的计算中，经常涉及二重积分，我们一定要注意积分区域的确定. 二重定积分的关键在于确定积分上下界，一般步骤如下：

（1）首先画出定义域及随机向量落在的区域，两者的交就是积分区域.

（2）将积分区域分为几块，使得每块可以被 4 条线围住，4 条线中至少有两条水平线或垂线. 二重定积分的最外层积分一定是水平线到水平线或垂线到垂线，即数字到数字.

例 3.1.4　设 (X,Y) 的联合密度函数为

$$f(x,y)=\begin{cases}6\mathrm{e}^{-2x-3y}, x>0, y>0\\ 0, \quad 其他\end{cases},$$

试求（1）$P(X<1,Y>1)$；（2）$P(X>Y)$；

解　（1）积分区域见图 3.1.1 左中 D_1.

$$P(X<1,Y>1)=\int_1^{+\infty}\int_0^1 6\mathrm{e}^{-2x-3y}\mathrm{d}x\mathrm{d}y=\mathrm{e}^{-3}-\mathrm{e}^{-5} .$$

（2）积分区域如图 3.1.1 右中 D_2.

$$P(X>Y)=\int_0^{+\infty}\int_0^x 6\mathrm{e}^{-2x-3y}\mathrm{d}y\mathrm{d}x=\int_0^{+\infty}-2\mathrm{e}^{-2x-3y}\Big|_0^x\mathrm{d}x$$

$$=\int_0^{+\infty}(-2\mathrm{e}^{-5x}+2\mathrm{e}^{-2x})\mathrm{d}x=\left(\frac{2}{5}\mathrm{e}^{-5x}-\mathrm{e}^{-2x}\right)\Bigg|_0^{+\infty}=\frac{3}{5} .$$

也可计算如下：

$$P(X>Y)=\int_0^{+\infty}\int_y^{+\infty}6\mathrm{e}^{-2x-3y}\mathrm{d}x\mathrm{d}y=\frac{3}{5} .$$

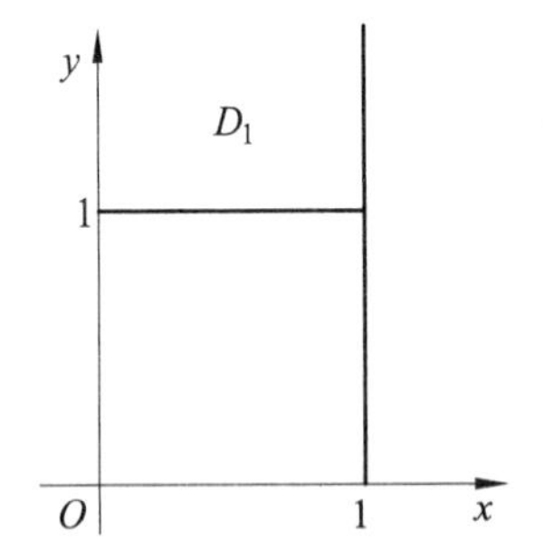

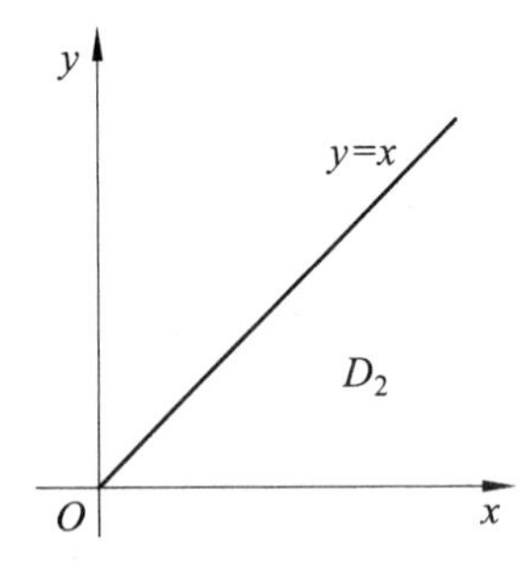

图 3.1.1　$f(x,y)$ 的非零区域与有关事件的交集部分

例 3.1.5　设随机变量 X,Y 的联合密度函数为

$$f(x,y)=\begin{cases}6, x^2\leqslant y\leqslant x\\ 0, 其他\end{cases},$$

求边际密度函数 $f_X(x), f_Y(y)$.

解　画出密度函数的定义域如图 3.1.2.

在求边际密度 $f_X(x)$ 时，x 可看作固定的常数，积分变量为 y，变化范围为 $x^2 \to x$，故

$$f_X(x)=\int_{-\infty}^{+\infty} f(x,y)\mathrm{d}y=\begin{cases}\int_{x^2}^{x} 6\mathrm{d}y=6(x-x^2), 0\leqslant x\leqslant 1\\ 0, \qquad 其他\end{cases}.$$

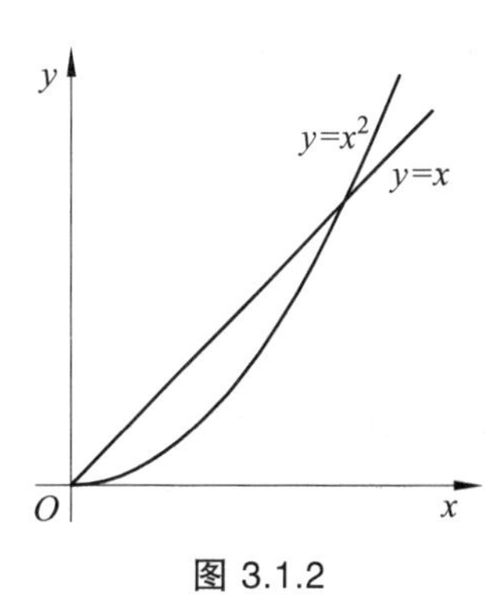

图 3.1.2

同理可得

$$f_Y(y)=\int_{-\infty}^{+\infty} f(x,y)\mathrm{d}x=\begin{cases}\int_{y}^{\sqrt{y}} 6\mathrm{d}x=6(\sqrt{y}-y), 0\leqslant y\leqslant 1\\ 0, \qquad 其他\end{cases}.$$

1）多维均匀分布

设 D 是 $\mathbf{R}^n$ 的有限区域，其体积 $S>0$，如果 n 维随机向量 $(X_1,\cdots,X_n)$ 的联合密度函数为

$$f(x_1,\cdots,x_n)=\begin{cases}\dfrac{1}{S}, & (x_1,\cdots,x_n)\in D\\ 0, & 其他\end{cases},$$

则称 $(X_1,\cdots,X_n)$ 为 D **上的多维均匀分布**，记为 $(X_1,\cdots,X_n)\sim U(D)$.

当 D 为一平面有界区域，则称 (X_1,X_2) 服从**二维均匀分布**. 二维均匀分布所描述的随机现象就是向平面区域 D 中随机投点，如果该点落在 D 的子区域 G 中的概率只与 G 的面积有关，而与 G 的位置无关，称之为几何概率. 现在用二维均匀分布来描述，有：

$$P((X_1,X_2)\in G)=\iint_G f(x_1,x_2)\mathrm{d}x_1\mathrm{d}x_2=\iint_G \frac{1}{S_D}\mathrm{d}x_1\mathrm{d}x_2=\frac{G\text{的面积}}{D\text{的面积}}.$$

这正是几何概率的计算公式.

2）二元正态分布

如果二维随机向量 (X,Y) 的联合密度函数为

$$f(x,y)=\frac{1}{2\pi\sigma_1\sigma_2\sqrt{1-\rho^2}}\exp\left\{-\frac{1}{2(1-\rho^2)}\left[\frac{(x-\mu_1)^2}{\sigma_1^2}-2\rho\frac{(x-\mu_1)(y-\mu_2)}{\sigma_1\sigma_2}+\frac{(y-\mu_2)^2}{\sigma_2^2}\right]\right\},\quad x,y\in\mathbf{R}$$

则称 (X,Y) 服从**二元正态分布**，记为 $(X,Y)\sim N(\mu_1,\mu_2,\sigma_1^2,\sigma_2^2,\rho)$，其中 5 个参数的取值范围为 $\mu_1,\mu_2\in\mathbf{R},\ \sigma_1,\sigma_2>0,\ -1\leqslant\rho\leqslant 1$.

以后我们将指出，μ_1,μ_2 分别是 X,Y 的期望，σ_1^2,σ_2^2 分别是 X,Y 的方差，ρ 是 X,Y 的相关系数. 二元正态密度函数的图像很像一顶四周无限延伸的草帽，其中心点在 (μ_1,μ_2)，等高线是椭圆.

令 $\dfrac{x-\mu_1}{\sigma_1}=u$，$\dfrac{y-\mu_2}{\sigma_2}=v$，则 $\mathrm{d}y=\sigma_2\mathrm{d}v$，将指数关于 v 配方可得

$$f_X(x)=\int_{-\infty}^{\infty} f(x,y)\mathrm{d}y=\frac{1}{2\pi\sigma_1\sqrt{1-\rho^2}}\int_{-\infty}^{\infty}\exp\left\{-\frac{u^2-2\rho uv+v^2}{2(1-\rho^2)}\right\}\mathrm{d}v$$

$$=\frac{1}{\sqrt{2\pi}\sigma_1}\frac{1}{\sqrt{2\pi}\sqrt{1-\rho^2}}\int_{-\infty}^{\infty}\exp\left\{-\frac{(v-\rho u)^2}{2(1-\rho^2)}\right\}\mathrm{d}v$$

$$=\frac{1}{\sqrt{2\pi}\sigma_1}\exp\left\{-\frac{u^2}{2}\right\}=\frac{1}{\sqrt{2\pi}\sigma_1}\exp\left\{-\frac{(x-\mu_1)^2}{2\sigma_1^2}\right\}.$$

可见，二维正态分布的两个边际分布都是一维正态分布，即 $X\sim N(\mu_1,\sigma_1^2)$，$Y\sim N(\mu_2,\sigma_2^2)$，并不依赖参数 ρ. 可见对于给定的 $\mu_1,\mu_2,\sigma_1^2,\sigma_2^2$，不同的 ρ 对应着不同的二维正态分布，但它们的边际分布却都一样. 这一事实表明，单由关于 X 和关于 Y 的边际分布，一般来说是不能确定随机变量 X,Y 的联合分布的. 显然我们有如下结论：

命题 3.1.1　$f(x,y)=f_X(x)f_Y(y)$ 的充分必要条件为 $\rho=0$.

3.2　随机变量的独立性

借助于事件的独立性概念，可以很自然地引进随机变量的独立性.

定义 3.2.1　设 X,Y 是定义在同一概率空间 $(\Omega,\mathcal{F},P)$ 上的随机变量，$F(x,y)$ 与 $F_1(x),F_2(y)$ 分别为其联合分布函数与边际分布函数，如果

$$F(x,y)=F_1(x)F_2(y),\forall x,y\in\mathbf{R},\tag{3.2.1}$$

则称 X,Y 是**相互独立**的.

两个随机变量的独立性概念可以推广到任意有限个或可列个随机变量，也可以推广到随机向量.

定义 3.2.2　设 n 维随机向量 $(X_1,\cdots,X_n)$ 的联合分布函数为 $F(x_1,\cdots,x_n)$，$F_{X_i}(x_i)$ 为 X_i 的边际分布，如果对于任意 n 个实数 $x_1,\cdots,x_n$，有

$$F(x_1,\cdots,x_n)=\prod_{i=1}^{n}F_{X_i}(x_i),\tag{3.2.2}$$

则称 $X_1,\cdots,X_n$ 相互独立.

由此可导出离散随机变量与连续随机变量独立性的判别方法.

在离散场合，$X_1,\cdots,X_n$ 相互独立的充要条件为

$$P(X_1=x_1,\cdots,X_n=x_n)=\prod_{i=1}^{n}P(X_i=x_i);\tag{3.2.3}$$

在连续场合，$X_1,\cdots,X_n$ 相互独立的充要条件为联合密度函数

$$f(x_1,x_2,\cdots,x_n)=\prod_{i=1}^{n}f_{X_i}(x_i).\tag{3.2.4}$$

由于定义 3.2.1 很难验证，故我们常采用定义 3.2.2，具体操作时，也常采用式（3.2.3）与（3.2.4）.

下面给出一些独立性例子，因带有普遍性，故作为命题列出，请读者根据定义验证.

命题 3.2.1　常数与任何随机变量独立.

命题 3.2.2　若 (X,Y) 服从均匀分布 $U([a,b]\times[c,d])$，则 X 与 Y 独立.

命题 3.2.3　若 $(X,Y)\sim N(\mu_1,\mu_2,\sigma_1^2,\sigma_2^2,\rho)$，则 X 与 Y 独立的充要条件是 $\rho=0$.

命题 3.2.4　若 $A,B\in\mathcal{F}$，则事件 A 与 B 独立的充要条件是它们的示性函数 I_A 和 I_B 独立.

此前，我们一直强调边际分布不能决定其联合分布，但是在 X 与 Y 相互独立时，边际分布就可唯一决定其联合分布了.

定义 3.2.3　设 $X_1,\cdots,X_n,\cdots$ 是随机变量序列，如果其中任何有限个随机变量都相互独立，则称 $\{X_n,n\geqslant 1\}$ 是**独立随机变量序列**.

独立随机变量序列是极限理论的研究对象.

例 3.2.1　设 (X,Y) 的联合密度函数为

$$f(x,y)=\begin{cases}8xy, 0\leqslant x\leqslant y\leqslant 1\\ 0,\quad 其他\end{cases},$$

问 X,Y 是否相互独立?

解　为判断 X,Y 是否相互独立，只需看边际密度函数的乘积是否等于联合密度函数，先求边际密度函数.

首先画出联合密度函数的定义域，如图 3.2.1.

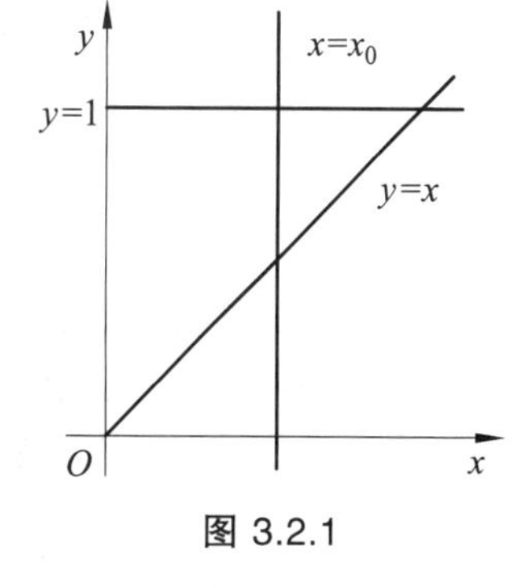

图 3.2.1

当 $x<0$，或 $x>1$ 时，$f_X(x)=0$；

当 $0\leqslant x\leqslant 1$ 时，先让 $x=x_0$ 固定，其中 $0\leqslant x_0\leqslant 1$，在直线 $x=x_0$ 上，y 的变化范围为 $x\to 1$，故我们有

$$f_X(x)=\int_x^1 8xy\mathrm{d}y=8x\left(\frac{1}{2}-\frac{x^2}{2}\right)=4x(1-x^2).$$

同样，当 $y<0$，或 $y>1$ 时，$f_Y(y)=0$；

当 $0\leqslant y\leqslant 1$ 时，有

$$f_Y(y)=\int_0^y 8xy\mathrm{d}x=4y^3.$$

显然，$f(x,y)\neq f_X(x)f_Y(y)$，所以 X,Y 不独立.

随机变量的独立性概念是概率论中最基本的概念之一，也是最重要的概念之一，关于独立随机变量的研究构成了概率论的重要课题.

3.3　条件分布

二维随机向量 (X,Y) 中，X 与 Y 的相互关系除了独立以外，还有相依关系，即随机变量的取值往往彼此是有影响的，这种关系用条件分布能更好地表达出来.

对于二维随机向量 (X,Y)，所谓随机变量 X 的条件分布，就是在 $Y=y$ 的条件下 X 的分布函数. 比如，记 X 为人的体重，Y 为人的身高，则 X 与 Y 一般有相依关系，现在如果限定 $Y=172$（cm），在这个条件下体重 X 的分布显然与 X 的无条件分布有很大不同.

设给定二维随机向量 (X,Y)，对任意 $C\in\mathcal{B}(\mathbf{R})$，$y\in\mathbf{R}$，若 $P(X\in C)>0$，则

$$P(Y \leqslant y \mid X \in C) = \frac{P(Y \leqslant y, X \in C)}{P(X \in C)}$$

是一维分布函数，自然称它为**条件 $X \in C$ 下，Y 的条件分布函数**.

1）离散随机向量的条件分布

如果二维离散随机向量 (X,Y) 的联合分布列为

$$p_{ij} = P(X = x_i, Y = y_j), i, j = 1, 2, \cdots,$$

仿照条件概率的定义，我们很容易地给出离散随机向量的条件分布列.

定义 3.3.1 对一切使得 $P(Y = y_j) = \sum_{i=1}^{+\infty} p_{ij} = p_{\cdot j} > 0$ 的 y_j，称

$$p_{i|j} = P(X = x_i \mid Y = y_j) = \frac{P(X = x_i, Y = y_j)}{P(Y = y_j)} = \frac{p_{ij}}{p_{\cdot j}}, \quad i = 1, 2, \cdots$$

为在**给定 $Y = y_j$ 条件下 X 的条件分布列**.

同理，对一切使得 $P(X = x_i) = \sum_{j=1}^{+\infty} p_{ij} = p_{i\cdot} > 0$ 的 x_i，称

$$p_{j|i} = P(Y = y_j \mid X = x_i) = \frac{P(X = x_i, Y = y_j)}{P(X = x_i)} = \frac{p_{ij}}{p_{i\cdot}}, \quad j = 1, 2, \cdots$$

为在**给定 $X = x_i$ 条件下 Y 的条件分布列**.

有了条件分布列，我们就可以定义离散随机向量的条件分布.

定义 3.3.2 在给定 $Y = y_j$ 条件下 X 的**条件分布函数**为

$$F(x \mid y_j) = P(X \leqslant x \mid Y = y_j) = \sum_{x_i \leqslant x} P(X = x_i \mid Y = y_j) = \sum_{x_i \leqslant x} p_{i|j};$$

在给定 $X = x_i$ 条件下 Y 的**条件分布函数**为

$$F(y \mid x_i) = \sum_{y_i \leqslant y} P(Y = y_j \mid X = x_i) = \sum_{y_i \leqslant y} p_{j|i}.$$

例 3.3.1 设在某一段时间内进入某一商店的顾客人数 $X \sim P(\lambda)$，每个顾客购买某种物品的概率为 p，并且各个顾客是否购买该种物品相互独立，求进入商店的顾客购买这种物品的人数 Y 的分布.

解 由题意知

$$P(X = m) = \frac{\lambda^m}{m!} \mathrm{e}^{-\lambda}, m = 0, 1, 2, \cdots.$$

在进入商店人数 $X = m$ 的条件下，Y 的条件分布为二项分布 $B(m, p)$，即

$$P(Y = k \mid X = m) = \binom{m}{k} p^k (1-p)^{m-k}, k = 0, 1, 2, \cdots, m.$$

由全概率公式有

$$P(Y=k)=\sum_{m=k}^{\infty}P(Y=k\mid X=m)P(X=m)=\sum_{m=k}^{\infty}\binom{m}{k}p^k(1-p)^{m-k}\frac{\lambda^m}{m!}\mathrm{e}^{-\lambda}$$

$$=\mathrm{e}^{-\lambda}\sum_{m=k}^{\infty}\frac{\lambda^m}{k!(m-k)!}p^k(1-p)^{m-k}=\mathrm{e}^{-\lambda}\frac{(\lambda p)^k}{k!}\sum_{m=k}^{\infty}\frac{[(1-p)\lambda]^m}{(m-k)!}$$

$$=\mathrm{e}^{-\lambda}\mathrm{e}^{(1-p)\lambda}\frac{(\lambda p)^k}{k!}=\frac{(\lambda p)^k}{k!}\mathrm{e}^{-\lambda p},k=0,1,2,\cdots.$$

显然，$Y\sim P(\lambda p)$，即泊松分布的随机向量仍然为泊松分布.

这个例子告诉我们：在直接寻求 Y 的分布有困难时，可借助条件分布来克服困难.

2）连续随机向量的条件分布

设 (X,Y) 为连续型随机向量，联合密度函数为 $f(x,y)$，边际分布函数分别为 $f_X(x), f_Y(y)$，采用极限过渡的思想有

$$P(X\leqslant x\mid Y=y)=\lim_{h\to\infty}P(X\leqslant x\mid y\leqslant Y\leqslant y+h)=\lim_{h\to\infty}\frac{P(X\leqslant x,y\leqslant Y\leqslant y+h)}{P(y\leqslant Y\leqslant y+h)}$$

$$=\lim_{h\to\infty}\frac{\int_{-\infty}^{x}\int_{y}^{y+h}f(u,v)\mathrm{d}v\mathrm{d}u}{\int_{y}^{y+h}f_Y(u,v)\mathrm{d}v}=\lim_{h\to\infty}\frac{\int_{-\infty}^{x}\frac{1}{h}\left\{\int_{y}^{y+h}f(u,v)\mathrm{d}v\right\}\mathrm{d}u}{\frac{1}{h}\int_{y}^{y+h}f_Y(u,v)\mathrm{d}v}.$$

当 $f_Y(y), f(x,y)$ 在 y 处连续时，由积分中值定理可得

$$\lim_{h\to\infty}\frac{1}{h}\int_{y}^{y+h}f_Y(u,v)\mathrm{d}v=f_Y(y)，\quad \lim_{h\to\infty}\frac{1}{h}\int_{y}^{y+h}f(u,v)\mathrm{d}v=f(u,y).$$

所以

$$P(X\leqslant x\mid Y=y)=\int_{-\infty}^{x}\frac{f(u,y)}{f_Y(y)}\mathrm{d}u.$$

定义 3.3.3 对于一切 $f_Y(y)>0$ 的 y，在给定 $Y=y$ 条件下，X 的条件分布函数和条件密度函数分别为

$$F(x\mid y)=\int_{-\infty}^{x}\frac{f(u,y)}{f_Y(y)}\mathrm{d}u，\quad f(x\mid y)=\frac{f(x,y)}{f_Y(y)}.$$

同理对于一切 $f_X(x)>0$ 的 x，在给定 $X=x$ 条件下，Y 的条件分布函数和条件密度函数分别为

$$F(y\mid x)=\int_{-\infty}^{y}\frac{f(x,v)}{f_X(x)}\mathrm{d}v，\quad f(y\mid x)=\frac{f(x,y)}{f_X(x)}.$$

令 X 表示人的身高，Y 表示人的体重，则

$$P(X=172\text{ cm})=0，P(Y=70\text{ kg})=0，\quad P(X=172\text{ cm}, Y=70\text{ kg})=0，$$

显然有

$$P(X=172\ \text{cm})<P(X=172\ \text{cm}, Y=70\ \text{kg}).$$

这说明零概率事件也可以比较概率的大小，虽然它们的概率都是 0，但可以利用微元进行区分.

对于连续型随机向量，由于对于任意 x, y，

$$P(X=x)=P(Y=y)=P(X=x, Y=y)=0,$$

但可表示为微元形式：

$$P(X=x)=f_X(x)\mathrm{d}x,\quad P(Y=y)=f_Y(y)\mathrm{d}y,\quad P(X=x, Y=y)=f(x, y)\mathrm{d}x\mathrm{d}y,$$

这样就可以直接利用条件概率公式引入条件分布函数和条件密度函数.

$$F(x\mid y)=P(X\leqslant x\mid Y=y)=\sum_{u\leqslant x}P(X=u\mid Y=y)=\sum_{u\leqslant x}\frac{P(X=u, Y=y)}{P(Y=y)}$$
$$=\sum_{u\leqslant x}\frac{f(u, y)\mathrm{d}u\mathrm{d}y}{f_Y(y)\mathrm{d}y}=\sum_{u\leqslant x}\frac{f(u, y)\mathrm{d}u}{f_Y(y)}=\int_{-\infty}^{x}\frac{f(u, y)}{f_Y(y)}\mathrm{d}u.$$

求导可得条件密度 $f(x\mid y)$.

事实上也可推导如下：

$$f(x\mid y)\mathrm{d}x=P(X=x\mid Y=y)=\frac{P(X=x, Y=y)}{P(Y=y)}=\frac{f(x, y)\mathrm{d}x\mathrm{d}y}{f_Y(y)\mathrm{d}y},$$

即
$$f(x\mid y)=\frac{f(x, y)}{f_Y(y)}.$$

$$f_Y(y)\mathrm{d}y=P(Y=y)=\sum_x P(Y=y\mid X=x)P(X=x)=\sum_x f(y\mid x)\mathrm{d}yf_X(x)\mathrm{d}x,$$

即
$$f_Y(y)=\int_{-\infty}^{+\infty}f(y\mid x)f_X(x)\mathrm{d}x.$$

3）连续场合的全概率公式与贝叶斯公式

有了条件分布密度函数的概率，我们可以顺便给出连续随机变量场合的全概率公式和贝叶斯公式.

全概率公式：$f_Y(y)=\int_{-\infty}^{+\infty}f(y\mid x)f_X(x)\mathrm{d}x$，$f_X(x)=\int_{-\infty}^{+\infty}f(x\mid y)f_Y(y)\mathrm{d}y$.

贝叶斯公式：$f(x\mid y)=\dfrac{f(x, y)}{f_Y(y)}$，$f(y\mid x)=\dfrac{f(x, y)}{f_X(x)}$.

例 3.3.2 设 $(X, Y)\sim N(\mu_1, \mu_2, \sigma_1^2, \sigma_2^2, \rho)$，求 $f(x\mid y)$ 和 $f(y\mid x)$.

解 由定义及前面结论可知：

$$f(x\mid y)=\frac{f(x, y)}{f_Y(y)}=\frac{1}{2\pi\sigma_1\sqrt{1-\rho^2}}\exp\left\{-\frac{1}{2\sigma_1^2(1-\rho^2)}\left[x-\left(\mu_1+\rho\frac{\sigma_1}{\sigma_2}(y-\mu_2)\right)\right]^2\right\}.$$

由此可见，二维正态分布的条件分布仍为正态分布. 当 $Y=y$ 时，X 的条件分布为

$$N\left(\mu_1+\rho\frac{\sigma_1}{\sigma_2}(y-\mu_2), \sigma_1^2(1-\rho^2)\right).$$

同理有 $$Y|X=x\sim N\left(\mu_2+\rho\frac{\sigma_2}{\sigma_1}(x-\mu_1),\sigma_2^2(1-\rho^2)\right).$$

例 3.3.3 设数 X 在区间 $(0,1)$ 上随机取值，当观察到 $X=x,0<x<1,$ 时，Y 在区间 $(x,1)$ 上随机取值，求 Y 的密度函数 $f_Y(y)$.

解 由题意可知，X 的密度函数为

$$f_X(x)=\begin{cases}1,0<x<1\\0,\text{其他}\end{cases}.$$

对于任意给定的 $x,0<x<1$，在 $X=x$ 条件下，Y 的密度函数为

$$f_{Y|X}(y|x)=\begin{cases}\dfrac{1}{1-x},x<y<1\\0,\quad\text{其他}\end{cases}.$$

对于给定的 y，积分变量 x 的变化范围为 $0\to y$，于是得到 Y 的密度函数：

$$f_Y(y)=\int_{-\infty}^{+\infty}f(y|x)f_X(x)\mathrm{d}x=\begin{cases}\displaystyle\int_0^y\frac{1}{1-x}\mathrm{d}x=-\ln(1-y),0<y<1\\0,\quad\text{其他}\end{cases}.$$

例 3.3.4 （2009 数 3）设二维随机变量 (X,Y) 的概率密度为

$$f(x,y)=\begin{cases}\mathrm{e}^{-x},0<y<x\\0,\quad\text{其他}\end{cases},$$

求：（1）条件密度函数 $f_{Y|X}(y|x)$；（2）条件概率 $P\{X\leqslant 1|Y\leqslant 1\}$.

解 （1）X 的边际密度为

$$f_X(x)=\int_{-\infty}^{+\infty}f(x,v)\mathrm{d}v=\begin{cases}\displaystyle\int_0^x\mathrm{e}^{-x}\mathrm{d}v,\ x>0\\0,\qquad x\leqslant 0\end{cases}=\begin{cases}x\mathrm{e}^{-x},\ x>0\\0,\quad x\leqslant 0\end{cases}.$$

于是，当 $x>0$，Y 的条件概率密度为

$$f_{Y|X}(y|x)=\frac{f(x,y)}{f_X(x)}=\begin{cases}\dfrac{1}{x},\ 0<y<x\\0,\ \text{其他}\end{cases}.$$

（2）因为

$$P\{X\leqslant 1,Y\leqslant 1\}=\int_{-\infty}^1\int_{-\infty}^1 f(x,y)\mathrm{d}x\mathrm{d}y=\int_0^1\int_0^x\mathrm{e}^{-x}\mathrm{d}y\mathrm{d}x=1-2\mathrm{e}^{-1},$$

$$P\{Y\leqslant 1\}=\int_{-\infty}^1\int_{-\infty}^1 f(x,y)\mathrm{d}x\mathrm{d}y=\int_0^1\int_y^{+\infty}\mathrm{e}^{-x}\mathrm{d}x\mathrm{d}y=1-\mathrm{e}^{-1},$$

故条件概率

$$P\{X\leqslant 1|Y\leqslant 1\}=\frac{P\{X\leqslant 1,Y\leqslant 1\}}{P\{Y\leqslant 1\}}=\frac{\mathrm{e}-2}{\mathrm{e}-1}.$$

例 3.3.5 （2010 数 1, 3）设二维随机变量 (X,Y) 的概率密度为

$$f(x,y)=A\mathrm{e}^{-2x^2+2xy-y^2},-\infty<x<+\infty,-\infty<y<+\infty,$$

求常数 A 以及条件密度函数 $f_{Y|X}(y|x)$.

解　由联合密度函数的性质有

$$\begin{aligned}1&=\int_{-\infty}^{+\infty}\int_{-\infty}^{+\infty}f(x,y)\mathrm{d}x\mathrm{d}y=A\int_{-\infty}^{+\infty}\int_{-\infty}^{+\infty}\mathrm{e}^{-2x^2+2xy-y^2}\mathrm{d}x\mathrm{d}y\\&=A\int_{-\infty}^{+\infty}\mathrm{e}^{-x^2}\mathrm{d}x\int_{-\infty}^{+\infty}\mathrm{e}^{-(y-x)^2}\mathrm{d}(y-x)=A\times\sqrt{\pi}\times\sqrt{\pi}=A\pi,\end{aligned}$$

即 $A=\dfrac{1}{\pi}$.

因为 X 的边缘密度为

$$f_X(x)=\int_{-\infty}^{+\infty}f(x,y)\mathrm{d}y=\int_{-\infty}^{+\infty}\frac{1}{\pi}\mathrm{e}^{-2x^2+2xy-y^2}\mathrm{d}y=\frac{1}{\pi}\mathrm{e}^{-x^2}\int_{-\infty}^{+\infty}\mathrm{e}^{-(y-x)^2}\mathrm{d}(y-x)=\frac{1}{\sqrt{\pi}}\mathrm{e}^{-x^2},$$

所以条件概率密度

$$f_{Y|X}(y|x)=\frac{f(x,y)}{f_X(x)}=\frac{1}{\sqrt{\pi}}\mathrm{e}^{-x^2+2xy-y^2},-\infty<x<+\infty,-\infty<y<+\infty.$$

3.4　随机向量函数的分布

随机向量与随机变量在本质上是一样的，同样，求解随机向量函数的分布只需掌握一般方法，不必记忆公式.

3.4.1　基本知识

设 $X=(X_1,\cdots,X_n)$ 是 n 维随机向量，$y=g(x_1,\cdots,x_n)$ 是 n 元函数，则 $Y=g(X_1,\cdots,X_n)$ 是一维随机变量. 显然，多个随机变量之和、差、积、商（除数不为 0）以及取极值等都是随机变量. 现在的问题是，如何由 $(X_1,\cdots,X_n)$ 的分布求出 $Y=g(X_1,\cdots,X_n)$ 的分布？这是一类技巧性很强的工作，不仅对离散场合和连续场合有不同的方法，而且对不同的函数 $g(X_1,\cdots,X_n)$ 要采用不同的方法，但归根结底都是由分布函数定义推导，即已知 n 维随机向量 $(X_1,\cdots,X_n)$ 的概率分布，则 $Y=g(X_1,\cdots,X_n)$ 的分布函数为

$$F_Y(y)=P(Y\leqslant y)=P(g(X_1,\cdots,X_n)\leqslant y).$$

例 3.4.1（最大值与最小值分布）　设 $X_1,\cdots,X_n$ 是随机变量，令

$$X_{(n)}=\max(X_1,\cdots,X_n),\quad X_{(1)}=\min(X_1,\cdots,X_n),$$

称 $X_{(n)}$ 为 $X_1,\cdots,X_n$ 的**最大值变量**，$X_{(1)}$ 为 $X_1,\cdots,X_n$ 的**最小值变量**.

如果 $X_1,\cdots,X_n$ 是相互独立的随机变量，且 $X_i\sim F_i(x)$，由分布函数定义有

$$F_{X_{(n)}}(x)=P(X_{(n)}\leqslant x)=P(\max(X_1,\cdots,X_n)\leqslant x)$$
$$=P(X_1\leqslant x)\cdots\cdots P(X_n\leqslant x)=\prod_{i=1}^{n}F_i(x)\,;$$
$$F_{X_{(1)}}(x)=P(X_{(1)}\leqslant x)=1-P(\min(X_1,\cdots,X_n)>x)$$
$$=1-P(X_1>x)\cdots\cdots P(X_n>x)=1-\prod_{i=1}^{n}[1-F_i(x)].$$

如果 $X_1,\cdots,X_n$ 独立同分布于 $F(x)$，则有

$$F_{X_{(n)}}(x)=[F(x)]^n\,,\quad F_{X_{(1)}}(x)=1-[1-F(x)]^n.$$

当 $F_i(x)$ 可导时，求导可得密度函数

$$f_{X_{(n)}}(x)=nf(x)[F(x)]^{n-1}\,,\quad f_{X_{(1)}}(x)=nf(x)[1-F(x)]^{n-1}.$$

$X_{(1)}$ 与 $X_{(n)}$ 的分布统称为**极值分布**. 极值分布在水文、气象、地震等预报问题中，有着重要的作用. 在大型工程设计中，我们要对一些带有严重破坏性的自然灾害进行必要的估计和预测. 如在建造桥梁时，为防止洪水冲塌桥梁，必须考虑使用期间河流可能爆发的最高水位；在建造高大建筑物时，也必须考虑到今后若干年内的最高水位、最大风速、最大地震等级等. 考虑这些随机变量的概率分布，就是极值的概率分布.

3.4.2 离散随机向量函数的分布

当离散型随机向量 $(X_1,\cdots,X_n)$ 所有可能取值较少时，可将 Y 的取值一一列出，然后再合并整理就可得结果. 其做法实质上和一维随机向量一样.

例 3.4.2 设 (X,Y) 的联合分布列如下所示：

X \ Y	-1	1	2
-1	$\frac{5}{20}$	$\frac{2}{20}$	$\frac{6}{20}$
2	$\frac{3}{20}$	$\frac{3}{20}$	$\frac{1}{20}$

试求：(1) $Z_1=X+Y$；(2) $Z_2=\max\{X,Y\}$ 的分布列.

解 将 (X,Y) 及各个函数的取值对应列于同一表中.

P	$\frac{5}{20}$	$\frac{2}{20}$	$\frac{6}{20}$	$\frac{3}{20}$	$\frac{3}{20}$	$\frac{1}{20}$
(X,Y)	$(-1,-1)$	$(-1,1)$	$(-1,2)$	$(2,-1)$	$(2,1)$	$(2,2)$
$Z_1=X+Y$	-2	0	1	1	3	4
$Z_2=\max\{X,Y\}$	-1	1	2	2	2	2

然后经过合并整理就可得最后结果.

$$Z_1 \sim \begin{pmatrix} -2 & 0 & 1 & 3 & 4 \\ \frac{5}{20} & \frac{2}{20} & \frac{9}{20} & \frac{3}{20} & \frac{1}{20} \end{pmatrix}, \quad Z_2 \sim \begin{pmatrix} -1 & 1 & 2 \\ \frac{5}{20} & \frac{2}{20} & \frac{13}{20} \end{pmatrix}.$$

如果$(X_1,\cdots,X_n)$的所有可能取值为不可列多时，就不能一一列出，此时需要寻找其他方法了.

定理 3.4.1（泊松分布的可加性） 设$X \sim P(\lambda_1)$，$Y \sim P(\lambda_2)$，且相互独立，证明$Z = X + Y \sim P(\lambda_1 + \lambda_2)$.

证明 的$Z = X + Y$所有可能取值为0，1，2，…所有非负整数，而事件$\{Z = k\}$是诸多互不相容事件$\{X = i, Y = k - i\}, i = 0,1,\cdots,k,$ 的并，所以

$$P(Z = k) = P(X + Y = k) = \sum_{i=0}^{k} P(X = i, Y = k - i) = \sum_{i=0}^{k} P(X = i)P(Y = k - i).$$

这个概率等式称为**离散场合的卷积公式**. 利用此公式可得，

$$\begin{aligned} P(Z = k) &= \sum_{i=0}^{k} \frac{\lambda_1^i}{i!} e^{-\lambda_1} \frac{\lambda_2^{k-i}}{(k-i)!} e^{-\lambda_2} \\ &= \frac{(\lambda_1 + \lambda_2)^k}{k!} e^{-(\lambda_1 + \lambda_2)} \sum_{i=0}^{k} \frac{k!}{i!(k-i)!} \left(\frac{\lambda_1}{\lambda_1 + \lambda_2} \right)^i \left(\frac{\lambda_2}{\lambda_1 + \lambda_2} \right)^{k-i} \\ &= \frac{(\lambda_1 + \lambda_2)^k}{k!} e^{-(\lambda_1 + \lambda_2)}, \quad k = 0,1,\cdots. \end{aligned}$$

这表明$Z = X + Y \sim P(\lambda_1 + \lambda_2)$.

注意：$X - Y$不服从泊松分布.

离散场合的卷积公式也可由全概率公式推导如下：

$$\begin{aligned} P(Z = k) &= \sum_{i=0}^{+\infty} P(X + Y = k \mid X = i)P(X = i) = \sum_{i=0}^{k} P(X + Y = k \mid X = i)P(X = i) \\ &= \sum_{i=0}^{k} P(X = i)P(Y = k - i). \end{aligned}$$

以后我们称性质"同一类分布的独立随机变量的和的分布仍属于此类分布"为此类分布的**可加性**.

事实上，用条件概率的定义和泊松分布的可加性，对任意$k = 0,1,\cdots,n$有

$$\begin{aligned} P(X = k \mid Z = n) &= \frac{P(X = k, Z = n)}{P(Z = n)} = \frac{P(X = k)P(Y = n - k)}{P(Z = n)} \\ &= \frac{\frac{\lambda_1^k}{k!} e^{-\lambda_1} \frac{\lambda_2^{n-k}}{(n-k)!} e^{-\lambda_2}}{\frac{(\lambda_1 + \lambda_2)^n}{n!} e^{-(\lambda_1 + \lambda_2)}} = \frac{n!}{k!(n-k)!} \left(\frac{\lambda_1}{\lambda_1 + \lambda_2} \right)^k \left(1 - \frac{\lambda_1}{\lambda_1 + \lambda_2} \right)^{n-k}. \end{aligned}$$

即在 $Z=n$ 的条件下，X 服从参数为 $\left(n,\dfrac{\lambda_1}{\lambda_1+\lambda_2}\right)$ 的二项分布.

定理 3.4.2（二项分布的可加性） 设 $X\sim B(n,p)$，$Y\sim B(m,p)$，且相互独立，证明 $Z=X+Y\sim B(n+m,p)$.

证明 $X+Y$ 的可能值为 $0,1,\cdots,m+n$，由卷积公式可知，对 $0\leqslant k\leqslant m+n$，有

$$P(Z=k)=\sum_{i=0}^{k}P(X=i)P(Y=k-i)=\sum_{i=0}^{k}C_n^i p^i q^{n-i}C_m^{k-i}p^{k-i}q^{m-k+i}$$

$$=p^k q^{n+m-k}\sum_{i=0}^{k}C_n^i C_m^{k-i}=C_{n+m}^k p^k q^{n+m-k}.$$

注意，当 $i>n$ 或 $k-i>m$ 时，$C_n^i=0$ 或 $C_m^{k-i}=0$，所以上述推导当 $k>n$ 或 $k>m$ 时仍有意义，故结论成立.

这个定理的直观意义很明显. 进行伯努利试验时，每次试验中事件 A 发生的概率皆为 p，若 X 表示 n 次试验中事件 A 发生的次数，Y 表示 m 次试验中事件 A 发生的次数，又 X,Y 独立，表明前 n 次试验与后 m 次试验也相互独立，于是 $X+Y$ 自然就是 $n+m$ 次独立试验中事件 A 发生的次数，所以 $Z=X+Y\sim B(n+m,p)$.

推论 如果将第 i 次 Bernoulli 试验中 A 出现的次数记为 $X_i,i=1,\cdots,n$，则

$$X=\sum_{i=1}^{n}X_i\sim B(n,p).$$

定理 3.4.3（负二项分布的可加性） 设 $X\sim NB(r_1,p)$，$Y\sim NB(r_2,p)$，且相互独立，证明 $Z=X+Y\sim NB(r_1+r_2,p)$.

证明 $X+Y$ 的可能值为 $r_1+r_2,\ r_1+r_2+1,\cdots$，由卷积公式可知，对 $k\geqslant r_1+r_2$，有

$$P(Z=k)=\sum_{i=r_1}^{k-r_2}P(X=i)P(Y=k-i)=\sum_{i=0}^{k}C_{i-1}^{r_1-1}p^{r_1}q^{i-r_1}C_{k-i-1}^{r_2-1}p^{r_2}q^{k-i-r_2}$$

$$=p^{r_1+r_2}q^{k-(r_1+r_2)}\sum_{i=0}^{k}C_{i-1}^{r_1-1}C_{k-i-1}^{r_2-1}=C_{k-1}^{r_1+r_2-1}p^{r_1+r_2}q^{k-(r_1+r_2)},$$

故结论成立.

这个定理的直观意义也很明显. 因为 X 是伯努利试验中 r_1 成功的等待时间，Y 是伯努利试验中 r_2 成功的等待时间，且 X,Y 独立，则 $X+Y$ 当然是 r_1+r_2 次成功的等待时间.

推论 如果 $X=\sum\limits_{i=1}^{r}X_i$，其中 X_i 独立同分布于 $Ge(p)=NB(1,p)$，则 $X\sim NB(r,p)$.

3.4.3 非离散随机向量函数的分布

1）连续型随机变量的卷积

定理 3.4.4 设 X,Y 是两个相互独立的连续随机变量，密度函数分别为 $f_X(x)$，$f_Y(y)$，则 $Z=X+Y$ 的密度函数为

$$f_Z(z)=\int_{-\infty}^{+\infty}f_X(z-y)f_Y(y)\mathrm{d}y\ ,\tag{3.4.1}$$

称之为**连续场合的卷积公式**.

证明 先画出积分区域，如图 3.4.1. 则 $Z=X+Y$ 的分布函数为

$$F_Z(z)=P(X+Y\leqslant z)=\iint_{x+y\leqslant z}f_X(x)f_Y(y)\mathrm{d}x\mathrm{d}y$$

$$=\int_{-\infty}^{+\infty}\int_{-\infty}^{z-y}f_X(x)f_Y(y)\mathrm{d}x\mathrm{d}y\ .$$

对上式两端求导，可得结论成立.

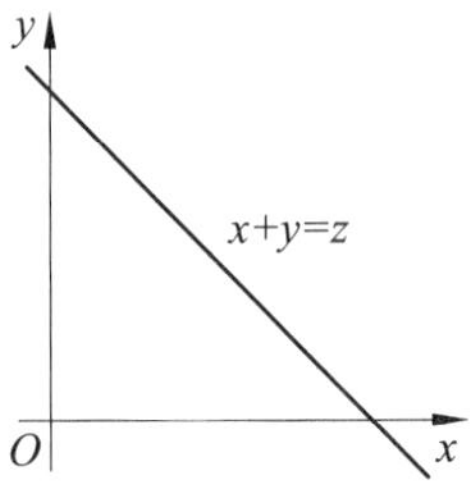

图 3.4.1

定理 3.4.5（正态分布的可加性） 设 $X\sim N(\mu_1,\sigma_1^2)$，$Y\sim N(\mu_2,\sigma_2^2)$，且相互独立，证明 $Z=X+Y\sim N(\mu_1+\mu_2,\sigma_1^2+\sigma_2^2)$.

证明 利用卷积公式（3.4.1）可得

$$f_Z(z)=\frac{1}{2\pi\sigma_1\sigma_2}\int_{-\infty}^{\infty}\exp\left\{-\frac{1}{2}\left[\frac{(z-y-\mu_1)^2}{\sigma_1^2}+\frac{(y-\mu_2)^2}{\sigma_2^2}\right]\right\}\mathrm{d}y\ .$$

令 $A=\dfrac{1}{\sigma_1^2}+\dfrac{1}{\sigma_2^2}$，$B=\dfrac{z-\mu_1}{\sigma_1^2}+\dfrac{\mu_2}{\sigma_2^2}$，则

$$f_Z(z)=\frac{1}{2\pi\sigma_1\sigma_2}\exp\left\{-\frac{1}{2}\frac{(z-\mu_1-\mu_2)^2}{\sigma_1^2+\sigma_2^2}\right\}\int_{-\infty}^{\infty}\exp\left\{\frac{A}{2}\left(y-\frac{B}{A}\right)^2\right\}\mathrm{d}y\ .$$

利用正态分布密度函数的正则性，上式中积分应为 $\sqrt{\dfrac{2\pi}{A}}$，于是

$$f_Z(z)=\frac{1}{\sqrt{2\pi(\sigma_1^2+\sigma_2^2)}}\exp\left\{-\frac{1}{2}\frac{(z-\mu_1-\mu_2)^2}{\sigma_1^2+\sigma_2^2}\right\}.$$

故结论得证.

推论 任意 n 个相互独立的正态变量的线性组合仍为正态分布，即

$$\sum_{i=1}^{n}a_iX_i\sim N\left(\sum_{i=1}^{n}a_i\mu_i,\sum_{i=1}^{n}a_i^2\sigma_i^2\right),$$

其中 $X_i\sim N(\mu_i,\sigma_i^2),i=1,\cdots,n,$ 且相互独立.

注意：任意两个正态随机变量的和不一定是正态分布；两个边缘分布都是正态分布的二维随机变量不一定服从二维正态分布.

例 3.4.3 设随机变量 X,Y 相互独立，$X\sim N(1,2)$，$Y\sim N(0,1)$，试求 $Z=2X-Y+3$ 的概率密度函数.

解 因为 X,Y 相互独立且都服从正态分布，其线性函数 $Z=2X-Y+3$ 仍服从正态分布，且 $EX=1,\ DX=2$，$EY=0,\ DY=1$，所以

$$EX=E(2X-Y+3)=2EX-EY+3=2\times1-0+3=5\ .$$

$$DX = D(2X - Y + 3) = 4DX + DY = 4\times 2 + 1 = 9.$$

所以 $Z \sim N(5,9)$. 故 Z 的概率密度函数为

$$f(z) = \frac{1}{\sqrt{2\pi}\times 3}\exp\left\{-\frac{(z-5)^2}{18}\right\}, z\in \mathbf{R}.$$

2）变量变换法*

在此我们仅介绍二维随机向量函数的分布，对于 n 维随机向量函数的分布，方法是类似的.

设 (X,Y) 的联合密度函数为 $f(x,y)$，如果函数 $\begin{cases} u = g_1(x,y) \\ v = g_2(x,y) \end{cases}$ 有连续偏导数，且存在唯一的反函数 $\begin{cases} x = x(u,v) \\ y = y(u,v) \end{cases}$，记 $x_u = \dfrac{\partial x}{\partial u}$，其变换的雅可比行列式为

$$J = \frac{\partial(x,y)}{\partial(u,v)} = \begin{vmatrix} x_u & y_u \\ x_v & y_v \end{vmatrix} = \left(\frac{\partial(u,v)}{\partial(x,y)}\right)^{-1} \neq 0,$$

若 $\begin{cases} U = g_1(X,Y) \\ V = g_2(X,Y) \end{cases}$，则 (U,V) 的联合密度函数为

$$f_{UV}(u,v) = f_{XY}(x(u,v), y(u,v))\,|J|. \tag{3.4.2}$$

这个方法实际上是二重积分的变量变换法，其证明参见高等数学教科书.

注意：某些教材雅可比行列式定义为 $J = \dfrac{\partial(x,y)}{\partial(u,v)} = \begin{vmatrix} x_u & x_v \\ y_u & y_v \end{vmatrix}$，由行列式的运算性质可知两者定义没有本质区别.

例 3.4.4（和的分布） 设 (X,Y) 的联合密度函数为 $f(x,y)$，记 $\begin{cases} U = X+Y \\ V = Y \end{cases}$，试求 (U,V) 的联合密度函数及 $U = X+Y$ 的密度函数.

解　因为 $\begin{cases} u = x+y \\ v = y \end{cases}$ 的反函数为 $\begin{cases} x = u-v \\ y = v \end{cases}$，则

$$J = \frac{\partial(x,y)}{\partial(u,v)} = \begin{vmatrix} 1 & 0 \\ -1 & 1 \end{vmatrix} = 1.$$

所以 (U,V) 的联合密度函数为

$$f_{UV}(u,v) = f(u-v, v).$$

对 $f_{UV}(u,v)$ 关于 v 积分就是 $U = X+Y$ 的边际密度函数：

$$f_U(u) = \int_{-\infty}^{+\infty} f(u-v,v)\,\mathrm{d}v.$$

当 X,Y 相互独立时，我们有

$$f_U(u) = \int_{-\infty}^{+\infty} f_X(u-v) f_Y(v)\,\mathrm{d}v.$$

这正是连续场合的卷积公式.

增补变量法实质上是变换法的一种应用. 为了求出二维随机向量 (X,Y) 的函数 $U=g(X,Y)$ 的密度函数，增补一个新的随机变量 $V=h(X,Y)$，一般令 $V=X$ 或 $V=Y$. 先用变换法求出 (U,V) 的联合密度函数 $f(u,v)$，再对 $f(u,v)$ 关于 v 积分，从而得到关于 U 的边际密度函数.

下面以例子的形式，给出两个随机变量的积与商的分布.

例 3.4.5（积的分布） 设 X,Y 相互独立，其密度函数分别为 $f_X(x),f_Y(y)$，则 $U=XY$ 的密度函数为

$$f_U(u)=\int_{-\infty}^{+\infty} f_X\left(\frac{u}{v}\right)f_Y(v)\frac{1}{|v|}\mathrm{d}v. \tag{3.4.3}$$

解 记 $V=Y$，则 $\begin{cases}u=xy\\v=y\end{cases}$ 的反函数为 $\begin{cases}x=\dfrac{u}{v}\\y=v\end{cases}$，则

$$J=\frac{\partial(x,y)}{\partial(u,v)}=\begin{vmatrix}\dfrac{1}{v} & -\dfrac{u}{v^2}\\0 & 1\end{vmatrix}=\frac{1}{v}.$$

所以 (U,V) 的联合密度函数为

$$f(u,v)=f_X\left(\frac{u}{v}\right)f_Y(v)|J|=f_X\left(\frac{u}{v}\right)f_Y(v)\frac{1}{|v|}.$$

对 $f(u,v)$ 关于 v 积分就是 $U=XY$ 的边际密度函数，即（3.4.3）式.

例 3.4.6（商的分布） 设 X,Y 相互独立，其密度函数分别为 $f_X(x),f_Y(y)$，则 $U=\dfrac{X}{Y}$ 的密度函数为

$$f_U(u)=\int_{-\infty}^{+\infty} f_X(uv)f_Y(v)|v|\mathrm{d}v. \tag{3.4.4}$$

解 记 $V=Y$，则 $\begin{cases}u=\dfrac{x}{y}\\v=y\end{cases}$ 的反函数为 $\begin{cases}x=uv\\y=v\end{cases}$，则

$$J=\frac{\partial(x,y)}{\partial(u,v)}=\begin{vmatrix}v & u\\0 & 1\end{vmatrix}=v.$$

所以 (U,V) 的联合密度函数为

$$f(u,v)=f_X(uv)f_Y(v)|J|=f_{XY}(uv,v)|v|.$$

对 $f(u,v)$ 关于 v 积分就是 $U=\dfrac{X}{Y}$ 的边际密度函数，即（3.4.4）式.

3）离散型与连续型随机变量函数的分布

一个离散型与一个连续型随机变量函数的分布问题，需利用全概率公式对事件进行分解才能得到结果.

例 3.4.7 （2003 数 3）设随机变量 X 与 Y 相互独立，其中 $X \sim \begin{pmatrix} 1 & 2 \\ 0.3 & 0.7 \end{pmatrix}$，而 Y 的密度函数为 $f(y)$，求随机变量 $U = X + Y$ 的概率密度 $g(u)$.

解 设 Y 的分布函数为 $F(y)$，则由全概率公式可知，$U = X + Y$ 的分布函数为

$$\begin{aligned} G(u) &= P(U = X + Y \leqslant u) = 0.3P(X + Y \leqslant u \mid X = 1) + 0.7P(X + Y \leqslant u \mid X = 2) \\ &= 0.3P(Y \leqslant u - 1 \mid X = 1) + 0.7P(Y \leqslant u - 2 \mid X = 2). \end{aligned}$$

由于 X 与 Y 相互独立，可见

$$G(u) = 0.3P(Y \leqslant u - 1) + 0.7P(Y \leqslant u - 2) = 0.3F(u - 1) + 0.7F(u - 2).$$

由此可得 U 的密度函数为

$$g(u) = 0.3f(u - 1) + 0.7f(u - 2).$$

例 3.4.8 （2008 数 1, 3, 4）设随机变量 X, Y 相互独立，X 的概率分布为 $P\{X = i\} = \frac{1}{3}, i = -1, 0, 1$，$Y$ 的概率密度为 $f_Y(y) = \begin{cases} 1, & 0 \leqslant y < 1 \\ 0, & \text{其他} \end{cases}$，记

$$Z = X + Y,$$

试求:（1）$P\left\{Z \leqslant \frac{1}{2} \mid X = 0\right\}$；（2）$Z$ 的概率密度 $f_Z(z)$.

解 （1）由于 X, Y 相互独立，于是

$$P\left\{Z \leqslant \frac{1}{2} \middle| X = 0\right\} = P\left\{X + Y \leqslant \frac{1}{2} \middle| X = 0\right\} = P\left\{Y \leqslant \frac{1}{2}\right\} = \frac{1}{2}.$$

（2）先求 Z 的分布函数. 由于 $\{X = -1\}$，$\{X = 0\}$，$\{X = 1\}$ 构成样本空间的一个分割，因此由全概率公式可得

$$\begin{aligned} F_Z(z) &= P\{X + Y \leqslant z\} = \sum_{i=-1}^{1} P\{X + Y \leqslant z \mid X = i\} = \frac{1}{3}\sum_{i=-1}^{1} P\{Y \leqslant z - i\} \\ &= \frac{1}{3}[F_Y(z + 1) + F_Y(z) + F_Y(z - 1)]. \end{aligned}$$

于是 Z 的概率密度为

$$f_Z(z) = F_Z'(z) = \frac{1}{3}[f_Y(z + 1) + f_Y(z) + f_Y(z - 1)] = \begin{cases} \frac{1}{3}, & -1 \leqslant z < 2 \\ 0, & \text{其他} \end{cases}.$$

小　结

随机向量（多维随机变量）不仅是一维随机变量在数学上的自然推广，更是实际应用的需

要，学习时，读者要注意比较两者的异同. 多维随机变量更多地关注随机变量之间的关系，如独立性、联合分布与条件分布等，统计学教材一般不涉及多维随机变量. 这一章的概念与公式都比较多，难度明显提高，难度大并不代表不重要，这恰恰是研究生入学考试的重点. 读者应多从直观意义上去理解数学定义与公式，再多做几个练习题，是完全可以掌握好的.

本章的重点是二维离散型随机变量的联合分布列，二维连续型随机变量的边缘密度、条件密度、区域取值概率以及二维随机变量函数的分布. 具体考试要求是：

（1）理解随机向量的概念，随机向量分布的概念及其性质. 理解二维离散型随机变量的概率分布、边缘分布和条件分布，二维连续型随机变量的概率密度、边缘密度和条件密度，会求二维随机变量相关事件的概率.

（2）理解随机变量的独立性以及不相关（下一章学）的概念，掌握随机变量相互独立的条件.

（3）掌握二维均匀分布，了解二维正态分布的概率密度，理解其中参数的概率意义.

（4）会求两个随机变量简单函数的分布，会求多个相互独立随机变量简单函数的分布.

习题 3

1. 选择题

（1）设随机变量 X,Y 独立，且 $X\sim\begin{pmatrix}0 & 1\\ \frac{1}{3} & \frac{2}{3}\end{pmatrix}$，$Y\sim\begin{pmatrix}0 & 1\\ \frac{1}{3} & \frac{2}{3}\end{pmatrix}$，则成立（　　）.

（A）$P(X=Y)=\frac{2}{3}$　　（B）$P(X=Y)=1$

（C）$P(X=Y)=\frac{1}{2}$　　（D）$P(X=Y)=\frac{5}{9}$

（2）设随机变量 X,Y 有相同的概率分布，$X\sim\begin{pmatrix}-1 & 0 & 1\\ 0.25 & 0.5 & 0.25\end{pmatrix}$，且 $P(XY=0)=1$，则 $P(X\neq Y)=$（　　）.

（A）0　　（B）0.25　　（C）0.5　　（D）1

（3）设随机变量 X,Y 相互独立，且 $X\sim N(0,1)$，$Y\sim B(n,p),\ 0<p<1$，则 $X+Y$ 的分布函数（　　）.

（A）连续函数　　（B）恰有 $n+1$ 间断点

（C）恰有 1 个间断点　　（D）无穷多个间断点

（4）设随机变量 X,Y 相互独立，都服从 $U(0,1)$，则（　　）是某区间上均匀分布.

（A）$X-Y$　　（B）X^2　　（C）$X+Y$　　（D）$2X$

（5）设随机变量 X,Y 的联合概率分布是圆 $x^2+y^2\leqslant r^2$ 上的均匀分布，则有均匀分布的是（　　）.

（A）随机变量 X　　（B）$X+Y$

（C）随机变量 Y　　（D）Y 关于 $X=1$ 的条件分布

2. 填空题

（1）（1999 数 1）设随机变量 X 和 Y 相互独立，下表给出了二维随机变量 (X,Y) 的联合分布列及关于 X 和关于 Y 的边缘分布列中的部分数值，试将其余数值填入表中空白处.

X \ Y	y_1	y_2	y_3	$p_{i\cdot}$
x_1		$\frac{1}{8}$		
x_2	$\frac{1}{8}$			
$p_{\cdot j}$	$\frac{1}{6}$			1

（2）若 (X,Y) 的联合密度为 $f(x,y)=Ae^{-(2x+y)},\ x>0,\ y>0$，则常数 $A=(\quad)$，$P(X\leqslant 2,Y\leqslant 1)=(\quad)$.

（3）设随机变量 X,Y 相互独立，均服从 $U[1,3]$，记 $A=\{X\leqslant a\}$，$B=\{Y>a\}$，且 $P(A\cup B)=\dfrac{7}{9}$，则 $a=(\quad)$.

（4）设随机变量 X,Y 相互独立且同分布，其中 $X\sim\begin{pmatrix}0 & 1\\ 0.5 & 0.5\end{pmatrix}$，则 $Z=\max(X,Y)$ 的分布列为$(\quad)$.

3. 设随机变量 (X,Y) 的密度函数为

$$f(x,y)=\begin{cases}ke^{-(3x+4y)}, & 0<x,0<y\\ 0, & \text{其他}\end{cases},$$

试求：（1）常数 k；（2）(X,Y) 联合分布函数 $F(x,y)$；（3）$P(0<X\leqslant 1,0<Y\leqslant 2)$；

4. 设二维随机变量 (X,Y) 的联合密度函数为

$$f(x,y)=\begin{cases}4xy, 0<x<1, 0<y<1\\ 0, \quad \text{其他}\end{cases},$$

试求：（1）$P(X=Y)$；（2）$P(X<Y)$；（3）(X,Y) 联合分布函数 $F(x,y)$；

5. 设二维随机变量 (X,Y) 联合密度函数为

$$f(x,y)=\begin{cases}3x, 0<x<1, 0<y<x\\ 0, \quad \text{其他}\end{cases},$$

试求：（1）边际密度函数 $f_X(x),f_Y(y)$；（2）X,Y 是否相互独立？（3）条件密度函数 $f(y|x)$.

6. 设二维随机变量 (X,Y) 的联合密度函数为

$$f(x,y)=\begin{cases}1, |x|<y, 0<y<1\\ 0, \quad \text{其他}\end{cases},$$

试求：（1）边际密度函数 $f_X(x), f_Y(y)$；（2）X,Y 是否相互独立？

7. 设二维随机变量 (X,Y) 的联合密度函数为

$$f(x,y)=\begin{cases}\dfrac{1}{\pi}, x^2+y^2\leqslant 1\\ 0,\ \text{其他}\end{cases},$$

试验证 X,Y 是不相关的，但 X,Y 不相互独立.

8. 设二维随机变量 (X,Y) 的联合密度函数为

$$f(x,y)=\begin{cases}1, 0<x<1, |y|<x\\ 0, \text{其他}\end{cases},$$

求条件密度函数 $f(x|y)$.

9. 已知随机变量 Y 的密度函数

$$f_Y(y)=\begin{cases}5y^4, 0<y<1\\ 0, \text{其他}\end{cases},$$

在给定 $Y=y$ 条件下，随机变量 X 的条件密度函数为

$$f(x|y)=\begin{cases}\dfrac{3x^2}{y^3}, 0<x<y<1\\ 0,\ \text{其他}\end{cases},$$

求概率 $P(X>0.5)$.

10.（2007 数 1, 3）设二维随机变量 (X,Y) 的密度函数为

$$f(x,y)=\begin{cases}2-x-y, 0<x<1, 0<y<1\\ 0, \qquad \text{其他}\end{cases},$$

求（1）$P\{X>2Y\}$；（2）求 $Z=X+Y$ 的概率密度 $f_Z(z)$.

11.（2006 数 1, 3）设随机变量 X 的密度函数为

$$f_X(x)=\begin{cases}0.5, & -1<x<0\\ 0.25, & 0\leqslant x<2\\ 0, & \text{其他}\end{cases},$$

令 $Y=X^2$，$F(x,y)$ 为二维随机变量 (X,Y) 的分布函数，试求：（1）Y 的概率密度 $f_Y(y)$；（2）$F\left(-\dfrac{1}{2}, 4\right)$.

4 随机变量的数字特征

虽然随机变量的分布函数可以完全描述它的分布规律，但要找到其分布函数却不是一件容易的事. 另一方面，在实际问题中，为了描述随机变量在某些方面的概率特征，不一定都要求出它的分布函数，往往需要求出描述随机变量概率特征的几个表征值就够了，如平均水平、离散程度等，这就需要引入随机变量的数字特征，它在理论和应用中很重要.

4.1 数学期望

数学期望是最重要的数字特征，其他数字特征都可看作随机变量函数的数学期望，故本节重点讲解数学期望的定义，接着引申出随机变量函数的数学期望的计算方法.

4.1.1 数学期望的定义

在日常生活中，“期望”常指有根据的希望，切记不是奢望和幻想，而在概率论中，数学期望源于历史上一个著名的**分赌本问题**.

例 4.1.1 17 世纪中叶，一位赌徒向法国数学家帕斯卡提出一个使他苦恼已久的分赌本问题：甲、乙两赌徒赌技相同，即每局甲、乙输赢的概率都为 0.5，各出赌资 50 法郎，每局中无平局. 他们约定，谁先赢三局，则得全部赌资 100 法郎. 当甲赢了两局且乙赢了一局时，因故要终止赌博. 问这 100 法郎如何分配才算公平？

这个问题引起了不少人的兴趣. 首先大家都认识到：平均分，对甲不公平，全部归甲，对乙不公平，因此合理的分法是，按一定的比例，甲多分些，乙少分些. 所以问题的焦点在于按怎样的比例来分，以下有两种分法：

（1）按照常规的想法，甲得 100 法郎中的 $\frac{2}{3}$，乙得 100 法郎中的 $\frac{1}{3}$. 但是仔细一想，这是基于已赌局数（甲赢两局、乙赢一局）的分配方法，未必公平.

（2）1654 年，帕斯卡提出了如下的分法：设想再赌下去，则甲最终所得 X 为一个随机变量，其可能取值为 0 或 100，再赌两局必可结束，其结果不外乎以下四种情况之一：

甲甲，甲乙，乙甲，乙乙，

其中，“甲乙”表示第一局甲胜，第二局乙胜，其他类推. 因为赌技相同，所以在这四种情况中有三种可使甲获 100 法郎，只有一种情况（乙乙）甲获得 0 法郎. 所以甲获得 100 法郎的可能性为 $\frac{3}{4}$，获得 0 法郎的可能性为 $\frac{1}{4}$，即

$$X \sim \begin{pmatrix} 0 & 100 \\ 0.25 & 0.75 \end{pmatrix}.$$

经上述分析，帕斯卡认为，甲的“期望”所得应为

$$0\times 0.25+100\times 0.75=75\ (\text{法郎}),$$

即甲得 75 法郎，乙得 25 法郎. 这种分法不仅考虑了已赌局数，而且还包括了对再赌下去的一种“期望”，它比（1）的分法更为合理.

这就是“数学期望”一词的来源. 荷兰学者惠更斯首次给出了数学期望的定义. 其实数学期望称为“均值”更形象易懂. 对上例而言，就是再赌下去并重复多次，甲平均可得 75 法郎. 实际上，随机变量的数学期望就是随机变量取值的整体平均数. 由于随机变量的概率分布能够整体反映随机变量取值的概率规律，所以根据概率分布就可以求出数学期望.

下面用一个通俗例子来说明随机变量的数学期望与其概率分布是如何联系的.

某射手一次射击所得的分数 X 是一随机变量. 假如该射手进行了 100 次射击，有 5 次命中 5 环，5 次命中 6 环，10 次命中 7 环，10 次命中 8 环，20 次命中 9 环，50 次命中 10 环，没有脱靶的，那么该射手平均命中环数为

$$\begin{aligned}&\frac{1}{100}(10\times 50+9\times 20+8\times 10+7\times 10+6\times 5+5\times 5+0\times 0)\\&=10\times\frac{50}{100}+9\times\frac{20}{100}+8\times\frac{10}{100}+7\times\frac{10}{100}+6\times\frac{5}{100}+5\times\frac{5}{100}+0\times\frac{0}{100}\\&=10\times 0.5+9\times 0.2+8\times 0.1+7\times 0.1+6\times 0.05+5\times 0.05+0\times 0=8.85\ (\text{环}).\end{aligned}$$

第一行是 100 次射击的整体平均数，即数学期望. 第二行是一个加权平均值，其权重就是命中环数的频率. 由于频率会稳定概率，故频率可认为是随机变量取值的概率，所以，从概率分布观点看，**数学期望就是随机变量 X 的可能取值与对应概率的乘积之和**.

1）离散型随机变量的定义

定义 4.1.1 设离散型随机变量 X 的分布列为 $P(X=x_i)=p_i$, $i=1,2,\cdots$, 若

$$\sum_{i=1}^{\infty}|x_i|\,p_i<+\infty,$$

则称 $\sum_{i=1}^{\infty}x_i p_i$ 为 X 的**数学期望**，简称**期望**，记为 EX，即 $EX=\sum_{i=1}^{\infty}x_i p_i$.

若 $\sum_{i=1}^{\infty}|x_i|\,p_i=+\infty$，称 X 的数学期望不存在.

事实上，离散型随机变量 X 的数学期望就是数列 $\{x_i\}$ 以概率 $\{p_i\}$ 为权的加权平均. 定义中要求 $\sum_{i=1}^{\infty}|x_i|\,p_i<+\infty$ 是必需的，因为 EX 是一确定的量，不受 $x_i p_i$ 在级数中的排列次序的影响. 这在数学上就要求级数绝对收敛，即绝对收敛可以保证数学期望唯一，因为条件收敛的结果与求和顺序有关，如果无穷级数绝对收敛，则可保证其和不受次序变动的影响. 由于有限项的和不受次序变动的影响，故取值有限的随机变量的数学期望总是存在的.

例 4.1.2 某人用 10 万元进行为期一年的投资，有两种方案：一是购买股票；二是存入银行获取利息. 买股票的收益取决于经济形势，若经济形势好可获利 4 万元，形势中等可获利 1 万元，形势不好要损失 2 万元；如果存入银行，假设利率为 8%，可得利息 8000 元. 又设经

济形势好、中、差的概率分别为 30%, 50%, 20%，试问应选择哪一种方案可使投资的效益较大？

解 在经济形势好和中等的情况下，购买股票是合算的，但如果经济形势不好，则采取存银行的方案合算. 然而现实是不知道哪种情况会出现. 对于很多人，期望收益最大化是合理的，因此可选择两种投资方案中期望获利最大的方案.

购买股票的获利期望 $E_1 = 4\times 0.3 + 1\times 0.5 - 2\times 0.2 = 1.3$（万元）；

存入银行的获利期望 $E_2 = 0.8$（万元）.

因为 $E_1 > E_2$，所以购买股票的期望收益比存入银行的期望收益大，依据期望收益最大化准则，应采用购买股票这一方案.

本题中采用的是期望收益最大化决策准则，如果采用最大可能决策准则，由于购买股票以 0.8 的概率获利大于等于 1 万元，这可以认为是大概率事件，即在一次试验中可认为一定会发生，故采用购买股票这一方案.

决策是一门综合学科，它涉及方方面面，不同的人采用不同的决策准则，从而最终决策也可能不同. 如果决策人十分厌恶风险，则最优决策就可能是存入银行.

例 4.1.3 在一个人数为 N 的人群中普查某种疾病，需要抽验 N 个人的血，如果每个人的血分别检测，需要检测 N 次. 为了减少工作量，一位统计学家提出：按 k 个人一组进行分组，把同组人的血样混合后检验. 如果混合血样呈阴性，说明这 k 人都无此疾病；如果混合血样呈阳性，说明这 k 人中至少一人呈阳性，则对此 k 人分别检验. 假如该疾病的发病率为 p，且得此疾病相互独立，试问，此种方法是否能减少平均检验次数？

解 令 X 为该人群中每个人需要的验血次数，则

$$X \sim \begin{pmatrix} \dfrac{1}{k} & 1+\dfrac{1}{k} \\ (1-p)^k & 1-(1-p)^k \end{pmatrix}.$$

所以每人平均验血次数为

$$EX = \frac{1}{k}(1-p)^k + \left(1+\frac{1}{k}\right)[1-(1-p)^k] = 1-(1-p)^k + \frac{1}{k}.$$

由此可知，只要选择 k 使得

$$1-(1-p)^k + \frac{1}{k} < 1，\text{或} \quad (1-p)^k > \frac{1}{k},$$

就可减少验血次数，而且还可以适当地选择 k，使其达到最小.

我们还发现，发病率 p 越小，分组检验的效益越大，这也正是第二次世界大战期间美国大量征兵时，对新兵验血所采用的减少工作量的措施.

例 4.1.4 离散型随机变量数学期望不存在的例子.

设随机变量 X 的取值为 $x_k = (-1)^k \dfrac{2^k}{k}, k = 1,2,\cdots$，对应的概率为 $p_k = \dfrac{1}{2^k}$，所以

$$\sum_{k=1}^{\infty} x_k p_k = \sum_{i=1}^{\infty} (-1)^k \frac{2^k}{k}\frac{1}{2^k} = \sum_{i=1}^{\infty} (-1)^k \frac{1}{k} = -\ln 2.$$

又

$$\sum_{k=1}^{\infty} |x_k| p_k = \sum_{i=1}^{\infty} \frac{2^k}{k}\frac{1}{2^k} = \sum_{i=1}^{\infty} \frac{1}{k} = \infty,$$

即级数 $\sum_{k=1}^{\infty} x_k p_k$ 只是收敛，但不是绝对收敛，故 EX 不存在.

2）连续型随机变量的定义

设 X 为连续型随机变量，其密度函数为 $f(x)$. 由于 X 在点 x 的邻域 $(x, x+\mathrm{d}x)$ 内取值的概率为微元 $\mathrm{d}F(x) = f(x)\mathrm{d}x$，与离散随机变量场合类似，只是将概率 p_i 改为微元 $f(x)\mathrm{d}x$，求和改为求积分即可.

定义 4.1.2 设连续型随机变量 X 的密度函数为 $f(x)$，若

$$\int_{-\infty}^{\infty} |x| f(x)\mathrm{d}x < +\infty ,$$

则称 $EX = \int_{-\infty}^{\infty} xf(x)\mathrm{d}x$ 为 X 的数学期望，否则称 X 的数学期望不存在.

随机变量的数学期望通常又称为**其概率分布的数学期望**，它反映了随机变量所有可能取值的平均值.

例 4.1.5 柯西分布的数学期望不存在.

柯西分布的密度函数为 $f(x) = \frac{1}{\pi}\frac{1}{1+x^2}, x \in \mathbf{R}$，而积分

$$\int_{-\infty}^{\infty} |x| f(x)\mathrm{d}x = \frac{1}{\pi}\int_{-\infty}^{\infty} |x| \frac{1}{1+x^2}\mathrm{d}x = \frac{1}{\pi}\int_{0}^{\infty} \frac{2x}{1+x^2}\mathrm{d}x = \frac{1}{\pi}\ln(1+x^2)\Big|_0^{\infty} = \infty ,$$

故此分布的数学期望不存在.

3）随机变量的一般定义*

如果将 Riemann 积分推广，可将离散随机变量与连续随机变量的数学期望定义统一，下面给出 R-S 积分定义.

定义 4.1.3 设 $f(x), g(x)$ 为定义在 $[a,b]$ 上的实值函数且 $g(x)$ 单调上升，任取如下分割 $a = x_0 < \cdots < x_n = b$，点 $\xi_i \in [x_k, x_{k+1}], k = 0,1,\cdots,n$，若 $\exists I \in \mathbf{R}$，对 $\forall \varepsilon > 0$，$\exists \delta > 0$，只要 $\lambda = \max\limits_{0 \leqslant k \leqslant n}(x_k - x_{k-1}) < \delta$ 时，都有

$$\left| \sum_{k=0}^{n-1} f(\xi_i)[g(x_{k+1}) - g(x_k)] - I \right| < \varepsilon$$

成立，则记 $\int_a^b f(x)\mathrm{d}g(x) = I$，称为 $f(x)$ 关于 $g(x)$ 在 $[a,b]$ 上的 Riemann-Stieltjes **积分**，简称 R-S **积分**.

如果极限 $\lim\limits_{a \to -\infty}\lim\limits_{b \to +\infty}\int_a^b f(x)\mathrm{d}g(x)$ 存在，则称此极限为 $f(x)$ 关于 $g(x)$ 在 $\mathbf{R}$ 上 R-S 积分.

当 $g(x) = x$ 时，R-S 积分就是**普通的** Riemann **积分**，简记为 R **积分**.

现在给出随机变量数学期望的一般定义.

定义 4.1.4 设随机变量 X 的分布函数为 $F(x)$，若

$$\int_{\mathbf{R}} |x| \,\mathrm{d}F(x) < \infty ,$$

则称 $EX=\int_{\mathbf{R}} x\mathrm{d}F(x)$ 为 X 的数学期望，否则称 X 的数学期望不存在.

此处积分是 R-S 积分，微元 $\mathrm{d}F(x)=F_X(x)-F_X(x-\mathrm{d}x)=P(X=x)$，即若在 x 点概率存在，则微元 $\mathrm{d}F(x)$ 表示分布函数在 x 点的跳跃高度. 若在 x 处分布函数没有跳跃，则 $\mathrm{d}F(x)=F'(x)\mathrm{d}x$，其中 $\mathrm{d}x$ 为一个无穷小量. 微分法就是把研究对象分为无限多个极小部分，取出恰当的极小部分（即微元）进行分析处理，从而找出研究对象整体的变化规律.

命题 4.1.1　设离散随机变量 X 的分布列为 $P(X=a_i)=p_i$，$i=1,2,\cdots$，分布函数为 $F(x)$，且 $a_1<a_2<\cdots<a_n<\cdots$，数列 $\{a_n\}$ 无聚点，则

$$EX=\int_{\mathbf{R}} x\mathrm{d}F(x)=\sum_{i=1}^{\infty}a_i p_i .$$

命题 4.1.2　设连续随机变量 X 的分布函数为 $F(x)$，密度函数为 $f(x)$，则

$$EX=\int_{\mathbf{R}} x\mathrm{d}F(x)=\int_{-\infty}^{+\infty} xf(x)\mathrm{d}x .$$

4.1.2　随机变量函数的数学期望

我们经常要求随机变量函数的数学期望，这时可通过下面定理实现.

定理 4.1.1　设 Y 是随机变量 X 的函数，即 $Y=g(X)$，其中 g 为连续函数.

（1）如果 X 为离散随机变量，它的分布列为 $P(X=x_i)=p_i\ (i=1,2,\cdots)$，若 $\sum_{x_i} g(x_i)p_i$ 绝对收敛，则有

$$EY=E[g(X)]=\sum_{x_i} g(x_i)p_i .$$

（2）如果 X 为连续随机变量，密度函数为 $f(x)$，若 $\int_{\mathbf{R}} g(x)f(x)\mathrm{d}x$ 绝对收敛，则有

$$EY=E[g(X)]=\int_{\mathbf{R}} g(x)f(x)\mathrm{d}x .$$

运用 R-S 积分可将定理 4.1.1 简写为

$$EY=E[g(X)]=\int_{-\infty}^{+\infty} g(x)\mathrm{d}F(x) .$$

事实上，本质上来说，数学期望就是**随机变量的取值乘以对应取值概率的总和**，即

$$EX=\sum_x xP(X=x)=\begin{cases}\sum_{x_i} x_i p_i, & 若X离散时\\ \int_{\mathbf{R}} xf(x)\mathrm{d}x, & 若X连续时\end{cases}.$$

同理也应有

$$E[g(X)]=\sum_x g(x)P(X=x)=\begin{cases}\sum_{x_i} g(x_i)p_i, & 若X离散时\\ \int_{\mathbf{R}} g(x)f(x)\mathrm{d}x, & 若X连续时\end{cases}.$$

定理 4.1.1 还可以推广到两个或两个以上随机变量的函数的情况.

定理 4.1.2　设 Z 是随机变量 X,Y 的函数 $Z=g(X,Y)$，其中 g 为连续函数，那么 Z 是一个一维随机变量.

（1）若二维随机变量 (X,Y) 为离散型随机变量，联合分布列为

$$P(X=x_i,Y=y_i)=p_{ij},i,j=1,2,\cdots,$$

则
$$E(Z)=E[g(X,Y)]=\sum_{j=1}^{+\infty}\sum_{i=1}^{+\infty}g(x_i,y_j)p_{ij}.$$

（2）若二维随机变量 (X,Y) 为连续型随机变量，联合密度函数为 $f(x,y)$，则

$$E(Z)=E[g(X,Y)]=\int_{-\infty}^{+\infty}\int_{-\infty}^{+\infty}g(x,y)f(x,y)\mathrm{d}x\mathrm{d}y.$$

多维随机变量的期望与一维随机变量的期望在本质上是一样的，只不过前者是多重积分而后者是多重连加.

随机变量函数的数学期望是重中之重，是本章的理论基础，随机变量的不同数字特征可看作随机变量不同函数的数学期望. 望读者重点学习、重点理解.

例 4.1.6　设 X 的分布列为

X	1	2	3
P	0.1	0.7	0.2

求（1）$Y=\dfrac{1}{X}$；（2）$Y=X^2+2$ 的数学期望.

解　（1）$EY=E\left(\dfrac{1}{X}\right)=1\times0.1+\dfrac{1}{2}\times0.7+\dfrac{1}{3}\times0.2\approx0.52$.

（2）$EY=E(X^2+2)=(1^2+2)\times0.1+(2^2+2)\times0.7+(3^2+2)\times0.2=6.7$.

例 4.1.7　假定国际市场上每年对我国某种出口商品需求量 X 是随机变量（单位：吨），它服从[2000, 4000]上的均匀分布. 如果售出一吨，可获利 3 万元，而积压一吨，则需支付保管费及其他各种损失费用 1 万元，问应怎样决策才能使平均收益最大?

解　设每年生产该种商品 t 吨，$2000\leqslant t\leqslant4000$，收益 Y 万元，则

$$Y=g(X)=\begin{cases}3t, & X\geqslant t\\ 3X-(t-X), & X<t\end{cases}.$$

因为 $X\sim U(2000,4000)$，密度函数为

$$f(x)=\begin{cases}\dfrac{1}{2000}, & 2000\leqslant x\leqslant4000\\ 0, & 其他\end{cases},$$

所以

$$\begin{aligned}EY=E[g(X)]&=\int_{-\infty}^{+\infty}g(x)f(x)\,\mathrm{d}x=\frac{1}{2000}\int_{2000}^{t}(4x-t)\mathrm{d}x+\frac{1}{2000}\int_{t}^{4000}3t\mathrm{d}x\\&=\frac{1}{1000}(-t^2+7000t-4000000)\triangleq h(t).\end{aligned}$$

于是
$$h'(t)=\frac{1}{1000}(-2t+7000)=0.$$
解得 $t=3500$.

经验证 $t=3500$ 为最大值点，即每年生产该种商品 3500 吨时平均收益最大，这时可望获利 8250(万元).

有关数字特征的应用题主要是随机变量函数的数学期望. 求解这类问题的关键是根据具体问题选取或设定随机变量，并正确建立随机变量之间的函数关系，然后进行相应的计算. 另外，对于不同课程内容的综合题也应给予适当关注，这能很好地培养读者灵活运用所学知识解决问题的能力.

4.1.3　数学期望的性质

数学期望 E 本质是一个广义函数——算子，即每给一个随机变量 X，映射到一个实数 EX. 期望运算其实就是数学上的积分运算，故很多积分性质可类似地推广到期望运算上. 由期望定义及积分性质，显然可得：

假设 c 为常数，所提及的数学期望都存在，则

（1）$E(c)=c$.

（2）$E(cX)=cEX$，即常数可提到积分号外面.

（3）$E(X+Y)=EX+EY$，即两个函数和的积分等于积分的和.

（4）若 X,Y 相互独立，则 $E(XY)=E(X)E(Y)$.

证明　不妨设 (X,Y) 为连续随机变量（离散随机变量可以类似证明），其联合密度函数为 $f(x,y)$，由 X,Y 相互独立可知
$$f(x,y)=f_X(x)f_Y(y).$$
则
$$E(XY)=\int_{-\infty}^{+\infty}\int_{-\infty}^{+\infty}xyf(x,y)\mathrm{d}x\mathrm{d}y=\int_{-\infty}^{+\infty}xf_X(x)\mathrm{d}x\int_{-\infty}^{+\infty}yf_Y(y)\mathrm{d}y=E(X)E(Y).$$

注：长方形上变量可分离的二重积分可以转化为两个一重积分的乘积.

根据数学期望的基本性质，运用归纳法易得如下结论：

（1）$E(c_1X_1+\cdots+c_nX_n+b)=c_1EX_1+\cdots+c_nEX_n+b$，其中 $c_1,\cdots,c_n,b$ 均是常数；

（2）若 $X_1,X_2,\cdots,X_n$ 相互独立，则 $E(X_1\cdot X_2\cdot\cdots\cdot X_n)=EX_1\cdot EX_2\cdot\cdots\cdot EX_n$.

数学期望的性质有助于简化数学期望的计算.

例 4.1.8　掷 20 个骰子，求这 20 个骰子出现的点数之和的数学期望.

解　设 X_i 为第 i 个骰子出现的点数，$i=1,2,\cdots,20$，那么 20 个骰子点数之和
$$X=X_1+X_2+\cdots+X_{20}.$$
易知，X_i 有相同的分布列
$$P(X_i=k)=\frac{1}{6},k=1,2,3,4,5,6,$$
所以
$$EX_i=\frac{1}{6}(1+2+3+4+5+6)=\frac{21}{6},i=1,2,\cdots,20.$$

于是
$$EX = EX_1 + EX_2 + \cdots + EX_{20} = 20 \times \frac{21}{6} = 70.$$

例 4.1.9　假设 n 个信封内分别装有发给 n 个考生的录取通知书，但信封上各收信人的地址是随机填写的，以 X 表示收到各自通知书的人数，求 X 的数学期望.

解　设 X_i 为第 i 个同学收到自己的录取通知书的次数，则
$$X = X_1 + X_2 + \cdots + X_n.$$
易知，X_i 有相同的分布列：
$$X_i \sim \begin{pmatrix} 0 & 1 \\ 1-\dfrac{1}{n} & \dfrac{1}{n} \end{pmatrix}, \quad \text{且} \quad EX_i = \frac{1}{n}.$$
从而有
$$EX = EX_1 + EX_2 + \cdots + EX_n = n \times \frac{1}{n} = 1.$$

注意，该类题的解法具有典型性：求解时并没有直接利用 X 的概率分布，而是将随机变量 X 分解成若干个随机变量之和，利用随机变量和的期望公式，把 EX 的计算转化为求若干个随机变量的期望，使 EX 的计算大为简化. 但是，如果直接求解 X 个概率分布需要非常繁杂的计算，并且由此概率分布求数学期望也并非易事.

4.2　方　差

数学期望的概念反映了随机变量取值的平均水平，但对于随机变量，仅仅抓住这一个特征还是不够的，我们还需要了解它对于期望值的偏离程度，比如方差.

4.2.1　方差的定义与性质

下面讨论随机变量的取值对于期望值的偏离程度.

首先，考虑 X 的值与数学期望的偏差 $X - EX$. 此偏差也是一个随机变量，但
$$E(X - EX) = EX - EX = 0,$$
这是因为 $X - EX$ 的值有正有负，取整体平均数时，正负抵消.

为了避免正负抵消，可以考虑绝对误差 $|X - EX|$. 由于这个量仍是一个随机变量，具有不确定性，我们可以取它的期望值来刻画偏离程度是合理的，但它不便于计算，因为绝对值本质上是分段函数.

为了避开这个困难，另选一个同样可以反映偏离程度的量 $(X - EX)^2$. 其实，$X - EX$ 的偶数次方都可达到此目的，但因为它们都比平方复杂，不采用，由此，引入下面定义.

定义 4.2.1　设 X 为一随机变量，若 $E(X - EX)^2$ 存在，则称 $E(X - EX)^2$ 为随机变量 X 的**方差**，记为 DX 或 $\mathrm{var}(X)$，而称 $\sqrt{DX}$ 为**标准差或均方差**.

方差 DX 通常也说成是其概率分布的方差，它描述了随机变量偏离平均取值的程度. 若 $D(X)$ 较大，则表示 X 的取值较分散，因此方差是刻画随机变量取值分散程度的量. 标准差与随机变量 X 具有相同的量纲.

在风险管理中，风险的概念十分重要，风险的高低有时可以单凭主观感受作出判断，也可用方差或标准差去测量，从而得出一个比较客观和科学的结果. 在精算模型中，设每张保单实际赔付额为 X，则数学期望 EX 通常称为**纯保费**，它是保费定价的基础，而方差则可以衡量资产的风险，方差越大，风险也越大，附加保费也越多.

关于方差的具体计算，常采用以下方法：

（1）若 X 是离散型随机变量，则 $DX=\sum_{i=1}^{\infty}(x_i-EX)^2 p_i$.

（2）若 X 是连续型随机变量，则 $DX=\int_{-\infty}^{+\infty}(x-EX)^2 f(x)\mathrm{d}x$.

（3）$DX=EX^2-(EX)^2$.

证明 运用数学期望的性质可得

$$
\begin{aligned}
DX&=E(X-EX)^2=E[X^2-2XEX+(EX)^2]\\
&=E(X^2)-2EX\cdot EX+(EX)^2=EX^2-(EX)^2 .
\end{aligned}
$$

假设所遇到的方差都存在，则方差具有下列基本性质：

（1）$DX\geqslant 0$，并且 $DX=0$ 当且仅当 X 以概率 1 为常数.

特别有：$D(c)=0$，其中 c 为常数.

（2）$\forall a\in\mathbf{R}$，$D(aX)=a^2D(X)$.

（3）设 X,Y 是两个随机变量，则有

$$D(X+Y)=D(X)+D(Y)+2E[(X-EX)(Y-EY)] .$$

特别当 X,Y 独立时，

$$D(X+Y)=D(X)+D(Y) .$$

证明 由方差的定义及数学期望的性质可得

$$
\begin{aligned}
D(X+Y)&=E[X+Y-E(X+Y)]^2=E[X-EX+Y-EY]^2\\
&=E[X-EX]^2+E[Y-EY]^2+2E[(X-EX)(Y-EY)]\\
&=D(X)+D(Y)+2E[(X-EX)(Y-EY)] .
\end{aligned}
$$

当 X,Y 独立时，

$$
\begin{aligned}
E[(X-EX)(Y-EY)]&=E[XY-XEY-YEX+EXEY]\\
&=EXEY-EXEY-EYEX+EXEY=0 ,
\end{aligned}
$$

即结论成立.

命题 4.2.1 设随机变量 X 的方差 DX 存在，令 $X^*=\dfrac{X-EX}{\sqrt{DX}}$，则 $EX^*=0$，$DX^*=1$，称 X^* 是 X 的**标准化随机变量**.

例 4.2.1　从 A, B 两种钢筋中取等量样品检查它们的抗拉强度，指标如下：

X	110	120	125	130	135
P	0.1	0.2	0.4	0.1	0.2

Y	100	115	125	130	145
P	0.1	0.2	0.4	0.1	0.2

其中 X, Y 分别表示 A, B 两种钢筋的抗拉强度，试比较两种钢筋哪一种质量好？

解　我们首先算出两种钢筋的抗拉强度的期望值：

$$EX = 110\times 0.1 + 120\times 0.2 + 125\times 0.4 + 130\times 0.1 + 135\times 0.2 = 125 .$$

$$EY = 125 .$$

显然它们的期望值相同，采用期望最大化准则已不能分辨，但是

$$DX = \sum_{i=1}^{5}(x_i - EX)^2 = 50 < DY = 165 .$$

所以 A 种钢筋质量波动小，即风险小，故 A 较好.

例 4.2.2　设对某一商品的需求量 X（件）是一随机变量，其概率分布为

$$P(X=k) = \frac{2^k}{6k!}, k = 1,2,3,4 ,$$

求 X 的期望需求量及其方差.

解　由数学期望的定义可见

$$EX = \sum_{k=1}^{4} kP(X=k) = \sum_{k=1}^{4} k\frac{2^k}{6k!} = \frac{1}{3}\sum_{k=1}^{4}\frac{2^{k-1}}{(k-1)!} = \frac{19}{9} ;$$

$$EX^2 = \sum_{k=1}^{4} k^2 P(X=k) = \sum_{k=1}^{4} k^2\frac{2^k}{6k!} = \frac{1}{3}\sum_{k=1}^{4}\frac{k2^{k-1}}{(k-1)!} = \frac{1}{3}\left(1+4+6+\frac{16}{3}\right) = \frac{49}{9} ;$$

$$DX = EX^2 - (EX)^2 = \frac{49}{9} - \left(\frac{19}{9}\right)^2 = \frac{80}{81} .$$

4.2.2　切比雪夫不等式

下面给出概率论中一个重要的基本不等式.

定理 4.2.1（切比雪夫不等式）　设随机变量 X 的方差存在，则对 $\forall\delta > 0$，有

$$P(|X - EX| \geqslant \delta) \leqslant \frac{\operatorname{var}(X)}{\delta^2} .$$

证明　由于随机变量在某区域的概率等于密度函数在此区域上的积分，所以

$$P(|X - EX| \geqslant \delta) = \int\limits_{|x-EX|\geqslant\delta} \mathrm{d}F(x) \leqslant \int\limits_{|x-EX|\geqslant\delta} \frac{(x-EX)^2}{\delta^2}\mathrm{d}F(x)$$

$$\leqslant \int_{-\infty}^{+\infty} \frac{(x-EX)^2}{\delta^2} \mathrm{d}F(x) = \frac{\mathrm{var}(X)}{\delta^2}.$$

在概率论中，事件$|X-EX| \geqslant \delta$称为**大偏差**，其概率称为大偏差发生的概率. 切比雪夫不等式给出了大偏差发生概率的上界，这个上界与方差成正比，方差越大上界也越大. 切比雪夫不等式等价于

$$P(|X-EX| < \delta) \geqslant 1 - \frac{\mathrm{var}(X)}{\delta^2}.$$

切比雪夫不等式的优点是适应性强，它适用于任何有数学期望和方差的随机变量，并且不需要知道概率分布；其不足之处在于，它给出的估计比较“粗略”. 因此，切比雪夫不等式主要用于一般性研究或证明，不便用于处理精确的估计问题.

我们进一步有：方差为 0 意味着随机变量的取值集中在一点.

定理 4.2.2　如果随机变量的方差存在，则$\mathrm{var}(X)=0$的充要条件是X几乎处处（a.s.）为某个常数a，即$P(X=a)=1$.

证明　充分性显然成立，下证必要性.

设$\mathrm{var}(X)=0$，则EX存在. 因为

$$\{|X-EX|>0\} = \bigcup_{n=1}^{+\infty} \left\{ |X-EX| \geqslant \frac{1}{n} \right\},$$

所以有

$$P(|X-EX|>0) = P\left(\bigcup_{n=1}^{+\infty} \left\{ |X-EX| \geqslant \frac{1}{n} \right\} \right) \leqslant \sum_{n=1}^{+\infty} P\left(|X-EX| \geqslant \frac{1}{n} \right) \leqslant \sum_{n=1}^{+\infty} \frac{\mathrm{var}(X)}{\left(\frac{1}{n}\right)^2} = 0.$$

由此可得

$$P(|X-EX|>0)=0,$$

即

$$P(|X-EX|=0)=1,\quad P(X=EX)=1.$$

可见a就是数学期望EX.

例 4.2.3　随机地掷 6 个骰子，利用切比雪夫不等式估计 6 个骰子出现点数之和在 15 点与 27 点之间的概率，注意不包括 15 点和 27 点.

解　设$X_i, i=1,2,\cdots,6$，为第i个骰子出现的点数，则$X_1, X_2, \cdots, X_6$相互独立且同分布，且$X = X_1 + X_2 + \cdots + X_6$. 又

$$EX_i = (1+2+3+4+5+6) \times \frac{1}{6} = \frac{7}{2},$$

$$EX_i^2 = (1^2+2^2+3^2+4^2+5^2+6^2) \times \frac{1}{6} = \frac{91}{6},$$

$$DX_i = EX_i^2 - (EX_i)^2 = \frac{35}{12}, i=1,2,\cdots,6,$$

所以

$$EX = \sum_{i=1}^{6} EX_i = 21,\quad DX = \sum_{i=1}^{6} DX_i = \frac{35}{2}.$$

由切比雪夫不等式有

$$P\{15<X<27\}=P\{|X-21|<6\}\geqslant 1-\frac{DX}{6^2}=\frac{37}{72}\approx 0.5139 .$$

用切比雪夫不等式估计概率，关键是求出相应随机变量的数学期望、方差，然后再将估计的概率转化为以数学期望为中心的对称区域上的概率.

4.3　数学期望与方差的计算

本质上，数学期望都是运用定义进行计算，但常见分布的数学期望与方差可直接应用，这将大大简化计算过程. 本节给出了常见分布的数学期望和方差，并探讨了典型的综合应用.

4.3.1　常见分布的数学期望与方差

（1）二项分布 $X\sim B(n,p)$，$q=p-1$.

$$EX=\sum_{k=0}^{n}kC_n^k p^k q^{n-k}=np\sum_{k=1}^{n}\frac{(n-1)!}{(k-1)![(n-1)-(k-1)]!}p^{k-1}q^{(n-1)-(k-1)}$$
$$=np(p+q)^{n-1}=np .$$

$$E(X^2)=\sum_{k=0}^{n}k^2C_n^k p^k q^{n-k}=\sum_{k=0}^{n}k(k-1+1)C_n^k p^k q^{n-k}$$
$$=\sum_{k=1}^{n}k(k-1)C_n^k p^k q^{n-k}+\sum_{k=0}^{n}kC_n^k p^k q^{n-k}=\sum_{k=1}^{n}k(k-1)C_n^k p^k q^{n-k}+np$$
$$=n(n-1)p^2\sum_{k=2}^{n}C_{n-2}^{k-2}p^{k-2}q^{n-k}+np=n(n-1)p^2+np .$$

故
$$DX=E(X^2)-(EX)^2=n(n-1)p^2+np-(np)^2=npq .$$

事实上，令 X_i 表示第 i 次独立试验成功的次数，则 $\{X_i\}$ 相互独立且都服从参数为 p 的 0-1 分布，因此

$$EX_i=p，\quad DX_i=pq .$$

二项分布 X 可以视为 n 次伯努利试验成功的次数，故 $X=X_1+\cdots+X_n$，因此由数学期望和方差的性质可得

$$EX=EX_1+\cdots+EX_n=np .$$
$$DX=DX_1+\cdots+DX_n=npq .$$

（2）泊松分布 $X\sim P(\lambda)$.

$$EX=\sum_{k=0}^{\infty}k\frac{\lambda^k}{k!}e^{-\lambda}=e^{-\lambda}\sum_{k=1}^{\infty}\frac{\lambda^k}{(k-1)!}=\lambda e^{-\lambda}\sum_{k=1}^{\infty}\frac{\lambda^{k-1}}{(k-1)!}=\lambda e^{-\lambda}\cdot e^{\lambda}=\lambda .$$

这说明泊松分布的参数 λ 就是服从泊松分布的随机变量的均值.

$$E(X^2)=\sum_{k=0}^{\infty}k^2\frac{\lambda^k}{k!}\mathrm{e}^{-\lambda}=\mathrm{e}^{-\lambda}\sum_{k=1}^{\infty}k(k-1+1)\frac{\lambda^k}{k!}=\mathrm{e}^{-\lambda}\lambda^2\sum_{k=2}^{\infty}\frac{\lambda^{k-2}}{(k-2)!}+\lambda=\lambda^2+\lambda,$$

故
$$DX=E(X^2)-(EX)^2=\lambda.$$

（3）几何分布 $X\sim Ge(p)$.

设 $X\sim Ge(p)$，令 $q=1-p$，利用逐项微分可得 X 的数学期望.

$$EX=\sum_{k=1}^{\infty}kpq^{k-1}=p\sum_{k=1}^{\infty}\frac{\mathrm{d}q^k}{\mathrm{d}q}=p\frac{\mathrm{d}}{\mathrm{d}q}\sum_{k=1}^{\infty}q^k=p\frac{\mathrm{d}}{\mathrm{d}q}\sum_{k=0}^{\infty}q^k=p\frac{\mathrm{d}}{\mathrm{d}q}\left(\frac{1}{1-q}\right)=\frac{p}{(1-q)^2}=\frac{1}{p}.$$

$$\begin{aligned}E(X^2)&=\sum_{k=1}^{\infty}k^2pq^{k-1}=\sum_{k=1}^{\infty}k(k-1+1)pq^{k-1}+\frac{1}{p}=pq\sum_{k=1}^{\infty}k(k-1)q^{k-2}\frac{\mathrm{d}q^k}{\mathrm{d}q}+\frac{1}{p}\\&=p\frac{\mathrm{d}^2}{\mathrm{d}q^2}\sum_{k=1}^{\infty}q^k+\frac{1}{p}=pq\frac{2}{(1-q)^3}+\frac{1}{p}=\frac{2q}{p^2}+\frac{1}{p},\end{aligned}$$

故 $DX=\dfrac{q}{p^2}$.

（4）超几何分布* $X\sim h(n,N,M)$.

X 的数学期望为

$$EX=\sum_{k=0}^{r}k\frac{\binom{M}{k}\binom{N-M}{n-k}}{\binom{N}{n}}=n\frac{M}{N}\sum_{k=1}^{r}\frac{\binom{M-1}{k-1}\binom{N-M}{n-k}}{\binom{N-1}{n-1}}=n\frac{M}{N}.$$

又因为

$$\begin{aligned}EX^2&=\sum_{k=0}^{r}k^2\frac{\binom{M}{k}\binom{N-M}{n-k}}{\binom{N}{n}}=\sum_{k=1}^{r}k(k-1)\frac{\binom{M}{k}\binom{N-M}{n-k}}{\binom{N}{n}}+n\frac{M}{N}\\&=\frac{M(M-1)}{\binom{N}{n}}\sum_{k=1}^{r}k(k-1)\binom{M-2}{k-2}\binom{N-M}{n-k}+n\frac{M}{N}\\&=\frac{M(M-1)}{\binom{N}{n}}\binom{N-2}{n-2}+n\frac{M}{N}=\frac{Mn(n-1)}{N(N-1)}+n\frac{M}{N},\end{aligned}$$

由此可得 X 的方差

$$DX=EX^2-(EX)^2=\frac{Mn(N-M)(N-n)}{N^2(N-1)}.$$

（5）均匀分布 $X\sim U(a,b)$.

$$EX=\int_a^b x\frac{1}{b-a}\mathrm{d}x=\frac{a+b}{2}.$$

$$E(X^2)=\int_a^b x^2\frac{1}{b-a}\mathrm{d}x=\frac{b^3-a^3}{3(b-a)}=\frac{a^2+ab+b^2}{3}.$$

则
$$DX=E(X^2)-(EX)^2=\frac{a^2+ab+b^2}{3}-\left(\frac{a+b}{2}\right)^2=\frac{(b-a)^2}{12}.$$

（6）指数分布 $X\sim \mathrm{Exp}(\lambda)$.

$$EX=\int_0^{+\infty}x\lambda \mathrm{e}^{-\lambda x}\mathrm{d}x=\int_0^{+\infty}x\lambda\mathrm{d}(-\mathrm{e}^{-\lambda x})=-\mathrm{e}^{-\lambda x}x\big|_0^{+\infty}+\int_0^{+\infty}\mathrm{e}^{-\lambda x}\mathrm{d}x=\frac{1}{\lambda}.$$

$$E(X^2)=\int_0^{+\infty}x^2\cdot\lambda\mathrm{e}^{-\lambda x}\mathrm{d}x=\int_0^{+\infty}x^2\mathrm{d}(-\mathrm{e}^{-\lambda x})=\frac{2}{\lambda^2}.$$

故 $DX=\dfrac{2}{\lambda^2}-\left(\dfrac{1}{\lambda}\right)^2=\dfrac{1}{\lambda^2}$.

（7）标准正态分布 $U\sim N(0,1)$.

$$EU=\int_{-\infty}^{+\infty}x\frac{1}{\sqrt{2\pi}}\mathrm{e}^{-\frac{x^2}{2}}\mathrm{d}x=0.$$

$$EU^2=\int_{-\infty}^{+\infty}x^2\frac{1}{\sqrt{2\pi}}\mathrm{e}^{-\frac{x^2}{2}}\mathrm{d}x=\int_{-\infty}^{+\infty}-\frac{x}{\sqrt{2\pi}}\mathrm{d}\mathrm{e}^{-\frac{x^2}{2}}$$

$$=-\frac{1}{\sqrt{2\pi}}x\mathrm{e}^{-\frac{x^2}{2}}\Bigg|_{-\infty}^{+\infty}+\frac{1}{\sqrt{2\pi}}\int_{-\infty}^{+\infty}\mathrm{e}^{-\frac{x^2}{2}}\mathrm{d}x=\frac{\sqrt{2\pi}}{\sqrt{2\pi}}=1.$$

故 $DU=1$.

令 $X=\mu+\sigma U$，则 $X\sim N(\mu,\sigma^2)$，由期望及方差的性质可知

$$EX=\mu+\sigma EU=\mu，\quad DX=\mu+\sigma^2(DU)=\sigma^2.$$

事实上，令 $\int_{-\infty}^{+\infty}\mathrm{e}^{-\frac{x^2}{2}}\mathrm{d}x=I$，则

$$I^2=\int_{-\infty}^{+\infty}\mathrm{e}^{-\frac{x^2}{2}}\mathrm{d}x\int_{-\infty}^{+\infty}\mathrm{e}^{-\frac{y^2}{2}}\mathrm{d}y=\int_{-\infty}^{+\infty}\int_{-\infty}^{+\infty}\mathrm{e}^{-\frac{x^2+y^2}{2}}\mathrm{d}x\mathrm{d}y.$$

作极坐标变换：

$$\begin{cases}x=\rho\cos\theta\\ y=\rho\sin\theta\end{cases}，\quad 0\leqslant\rho<\infty,0\leqslant\theta<2\pi,$$

则
$$I^2=\int_0^{2\pi}\int_0^{+\infty}\mathrm{e}^{-\frac{\rho^2}{2}}\rho\mathrm{d}\rho\mathrm{d}\theta=\int_0^{2\pi}1\mathrm{d}\theta=2\pi,$$

故 $I=\sqrt{2\pi}$.

4.3.2 综合应用

例 4.3.1 （2002 数 1）设随机变量 X 的密度函数为

$$f(x)=\begin{cases}\dfrac{1}{2}\cos\dfrac{x}{2}, & 0\leqslant x\leqslant\pi\\ 0, & 其他\end{cases},$$

对 X 独立重复观察 4 次，用 Y 表示观察值大于 $\dfrac{\pi}{3}$ 的次数，求 Y^2 的数学期望.

解　因为

$$P\left(X>\frac{\pi}{3}\right)=1-P\left(X\leqslant\frac{\pi}{3}\right)=1-\int_0^{\frac{\pi}{3}}\frac{1}{2}\cos\frac{x}{2}\mathrm{d}x=1-\sin\frac{x}{2}\Big|_0^{\frac{\pi}{3}}=\frac{1}{2},$$

所以 $Y\sim B\left(4,\dfrac{1}{2}\right)$，从而

$$EY=np=4\times\frac{1}{2}=2,\quad DY=4\times\frac{1}{2}\left(1-\frac{1}{2}\right)=1.$$

故

$$E(Y^2)=D(Y)+(EY)^2=1+2^2=5.$$

例 4.3.2（2012 数 3）　设随机变量 X 与 Y 相互独立，且都服从参数为 1 的指数分布，记 $U=\max\{X,Y\}$，$V=\min\{X,Y\}$. 求（1）V 的概率密度 $f_V(v)$；（2）$E(U+V)$.

解　（1）由已知得 X 与 Y 的分布函数分别为

$$F_X(x)=\begin{cases}1-\mathrm{e}^{-x}, & x>0\\ 0, & x\leqslant 0\end{cases},\quad F_Y(y)=\begin{cases}1-\mathrm{e}^{-y}, & y>0\\ 0, & y\leqslant 0\end{cases}.$$

又 X 与 Y 相互独立，故 V 的分布函数与密度函数分别为

$$F_V(v)=1-[1-F_X(v)][1-F_Y(v)]=\begin{cases}1-\mathrm{e}^{-2v}, & v>0\\ 0, & v\leqslant 0\end{cases},$$

$$f_V(v)=\begin{cases}2\mathrm{e}^{-2v}, & v>0\\ 0, & v\leqslant 0\end{cases}.$$

（2）因为 $U+V=X+Y$，故

$$E(U+V)=E(X+Y)=EX+EY=1+1=2.$$

例 4.3.3（2001 数 4）　设随机变量 X 和 Y 的联合分布在以点 $(0,1),(1,0),(1,1)$ 为顶点的三角区域上服从均匀分布，试求 $U=X+Y$.

解　令三角区域 $G=\{(x,y)\mid 0\leqslant x<1,1-x\leqslant y\leqslant 1\}$，显然 G 的面积 $S_G=\dfrac{1}{2}$. 由均匀分布知 (X,Y) 的联合密度为

$$f(x,y)=\begin{cases}2, & (x,y)\in G\\ 0, & 其他\end{cases},$$

则

$$E(X+Y)=\iint_G 2(x+y)\mathrm{d}x\mathrm{d}y=2\int_0^1\int_{1-x}^1(x+y)\mathrm{d}y\mathrm{d}x$$

$$= \int_0^1 (x^2 + 2x)\mathrm{d}x = \left(\frac{1}{3}x^3 + x^2\right)\Bigg|_0^1 = \frac{4}{3}.$$

$$E(X+Y)^2 = \iint_G 2(x+y)^2\,\mathrm{d}x\mathrm{d}y = 2\int_0^1\int_{1-x}^1 (x+y)^2\,\mathrm{d}y\mathrm{d}x$$

$$= 2\int_0^1 \left(\frac{1}{3}x^3 + x^2 + x\right)\mathrm{d}x = \left(\frac{1}{6}x^4 + \frac{2}{3}x^3 + x^2\right)\Bigg|_0^1 = \frac{11}{6}.$$

因此 $$D(U) = E(X+Y)^2 - [E(X+Y)]^2 = \frac{1}{18}.$$

4.4 协方差与相关系数

二维随机变量的联合分布函数不仅包含分量的边际分布，还含有两个分量间相互关联的信息，描述这种相互关联程度的一个特征数就是协方差.

4.4.1 协方差

在同一样本空间 Ω 上定义的随机变量，它们之间存在许多关系，有相依关系或独立关系. 比如，同一个人的身高 X 和体重 Y 之间就存在相依关系，这种相依关系不是通常的函数关系，而是一种“趋势”. 一般来说，个子高的人体重也重，这种关系在概率论中称为“相关”. 下面，我们用协方差来反映这种相关性.

定义 4.4.1 设 (X,Y) 是一个二维随机变量，若 $E[(X-EX)(Y-EY)]$ 存在，则称之为 X 与 Y 的**协方差**，记为

$$\operatorname{cov}(X,Y) = E[(X-EX)(Y-EY)].$$

从协方差的定义可以看出，它是 X 的偏差 $X-EX$ 与 Y 的偏差 $Y-EY$ 的乘积的数学期望. 具体表现如下：

（1）当 $\operatorname{cov}(X,Y) > 0$ 时，称 X,Y **正相关**，即 X,Y 同时增加或同时减少；

（2）当 $\operatorname{cov}(X,Y) < 0$ 时，称 X,Y **负相关**，即 X,Y 的取值朝相反方向变化；

（3）当 $\operatorname{cov}(X,Y) = 0$ 时，称 X,Y **不相关**.

协方差具有以下基本性质：

（1）协方差的简化公式：$\operatorname{cov}(X,Y) = E[XY] - E(X)E(Y)$.

证明 由协方差的定义及期望的性质，可得

$$\operatorname{cov}(X,Y) = E(XY - YEX + EXEY - XEY)$$
$$= E(XY) - EYEX + EXEY - EXEY = E(XY) - EXEY.$$

（2）若 X,Y 相互独立，则 $\operatorname{cov}(X,Y) = 0$，反之不然.

例 4.4.1 设随机变量 $X \sim N(0,\sigma^2)$，令 $Y = X^2$，则 X,Y 不独立，但

$$\operatorname{cov}(X,Y) = \operatorname{cov}(X,X^2) = E(X^3) - E(X)E(X^2) = 0.$$

这个例子表面：“独立”必导致“不相关”，而“不相关”不一定导致“独立”. 独立要求

更严，不相关要求弱，因为独立是用概率分布定义的，而不相关只是用矩定义的.

（3）协方差满足交换律：$\mathrm{cov}(X,Y)=\mathrm{cov}(Y,X)$.

（4）$\mathrm{cov}(X,a)=0, a\in\mathbf{R}$.

（5）$\mathrm{cov}(X,X)=\mathrm{var}(X)$.

（6）对任意常数 a,b，有 $\mathrm{cov}(aX,bY)=ab\,\mathrm{cov}(X,Y)$.

（7）协方差满足分配律：设 X,Y,Z 是任意三个随机变量，有

$$\mathrm{cov}(X+Y,Z)=\mathrm{cov}(X,Z)+\mathrm{cov}(Y,Z).$$

（8）$\forall a,b\in\mathbf{R}, \mathrm{var}(aX+bY)=a^2\,\mathrm{var}(X)+b^2\,\mathrm{var}(Y)+2ab\,\mathrm{cov}(X,Y)$.

例 4.4.2 （2000 数 3, 4）设 A,B 是两随机事件，随机变量

$$X=\begin{cases}1, & \text{若 } A \text{ 出现}\\ -1, & \text{若 } A \text{ 不出现}\end{cases},\quad Y=\begin{cases}1, & \text{若 } B \text{ 出现}\\ -1, & \text{若 } B \text{ 不出现}\end{cases},$$

试证明随机变量 X 和 Y 不相关的充分必要条件是 A 与 B 相互独立.

证明 由题设，

$$P(A)=P(X=1),\quad P(B)=P(Y=1).$$

所以

$$EX=1\times P(A)-1\times P(\overline{A})=2P(A)-1.$$

同理

$$EY=2P(B)-1.$$

由于 XY 只有两个可能值 1 和 -1，因此

$$\begin{aligned}P(XY=1)&=P(X=1)P(Y=1)+P(X=-1)P(Y=-1)=P(AB)+P(\overline{A}\overline{B})\\&=P(AB)+1-P(A)-P(B)+P(AB)=2P(AB)+1-P(A)-P(B).\end{aligned}$$

$$P(XY=-1)=1-P(XY=1)=P(A)+P(B)-2P(AB).$$

$$E(XY)=1\times P(XY=1)-1\times P(XY=-1)=4P(AB)-2P(A)-2P(B)+1.$$

$$\mathrm{cov}(X,Y)=E(XY)-E(X)E(Y)=4P(A)P(B)-4P(AB).$$

可见，

$$\mathrm{cov}(X,Y)=0\Leftrightarrow P(A)P(B)=P(AB).$$

结论得证.

例 4.4.3（2010 数 3） 箱中装有 6 个球，其中红、白、黑球个数分别为 1, 2, 3 个，现从箱中随机地取出 2 个球，记 X 为取出红球的个数，Y 为取出白球的个数. 试求：

（1）随机变量 (X,Y) 的概率分布；（2）$\mathrm{cov}(X,Y)$.

解 （1）易知 X 的可能取值为 0, 1, Y 的所有可能取值为 0, 1, 2, 由古典概型可得

$$P(X=0,Y=0)=\frac{\mathrm{C}_3^3}{\mathrm{C}_6^2}=\frac{1}{5},\quad P(X=0,Y=1)=\frac{\mathrm{C}_2^1\mathrm{C}_3^3}{\mathrm{C}_6^2}=\frac{2}{5},$$

$$P(X=0,Y=2)=\frac{\mathrm{C}_2^2}{\mathrm{C}_6^2}=\frac{1}{15},\quad P(X=1,Y=1)=\frac{\mathrm{C}_1^1\mathrm{C}_3^1}{\mathrm{C}_6^2}=\frac{1}{5},$$

$$P(X=1,Y=1)=\frac{\mathrm{C}_1^1\mathrm{C}_2^1}{\mathrm{C}_6^2}=\frac{2}{15},\quad P(X=1,Y=2)=0.$$

故二维随机变量 (X,Y) 的概率分布为

X \ Y	0	1	2
0	$\frac{1}{5}$	$\frac{2}{5}$	$\frac{1}{15}$
1	$\frac{1}{5}$	$\frac{2}{15}$	0

（2）先求 X, Y, XY 的概率分布. 显然，由随机变量函数的定义可得

$$X \sim \begin{pmatrix} 0 & 1 \\ \frac{2}{3} & \frac{1}{3} \end{pmatrix}, \quad Y \sim \begin{pmatrix} 0 & 1 & 2 \\ \frac{2}{5} & \frac{8}{15} & \frac{1}{15} \end{pmatrix}, \quad XY \sim \begin{pmatrix} 0 & 1 & 2 \\ \frac{13}{15} & \frac{2}{15} & 0 \end{pmatrix}.$$

所以

$$EX = \frac{1}{3}, \quad EY = \frac{2}{3}, \quad E(XY) = \frac{2}{15}.$$

进一步有

$$\operatorname{cov}(X,Y) = E(XY) - E(X)E(Y) = -\frac{4}{45}.$$

例 4.4.4（2012 数 1, 3） 设二维随机变量 (X,Y) 的概率分布为

X \ Y	0	1	2
0	$\frac{1}{4}$	0	$\frac{1}{4}$
1	0	$\frac{1}{3}$	0
2	$\frac{1}{12}$	0	$\frac{1}{12}$

求：（1）$P\{X=2Y\}$；（2）$\operatorname{cov}(X-Y,Y)$.

解 （1）$P\{X=2Y\} = P\{X=0,Y=0\} + P\{X=2,Y=1\} = \frac{1}{4} + 0 = \frac{1}{4}$.

（2）先求 X, Y, XY 的概率分布. 显然，由随机变量函数的定义可得

$$X \sim \begin{pmatrix} 0 & 1 & 2 \\ \frac{1}{2} & \frac{1}{3} & \frac{1}{6} \end{pmatrix}, \quad Y \sim \begin{pmatrix} 0 & 1 & 2 \\ \frac{1}{3} & \frac{1}{3} & \frac{1}{3} \end{pmatrix}, \quad XY \sim \begin{pmatrix} 0 & 1 & 4 \\ \frac{7}{12} & \frac{1}{3} & \frac{1}{12} \end{pmatrix}.$$

所以

$$EX = \frac{2}{3}, \quad EY = 1, \quad E(Y^2) = \frac{5}{3}, \quad E(XY) = \frac{2}{3}.$$

则

$$\operatorname{cov}(X-Y,Y) = \operatorname{cov}(X,Y) - \operatorname{cov}(Y,Y) = E(XY) - E(X)E(Y) - [E(Y^2) - (EY)^2] = -\frac{2}{3}.$$

可见，求协方差的常用方法有：

（1）对于分布列和密度函数已知的随机变量，按定义直接计算.

（2）对由随机试验给出的随机变量，先求概率分布，再按定义计算.

（3）利用协方差的性质进行计算.

由于方差、协方差等均可以化为随机变量函数的期望，故应重点掌握随机变量函数的数学期望的计算.

4.4.2 相关系数

用协方差表达随机变量的相关性有一个缺点，就是协方差受测量单位的影响. 例如，若身高的单位改为 cm，协方差数值就要扩大 10 万倍，但相关程度没有改变. 可见，协方差是有量纲的，比如 X 表示父亲身高，单位为米，Y 表示儿子身高，单位为米，则协方差 $\operatorname{cov}(X,Y)$ 带有量纲，单位是 米^2. 为了消除量纲的影响，现对协方差除以相同的量纲，就得到一个新的概念 —— 相关系数.

定义 4.4.2 设 (X,Y) 是一个二维随机变量，且 $\operatorname{var}(X)>0$, $\operatorname{var}(Y)>0$，则称

$$\rho_{XY}=\frac{\operatorname{cov}(X,Y)}{\sqrt{\operatorname{var}(X)\operatorname{var}(Y)}}=\frac{\operatorname{cov}(X,Y)}{\sigma_X\sigma_Y}$$

为 X 与 Y 的相关系数.

相关系数 ρ_{XY} 是一个无量纲的量，它不受单位改变的影响.

定理 4.4.1(Schwarz 不等式)

$$[E(XY)]^2\leqslant E(X^2)E(Y^2),$$

即

$$\operatorname{cov}^2(X,Y)\leqslant\operatorname{var}(X)\operatorname{var}(Y)=\sigma_X^2\sigma_Y^2.$$

证明 不妨设 $\sigma_X^2>0$，因为当 $\sigma_X^2=0$，则 X 几乎处处为常数，因此与 Y 的协方差为 0，从而 Schwarz 不等式成立.

当 $\sigma_X^2>0$ 时，考虑 t 的二次函数

$$g(t)=E[t(X-EX)+(Y-EY)]^2=t^2\sigma_X^2+2t\operatorname{cov}(X,Y)+\sigma_Y^2.$$

上述二次函数在 $\sigma_X^2>0$ 情况下，关于 t 一直大于等于 0，所以判别式小于等于 0，即

$$[2\operatorname{cov}(X,Y)]^2-4\sigma_X^2\sigma_Y^2\leqslant 0.$$

移项后可得 Schwarz 不等式.

由 Schwarz 不等式进一步可得：

推论 相关系数 $-1\leqslant\rho_{XY}\leqslant 1$.

定理 4.4.2 $\rho_{XY}=\pm1$ 的充要条件是 X 与 Y 之间几乎处处线性相关，即存在 $a\neq0$ 与 b，使得

$$P(Y=aX+b)=1,$$

其中当 $\rho_{XY}=1$ 时，$a>0$；当 $\rho_{XY}=-1$ 时，$a<0$.

证明　充分性显然成立.

必要性：因为 $\mathrm{var}\left(\frac{X}{\sigma_X}\pm\frac{Y}{\sigma_Y}\right)=2[1\pm\rho_{XY}]$，所以当 $\rho_{XY}=1$时有

$$\mathrm{var}\left(\frac{X}{\sigma_X}-\frac{Y}{\sigma_Y}\right)=0,$$

由此可得
$$P\left(\frac{X}{\sigma_X}-\frac{Y}{\sigma_Y}=c\right)=1,$$

即
$$P\left(Y=\frac{\sigma_Y}{\sigma_X}X-c\sigma_Y\right)=1.$$

这就证明了当 $\rho_{XY}=1$，Y 与 X 几乎处处线性正相关.

当 $\rho_{XY}=-1$时，

$$\mathrm{var}\left(\frac{X}{\sigma_X}+\frac{Y}{\sigma_Y}\right)=0,$$

即
$$P\left(Y=-\frac{\sigma_Y}{\sigma_X}X+c\sigma_Y\right)=1.$$

这就证明了当 $\rho_{XY}=-1$，Y 与 X 几乎处处线性负相关.

对于这个性质，可作以下几点说明：

（1）相关系数 ρ_{XY} 刻画了 X 与 Y 之间的线性关系，因此也常称为**线性相关系数**.

（2）如果 $\rho_{XY}=1$，则称 X 与 Y 完全正相关；如果 $\rho_{XY}=-1$，则称 X 与 Y 完全负相关.

（3）如果 $-1<|\rho_{XY}|<1$，则称 X 与 Y 之间有一定程度的线性关系，$|\rho_{XY}|$越接近 1，线性相关程度就越高，$|\rho_{XY}|$越接近 0，线性相关程度就越低.

（4）如果相关系数 $\rho_{XY}=0$，则称 X 与 Y **不相关**. 不相关是指 X 与 Y 之间没有线性关系，但 X 与 Y 之间可能有其他函数关系，比如平方关系等.

例 4.4.5　已知随机变量 $X\sim N(1,3^2)$，$Y\sim N(0,4^2)$，且相互独立，设 $Z=\frac{X}{3}+\frac{Y}{2}$，（1）求 $E(Z)$, $D(Z)$；（2）求 ρ_{XZ}；（3）问 X 与 Z 是否独立？为什么？

解　（1）$E(Z)=E\left(\frac{X}{3}+\frac{Y}{2}\right)=\frac{1}{3}E(X)+\frac{1}{2}E(Y)=\frac{1}{3}\times1+\frac{1}{2}\times0=\frac{1}{3}$.

$$D(Z)=D\left(\frac{X}{3}+\frac{Y}{2}\right)=D\left(\frac{X}{3}\right)+D\left(\frac{Y}{2}\right)=\frac{1}{9}D(X)+\frac{1}{4}D(Y)=\frac{1}{9}\times9+\frac{1}{4}\times16=5.$$

（2）因为

$$\mathrm{cov}(X,Z)=\mathrm{cov}\left(X,\frac{1}{3}X+\frac{1}{2}Y\right)=\frac{1}{3}\mathrm{cov}(X,X)+\frac{1}{2}\mathrm{cov}(X,Y)=\frac{1}{3}\times3^2=3,$$

则
$$\rho_{XZ}=\frac{\mathrm{cov}(X,Z)}{\sqrt{DX}\sqrt{DZ}}=\frac{3}{3\sqrt{5}}=\frac{\sqrt{5}}{5}.$$

（3）因为 $\rho \neq 0$，所以 X 与 Z 相关，故 X 与 Z 一定不相互独立.

例 4.4.6 设 $(X,Y) \sim N(\mu_1,\mu_2,\sigma_1^2,\sigma_2^2,\rho)$，求 X 与 Y 的相关系数.

解 我们知道，$EX=\mu_1,\ DX=\sigma_1^2$，$EY=\mu_2,\ DY=\sigma_2^2$，而

$$
\begin{aligned}
\operatorname{cov}(X,Y) &= \int_{-\infty}^{\infty}\int_{-\infty}^{\infty}(x-\mu_1)(y-\mu_2)f(x,y)\mathrm{d}x\mathrm{d}y \\
&= \frac{1}{2\pi\sigma_1\sigma_2\sqrt{1-\rho^2}}\int_{-\infty}^{\infty}\int_{-\infty}^{\infty}(x-\mu_1)(y-\mu_2) \\
&\quad \times \exp\left\{\frac{-1}{2(1-\rho^2)}\left(\frac{y-\mu_2}{\sigma_2}-\rho\frac{x-\mu_1}{\sigma_1}\right)^2-\frac{(x-\mu_1)^2}{2\sigma_1^2}\right\}\mathrm{d}x\mathrm{d}y.
\end{aligned}
$$

令 $t=\dfrac{1}{\sqrt{1-\rho^2}}\left(\dfrac{y-\mu_2}{\sigma_2}-\rho\dfrac{x-\mu_1}{\sigma_1}\right)$，$u=\dfrac{x-\mu_1}{\sigma_1}$，则有

$$
\begin{aligned}
\operatorname{cov}(X,Y) &= \frac{1}{2\pi}\int_{-\infty}^{\infty}\int_{-\infty}^{\infty}(\sigma_1\sigma_2\sqrt{1-\rho^2}\,tu+\rho\sigma_1\sigma_2u^2)\exp\left\{\frac{u^2+t^2}{2}\right\}\mathrm{d}t\mathrm{d}u \\
&= \frac{\rho\sigma_1\sigma_2}{2\pi}\int_{-\infty}^{\infty}u^2\mathrm{e}^{-\frac{u^2}{2}}\mathrm{d}u\int_{-\infty}^{\infty}t^2\mathrm{e}^{-\frac{t^2}{2}}\mathrm{d}t+\frac{\sigma_1\sigma_2\sqrt{1-\rho^2}}{2\pi}\int_{-\infty}^{\infty}u\mathrm{e}^{-\frac{u^2}{2}}\mathrm{d}u\int_{-\infty}^{\infty}t\mathrm{e}^{-\frac{t^2}{2}}\mathrm{d}t \\
&= \frac{\rho\sigma_1\sigma_2}{2\pi}\sqrt{2\pi}\sqrt{2\pi}=\rho\sigma_1\sigma_2.
\end{aligned}
$$

于是

$$
\rho_{XY}=\frac{\operatorname{cov}(X,Y)}{\sqrt{DX}\sqrt{DY}}=\rho.
$$

这就是说，二维正态随机变量 (X,Y) 概率密度中的参数 ρ 就是 X 与 Y 的相关系数，因而二维正态随机变量的分布完全可由 X 与 Y 各自的数学期望、方差以及它们之间的相关系数所确定.

若 $(X,Y) \sim N(\mu_1,\mu_2,\sigma_1^2,\sigma_2^2,\rho)$，则 X 与 Y 独立的充要条件是 $\rho=0$. 现在知道 $\rho=\rho_{XY}$，因此**对于二维正态随机变量，不相关等价于独立**.

4.5 随机变量的其他特征数

数学期望与方差是随机变量最重要的两个特征数，此外随机变量还有其他特征数，以下一一给出它们的定义.

4.5.1 矩

定义 4.5.1 对于随机变量 X，k 为正整数，如果以下数学期望都存在，我们称

$$
\mu_k=E(X^k)=\int x^k\mathrm{d}F(x), \forall k \geqslant 1
$$

为 X 的 k **阶原点矩**. 称

$$\nu_k = E[(X-EX)^k] = \int (x-EX)^k \mathrm{d}F(x), \forall k \geqslant 1$$

为 X **的 k 阶中心矩**.

若 $E(X^k Y^l)$, $k,l=1,2,\cdots$, 存在，称它为 X 和 Y 的 $k+l$ **阶混合矩**.

若 $E[(X^k-EX^k)(Y^l-EY^l)]$, $k,l=1,2,\cdots$, 存在，称它为 X 和 Y 的 $k+l$ **阶混合中心矩**.

显然，一阶原点矩就是数学期望，二阶中心矩就是方差，1+1阶混合中心矩就是协方差.

为了保证 k 阶矩存在，须假定 $\int |x|^k \mathrm{d}F(x) < \infty$. 由于 $|X|^{k-1} \leqslant |X|^k + 1$，故 k 阶矩存在时，$k-1$ 阶矩也存在，从而低于 k 的各阶矩也存在.

中心矩与原点矩之间有一个简单的关系，事实上

$$\nu_k = E[(X-EX)^k] = E(X-\mu_1)^k = \sum_{i=0}^{k} \mathrm{C}_k^i \mu_i (-\mu_1)^{k-i} .$$

定理 4.5.1（Markov 不等式） 设随机变量 X 的 r 阶矩存在，则对 $\forall \varepsilon > 0$ 成立

$$P(|X| \geqslant \varepsilon) \leqslant \frac{E|X|^r}{\varepsilon^r}.$$

证明 设 X 的分布函数为 $F(x)$，则

$$P(|X| \geqslant \varepsilon) = \int_{|x|\geqslant\varepsilon} \mathrm{d}F(x) \leqslant \int_{|x|\geqslant\varepsilon} \frac{|x|^r}{\varepsilon^r} \mathrm{d}F(x) \leqslant \frac{E|X|^r}{\varepsilon^r}.$$

在 Markov 不等式中，令 $r=2$，X 换为 $X-EX$，可得**切比雪夫不等式**.

例 4.5.1 设随机变量 $X \sim N(0,\sigma^2)$，则

$$\mu_k = E(X^k) = \frac{1}{\sqrt{2\pi}} \int_{-\infty}^{+\infty} x^k \exp\left\{-\frac{x^2}{2\sigma^2}\right\} \mathrm{d}x = \frac{\sigma^k}{\sqrt{2\pi}} \int_{-\infty}^{+\infty} u^k \exp\left\{-\frac{u^2}{2}\right\} \mathrm{d}u .$$

当 k 为奇数时，上述被积函数是奇函数，故

$$\mu_k = 0,\quad k=1,3,5,\cdots.$$

当 k 为偶数时，上述被积函数是偶函数，再利用变换 $z=\frac{u^2}{2}$，可得

$$\begin{aligned}\mu_k = E(X^k) &= \sqrt{\frac{2}{\pi}} \sigma^k 2^{\frac{k-1}{2}} \int_{-\infty}^{+\infty} z^{k-1} \mathrm{e}^{-z} \mathrm{d}x \\ &= \sqrt{\frac{2}{\pi}} \sigma^k 2^{\frac{k-1}{2}} \Gamma\left(\frac{k+1}{2}\right) = \sigma^k (k-1)(k-3)\cdots 1.\end{aligned}$$

故 $N(0,\sigma^2)$ 分布的前四阶原点矩为

$$\mu_1 = 0,\quad \mu_2 = \sigma^2,\quad \mu_3 = 0,\quad \mu_4 = 3\sigma^4 .$$

4.5.2 变异系数

方差反映了随机变量取值的波动程度，但在比较两个随机变量波动大小时，如果只看方

差的大小会产生不合理的现象. 这里有两个原因：

(1) 随机变量的取值是有量纲的，不同量纲的随机变量用其方差比较波动大小不太合理.

(2) 在取值量纲相同的情况下，取值的大小存在相对性问题，取值较大的随机变量的方差也允许大一些. 所以在有些场合，使用下面定义的变异系数进行比较，更具可比性.

定义 4.5.2 设随机变量的二阶矩存在，则称

$$\mathrm{CV}(X)=\frac{\sqrt{\mathrm{var}(X)}}{EX}$$

为 X 的**变异系数**.

因为变异系数是以数学期望为单位去度量随机变量取值波动程度的特征数，标准差的量纲与数学期望是一致的，所以变异系数是一个无量纲的量，在刻画波动情况时不受单位的影响. 变异系数越大说明离散程度越大.

例 4.5.2 用 X 表示某种同龄树的高度，其量纲为米（m），用 Y 表示某年龄段儿童的身高，其量纲也是 m. 设 $EX=10$, $\mathrm{var}(X)=1$, $EY=1$, $\mathrm{var}(Y)=0.04$, 你是否可以从 $\mathrm{var}(X)>\mathrm{var}(Y)$ 就认为 Y 的波动小吗?

这就是一个取值相对大小的问题. 在此用变异系数进行比较是恰当的，因为

$$\mathrm{CV}(X)=\frac{\sqrt{\mathrm{var}(X)}}{EX}=\frac{1}{10}=0.1\,,\quad \mathrm{CV}(Y)=\frac{\sqrt{\mathrm{var}(Y)}}{EY}=\frac{\sqrt{0.04}}{1}=0.2\,,$$

这说明 Y 的波动比 X 的波动大.

4.5.3 分位数与众数

定义 4.5.3 设连续随机变量 X 的分布函数为 $F(x)$，密度函数为 $f(x)$，则对 $\forall p\in(0,1)$，称满足条件

$$F(x_p)=\int_{-\infty}^{x_p}f(x)\mathrm{d}x=p$$

的 x_p 为此分布的 **p 分位数**，又称**下侧 p 分位数**. 称满足条件

$$1-F(x'_p)=\int_{x'_p}^{+\infty}f(x)\mathrm{d}x=p$$

的 x'_p 为此分布的**上侧 p 分位数**.

很多作者将下侧 p 分位数和上侧 p 分位数简称 p 分位数，读者可根据上下文进行区分. 本书如没特加声明，一律默认为下侧 p 分位数，这既与人们的思维习惯一致，也与统计软件上的定义一致.

0.5 分位数称为**中位数**. 中位数作为一组数据的代表，可靠性比较差，因为它只利用了部分数据. 但当一组数据的个别数据偏大或偏小时，用中位数来描述该组数据的集中趋势就比较合适，且比使用均值更好，中位数的这种抗干扰性在统计学上称为具有**稳健性**.

一组数据中出现次数最多的数值叫**众数**（Mode），即密度函数取值最大的点. 众数在统计分布上具有明显集中趋势点的数值，代表数据的一般水平，众数可以不存在也可以多于一个，用 M 表示. 简单来说，就是一组数据中占比例最多的那个数. 众数不受极端数据的影响，并且求法简便. 在一组数据中，如果个别数据有很大的变动，选择中位数表示这组数据的“集中趋势”就比较适合.

4.5.4　偏度与峰度

定义 4.5.4　设随机变量的三阶矩存在，则称比值

$$r=\frac{E(X-E(X))^3}{[E(X-E(X))^2]^{\frac{3}{2}}}=\frac{v_3}{\sigma^3}$$

为 X 的**偏度系数**，简称**偏度**.

偏度系数可以描述分布的形状特征，其取值的正负反映的是：

（1）当 $r>0$ 时，分布为正偏或右偏；

（2）当 $r=0$ 时，分布关于均值对称；

（3）当 $r<0$ 时，分布为负偏或左偏.

在非寿险中，大多损失分布属于右偏型的，即有较厚的尾. 设 $X_1,\cdots,X_n$ 独立同分布于 X，则

$$v_3\left(\sum_{i=1}^n X_i\right)=E\left[\sum_{i=1}^n X_i-E\left(\sum_{i=1}^n X_i\right)\right]^3=E\left[\sum_{i=1}^n (X_i-EX_i)^3\right]$$

$$=\sum_{i=1}^n E(X_i-EX_i)^3=nv_3(X).$$

所以 n 个独立同分布的随机变量之和的偏度系数

$$r_n=\frac{nv_3}{\left(\sqrt{\operatorname{var}\left(\sum_{i=1}^n X_i\right)}\right)^3}=\frac{nv_3}{(\sigma\sqrt{n})^3}=\frac{r}{\sqrt{n}}.$$

由此可见，n 个独立同分布的随机变量之和的偏度系数是单个随机变量的偏度系数的 $\frac{1}{\sqrt{n}}$. 这也说明，一个风险集合中独立同分布的个体风险越多，其损失分布的变异性和非对称性就越小，从而保险公司的经验就越稳定.

定义 4.5.5　设随机变量 X 的四阶矩存在，则称比值

$$k=\frac{E(X-E(X))^4}{[E(X-E(X))^2]^2}-3=\frac{v_4}{\sigma^4}-3$$

为 X 的**峰度系数**，简称**峰度**.

峰度也是用于描述分布的形状特征，但峰度与偏度的差别是：偏度刻画的是分布的对称性，而峰度刻画的是分布的峰峭性. 这里谈论的峰度不是密度函数的高低，那么峰度的含义到底是什么呢？我们知道，从图形上看，密度函数曲线下的面积等于 1，若随机变量取值较集中，则其密度函数的峰值必高无疑，所以密度函数的峰值的高低含有随机变量取值的集中程度. 为了消除量纲的影响，我们不妨考察“标准化”后分布的峰峭性，即用四阶原点矩 $E\left[\frac{X-E(X)}{\sqrt{\operatorname{var}(X)}}\right]^4$ 考察密度函数的峰值.

峰度是对分布密度为平峰或尖峰程度的度量.

可以证明，标准正态分布的峰值为 0. 若 $k>0$，说明分布比正态分布更尖，为**尖峰分布**；若 $k<0$，说明分布比正态分布更平，为**平峰分布**.

注：有些教材将峰度定义为 $k=\dfrac{E(X-E(X))^4}{[E(X-E(X))^2]^2}$，两者实际上是等价的.

4.6 条件期望*

近年来，条件期望在计算科学、统计、物理、工程、经济管理和金融领域中得到了广泛应用，并取得了良好效果，尤其值得注意的是条件期望在统计推断中的应用. 条件分布的数学期望称为条件数学期望，它的定义如下：

定义 4.6.1 设 (X,Y) 是二维随机变量，$F(x\mid y)$，$F(y\mid x)$ 分别是 X 和 Y 的条件分布函数，则条件分布的数学期望（若存在）称为**条件数学期望**，其定义如下：

$$E(X\mid Y=y)=\int x\mathrm{d}F(x\mid y)=\begin{cases}\sum\limits_{x}xP(X=x\mid Y=y), & X,Y\text{离散}\\ \int xf(x\mid y)\mathrm{d}x, & X,Y\text{连续}\end{cases};$$

$$E(Y\mid X=x)=\int y\mathrm{d}F(y\mid x)=\begin{cases}\sum\limits_{y}yP(Y=y\mid X=x), & X,Y\text{离散}\\ \int yf(y\mid x)\mathrm{d}y, & X,Y\text{连续}\end{cases}.$$

因为条件数学期望是条件分布的期望，所以它具有数学期望的一切性质.

我们要特别强调的是：$E(X\mid Y=y)$ 是 y 的函数，对 y 的不同取值，$E(X\mid Y=y)$ 的取值也在变化. 比如，若 X 表示我国成年人的身高，Y 表示我国成年人的脚长，则 EX 表示我国成年人的平均身高，而 $E(X\mid Y=y)$ 表示脚长为 y 的我国成年人的身高. 我国公安部门研究得到

$$E(X\mid Y=y)=6.876y.$$

这个公式对公安部门破案起着重要的作用. 如果 $E(X\mid Y=y)\triangleq g(y)$，则

$$E(X\mid Y)=E(X\mid Y=y)|_{y=Y}=g(y)|_{y=Y}=g(Y),$$

称 $E(X\mid Y)$ 为 **X 在条件 Y 下的条件数学期望**，这也是条件期望运算的的重要法则.

特别地，若随机变量 X,Y 的期望存在，则有**全期望公式**

$$\begin{aligned}EX=E[E(X\mid Y)]&=\int E(X\mid Y=y)\mathrm{d}F_Y(y)\\&=\begin{cases}\sum\limits_{y}E(X\mid Y=y)P(Y=y), & \text{若}Y\text{为离散随机变量}\\ \int E(X\mid Y=y)f(y)\mathrm{d}y, & \text{若}Y\text{为连续随机变量}\end{cases}.\end{aligned}$$

全概率公式是全数学期望公式的特例. 事实上，记 I_B 为事件 B 的示性函数，易知

$$EI_B=P(B),\quad E(I_B\mid Y=y)=P(B\mid Y=y),$$

于是有

$$P(B)=\int P(B\mid Y=y)\mathrm{d}F_Y(y)=\begin{cases}\sum\limits_{y}P(B\mid Y=y)P(Y=y)\\ \int P(B\mid Y=y)f(y)\mathrm{d}y\end{cases},$$

分别对应于分布列型及连续型全概率公式.

例 4.6.1　一名矿工被困在 3 个门的矿井中，第 1 个门通一坑道，沿此坑道 3 小时可达安全区域；第 2 个门通一坑道，沿此坑道 5 小时返回原处；第 3 个门通一坑道，沿此坑道 7 小时返回原处. 假设这名矿工总是等可能地在 3 个门中选择 1 个，试求他平均多长时间才能到达安全区域?

解　设该矿工需要 X 小时到达安全区域，则 X 的所有可能取值为

$$3,\ 5+3,\ 7+3,\ 5+5+3,\ \cdots.$$

写出 X 的分布列是很困难的，所以无法直接求出 $E(X)$. 若记 Y 表示第一次选择的门，由题设可知

$$Y\sim\begin{pmatrix}1&2&3\\ \frac{1}{3}&\frac{1}{3}&\frac{1}{3}\end{pmatrix},$$

且

$$E(X\mid Y=1)=3,\quad E(X\mid Y=2)=5+E(X),\quad E(X\mid Y=3)=7+E(X).$$

综上所述，

$$E(X)=\frac{1}{3}[3+5+E(X)+7+E(X)]=5+\frac{2}{3}E(X).$$

解得 $E(X)=15$，即矿工平均 15 小时才能到达安全区域.

例 4.6.2　设电力公司每月可供应某工厂的电力 $X\sim U(10,30)$（单位：$10^4\,\mathrm{kW}$），而该工厂每月实际需要用电 $Y\sim U(10,20)$. 如果该工厂能从电力公司得到足够的电力，则每 $10^4\,\mathrm{kW}$ 电可创造 30 万元利润，若得不到足够电力，则不足部分通过其他途径解决，但每 $10^4\,\mathrm{kW}$ 电可创造 10 万元利润. 求该厂每月的平均利润.

解　设该工厂每月利润为 Z 万元，则按题意得

$$Z=\begin{cases}30Y, & Y\leqslant X\\ 30X+10(Y-X), & Y>X\end{cases}.$$

在 $X=x$ 时，Z 仅是 Y 的函数，于是当 $10\leqslant x<20$ 时，

$$\begin{aligned}E(Z\mid X=x)&=\int_{10}^{x}30yf_Y(y)\mathrm{d}y+\int_{x}^{20}(10y+20x)f_Y(y)\mathrm{d}y\\ &=\int_{10}^{x}30y\frac{1}{10}\mathrm{d}y+\int_{x}^{20}(10y+20x)\frac{1}{10}\mathrm{d}y=50+40x-x^2;\end{aligned}$$

当 $20\leqslant x<30$ 时，

$$E(Z\mid X=x)=\int_{10}^{20}30yf_Y(y)\mathrm{d}y=\int_{10}^{20}30y\frac{1}{10}\mathrm{d}y=450,$$

然后用 X 分布对条件期望 $E(Z \mid X=x)$ 再做一次平均可得

$$E(Z)=E[E(Z \mid X)]=\int_{10}^{20} E(Z \mid X=x) f_X(x)\mathrm{d}x+\int_{20}^{30} E(Z \mid X=x) f_X(x)\mathrm{d}x$$
$$=\frac{1}{20}\int_{10}^{20}(50+40x-x^2)\mathrm{d}x+\frac{1}{20}\int_{20}^{30} 450\mathrm{d}y \approx 433 .$$

所以该厂每月的平均利润为 433 万元.

例 4.6.3 设某日进入某商店的顾客人数是随机变量 N，X_i 表示第 i 个顾客所花的钱数，$X_1, X_2, \cdots$ 是相互独立同分布的随机变量，且与 N 相互独立，试求该日商店一天营业额的均值.

解 由全概率公式可得

$$E\left(\sum_{i=1}^{N} X_i\right)=E\left(\sum_{i=1}^{N} X_i \mid N=n\right) P(N=n)=E\left(\sum_{i=1}^{n} X_i\right) P(N=n)$$
$$=nE(X_1)P(N=n)=E(N)E(X_1) .$$

小 结

本章属于概率统计的重要章节. 随机变量的数字特征是通过几个数值来表示随机变量取值的特点，虽然它们没有分布列或密度函数刻画得详尽和准确，但能够从不同的侧面反映随机变量统计规律的特性，给随机变量研究提供了有利工具. 随机变量的数字特征的主要值为 $EX, EY, D(X), D(Y)$, $\operatorname{cov}(X,Y)$, $\rho(X,Y)$.

由于方差、协方差、相关系数等都可以转化为随机变量函数的数学期望，故重点应掌握随机变量函数的数学期望的计算. 本章具体考试要求是：

（1）理解随机变量数字特征（数学期望、方差、标准差、矩、协方差、相关系数）的概念，会运用数字特征的基本性质，并掌握常用分布的数字特征.

（2）掌握切比雪夫不等式.

（3）会求随机变量函数的数学期望.

习题 4

1. 选择题

（1）（2009 数 1）设随机变量 X 的分布函数 $F(x)=0.3\Phi(x)+0.7\Phi\left(\frac{x-1}{2}\right)$，其中 $\Phi(x)$ 为标准正态分布函数，则 $EX=$(　　).

（A）0　　（B）0.3　　（C）0.7　　（D）1

（2）（2012 数 1）将长度为 1m 的木棒随机截成两段，则两段长度的相关系数为(　　).

（A）1　　（B）0.5　　（C）－0.5　　（D）－1

（3）（2003 数 4）设随机变量 X 和 Y 都服从正态分布，且它们不相关，则(　　).

（A）X 与 Y 一定独立　　（B）(X,Y) 服从二维正态分布

（C）X 与 Y 未必独立　　　　（D）$X+Y$ 服从一维正态分布

（4）（2008 数 1, 3, 4）随机变量 $X\sim N(0,1)$，$Y\sim N(1,4)$，且相关系数 $\rho_{XY}=1$，则（　　）.

（A）$P\{Y=-2X-1\}=1$　　（B）$P\{Y=2X-1\}=1$

（C）$P\{Y=-2X+1\}=1$　　（D）$P\{Y=2X+1\}=1$

（5）（2011 数 1）设随机变量 X 与 Y 相互独立，且 EX 与 EY 存在，记 $U=\max\{X,Y\}$，$V=\min\{X,Y\}$，则 $E(UV)=$（　　）.

（A）$E(U)E(V)$　（B）$E(X)E(Y)$　（C）$E(U)E(Y)$　（D）$E(X)E(V)$

2. **填空题**

（1）设随机变量 X,Y 独立，且均服从 $N\left(0,\dfrac{1}{2}\right)$，则 $D(X-Y)=$（　　）.

（2）已知 $E(X)=-2,\ E(X^2)=5$, 则 $\mathrm{var}(1-3X)=$（　　）.

（3）设随机变量 $X\sim P(\lambda)$，且已知 $E(X-1)(X-2)=1$，则 $\lambda=$（　　）.

（4）设 X_1,X_2,X_3 相互独立，且 $X_1\sim U(0,6),\ X_2\sim N(1,(\sqrt{3})^2),\ X_3\sim \mathrm{Exp}(3)$，则随机变量 $Y=X_1-2X_2+3X_3$ 的方差为（　　），期望为（　　）.

（5）（2011 数 1, 3）设二维随机变量 $(X,Y)\sim N(\mu,\mu;\sigma^2,\sigma^2,0)$，则 $E(XY^2)=$（　　）.

（6）（2013 数 3）设随机变量 X 服从标准正态分布 $N(0,10)$，则 $E(Xe^{2X})=$（　　）.

（7）（2001 数 3, 4）设随机变量 X 和 Y 的数学期望分别为 -2 和 2，方差分别为 1 和 4，而相关系数为 -0.5，则根据切比雪夫不等式，$P\{|X+Y|\geqslant 6\}\leqslant$（　　）.

3.（2000 数 1）某流水生产线上每个产品不合格的概率为 p（$0<p<1$），各产品合格与否相互独立，当出现一个不合格产品时即停机检修. 设开机后第一次停机时已生产出的产品个数为 X，求 X 的数学期望 EX 和方差 DX.

4.（2003 数 1）已知甲、乙两箱中装有同种产品，其中甲箱中装有 3 件合格品和 3 件次品，乙箱中仅装有 3 件合格品. 从甲箱中任取 3 件产品放入乙箱后，求：

（1）乙箱中次品件数 X 的数学期望；

（2）从乙箱中任取 1 件产品是次品的概率.

5. 求掷 n 颗骰子出现点数之和的数学期望与方差.

6. 设 $X\sim N(\mu,\sigma^2)$，证明 $E|X-\mu|=\sigma\sqrt{\dfrac{2}{\pi}}$.

7. 一商店经销某种商品，每周进货量 X 与顾客对该种商品的需求量 Y 是相互独立的随机变量，且都服从均分分布 $U(10,20)$. 商店每出售一单位商品可得利润 1000 元；若需求量超过进货量，可从其他商店调货供应，这时每单位商品获利 500 元. 试求商店经销该种商品每周的平均利润.

8. 设二维随机变量 (X,Y) 联合密度函数为

$$f(x,y)=\begin{cases}1, & |x|<y,0<y<1\\ 0, & \text{其他}\end{cases},$$

求 $E(X),E(Y)$，$\mathrm{cov}(X,Y)$.

9. 设 X_1,X_2 独立同分布于 $\mathrm{Exp}(\lambda)$，试求 $Y_1=4X_1-3X_2$ 与 $Y_2=3X_1+X_2$ 的相关系数.

10. 设 X_1,X_2 独立同分布于 $N(\mu,\sigma^2)$，试求 $Y_1=aX_1+bX_2$ 与 $Y_2=aX_1-bX_2$ 的相关系数，其

中 a,b 为非零常数.

11. 设随机变量 X,Y 独立同分布于 $\mathrm{Exp}(\lambda)$，令 $Z=\begin{cases}3X+1, & X\geqslant Y\\ 6Y, & X<Y\end{cases}$，求 $E(Z)$.

12. 设某种商品每周的需求量 $X\sim U[10,30]$，而经销商进货量为区间 $[10,30]$ 中的某一整数，商店每销售一单位商品可得利润 500 元；若供大于求则降价处理，每处理 1 单位商品亏损 100 元；若供不应求，则可从外部调剂供应，此时每单位仅获利 300 元. 为使商店所获利润期望值不少于 9 280 元，试确定最少进货量.

5 极限理论

极限理论是概率论的基本理论，它在理论研究和应用中起着重要作用. 有人认为，概率论的真正历史应从第一个极限定理（伯努利大数定律）算起. 大数定律是叙述随机变量序列的前一些项的算数平均值在某种条件下收敛到这些项均值的算数平均值；中心极限定理是确定在什么条件下，大量随机变量和的分布逼近于正态分布，它解释了为什么正态分布具有较广泛的应用.

本章介绍了大数定律和中心极限定理的初步内容，并举例探讨它们在实际问题中的应用.

5.1 大数定律

概率是频率的稳定值. 其中“稳定”一词是什么含义，我们在第 1 章从直观上进行了描述：频率在其概率附近摆动. 但如何摆动我们没说清楚，现在可以用大数定律彻底说清这个问题了. 大数定律是自然界普遍存在的、经实践证明的定理，因为任何随机现象出现时都表现出随机性，然而当一种随机现象大量重复出现、或大量随机现象共同作用时，所产生的平均结果实际上是稳定的、几乎是非随机的. 例如，各个家庭、甚至各个村庄的男女比例会有差异，这是随机性的表现，然而在较大范围（国家）中，男女的比例是稳定的. 大数定律，狭义是说明“大量随机现象的平均水平的稳定性”的一系列数学定理的总称，也称为大数定理.

大数定律具有多种形式，其主要区别在于定理的条件不同.

5.1.1 Markov 大数定律

随机变量的本质是函数，而函数是不能直接比较大小的，因此我们只能通过算子将随机变量序列转化为实数列，然后通过实数列的收敛性来定义随机变量序列的收敛性. 不同的算子产生了不同的收敛，比如，依概率收敛、依概率 1 收敛等.

定义 5.1.1 设 $\{X_n\}$ 是随机变量序列，X 是随机变量，若对 $\forall \varepsilon > 0$ 有

$$\lim_{n\to\infty} P\{|X_n - X| < \varepsilon\} = 1,$$

则称 $\{X_n\}$ 以概率收敛于 X，记作 $X_n \xrightarrow{P} X$ 或 $\lim\limits_{n\to\infty} X_n = X(P)$.

定义 5.1.2 设有一随机变量序列 $\{X_n\}$，记 $\overline{X}_n = \frac{1}{n}\sum_{i=1}^{n} X_i$，若 $\overline{X}_n \xrightarrow{P} E\overline{X}_n$，则称该 $\{X_n\}$ 服从弱大数定律，简称**大数定律**.

首先给出较为一般的 Markov 大数定律，其他几个大数定律可作为其特例.

定理 5.1.1（Markov **大数定律**） 对随机变量序列 $\{X_n\}$，若 $\frac{1}{n^2} D\left(\sum_{i=1}^{n} X_i\right) \to 0$，则 $\{X_n\}$ 服从

大数定律.

证明 由 Chebyshev 不等式，对 $\forall\varepsilon>0$,

$$1\geqslant P\left\{\left|\frac{1}{n}\sum_{i=1}^{n}X_i-\frac{1}{n}\sum_{i=1}^{n}EX_i\right|<\varepsilon\right\}\geqslant 1-D\left(\sum_{i=1}^{n}X_i\right)\frac{1}{n^2\varepsilon^2}$$

则

$$\lim_{n\to\infty}P\left\{\left|\frac{1}{n}\sum_{i=1}^{n}X_i-\frac{1}{n}\sum_{i=1}^{n}EX_i\right|<\varepsilon\right\}=1.$$

不同的大数定律只是对不同的随机变量序列 $\{X_n\}$ 而言：

推论 1（Chebyshev 大数定律） 设 $\{X_n\}$ 为一列两两不相关的随机变量序列，如果存在常数 C ，使得 $DX_i\leqslant C, i=1,2,\cdots$ ，则 $\{X_n\}$ 服从大数定律.

注意，Chebyshev 大数定律只要求 $\{X_n\}$ 互不相关，并不要求它们是同分布的. 假如 $\{X_n\}$ 是独立同分布的随机变量序列，且方差有限，则 $\{X_n\}$ 服从大数定律.

推论 2（Bernoulli 大数定律） 设 X_i 独立同分布于 $B(1,p)$ ，则 $\{X_n\}$ 服从大数定律.

推论 2 的等价形式：设事件 A 在每次试验中发生的概率为 p ，n 次重复独立试验中事件 A 发生的次数为 v_A ，则对于任意 $\varepsilon\geqslant 0$ ，有

$$\lim_{n\to\infty}P\left\{\left|\frac{v_A}{n}-p\right|<\varepsilon\right\}=1,$$

即频率 $\frac{v_A}{n}$ 依概率收敛（稳定）于概率.

人们在长期实践中认识到频率具有稳定性，即当试验次数不断增大时，频率稳定在一个数附近. 这一事实显示了可以用一个数来表示事件发生的可能性的大小，也使人们认识到概率是客观存在的，进而由频率的性质得到启发，抽象出概率的定义. 总之，Bernoulli 大数定律提供了用频率来确定概率的理论依据，它说明，随着 n 的增加，事件 A 发生的频率 $\frac{v_A}{n}$ 越来越可能接近其发生的概率 p . 这就是频率稳定于概率的含义，或者说频率依概率收敛于概率. 在实际应用中，当试验次数很大时，便可以用事件的频率来代替事件的概率.

推论 3（泊松大数定律） 设 $X_i\sim B(1,p_i)$ ， $i=1,2,\cdots,$ 且相互独立，则 $\{X_n\}$ 服从大数定律.

由泊松大数定律可知，当独立进行的随机试验的条件变化时，频率仍具有稳定性，它改进了 Bernoulli 大数定律.

显然，Bernoulli 大数定律与泊松大数定律均是 Chebyshev 大数定律的特例，而 Chebyshev 大数定律是 Markov 大数定律的特例. 为什么 Bernoulli 大数定律是 Markov 大数定律的特例，但 Bernoulli 大数定律却很著名呢？因为它是历史上最早的大数定律，也是很有用的. 科学的发展都是由简单到复杂，而不是由复杂到简单，但我们学习的时候，为了更快地掌握，在很多时候可以直接学习一般结论，那么特殊结论自然就成立了.

5.1.2 辛钦大数定律

上面的大数定律都要求方差存在，如果方差不存在，就不能直接应用 Chebyshev 不等式了. 前苏联数学家辛钦用截尾法克服了这一困难，但他研究的是独立同分布随机变量序列，

这种序列在数理统计中也经常使用.辛钦大数定律只要求数学期望存在，使得大数定律有了本质的突破，但要求 X_i 独立同分布.

定理 5.1.2（Khintchine（辛钦）大数定律） 设随机变量序列 $\{X_i\}$ 是独立同分布的，若 $E(X_i), i=1,2,\cdots$，存在，则 $\{X_n\}$ 服从大数定律.

证明 辛钦大数定律的证明比较复杂，需要涉及特征函数，因此从略.

注意 Bernoulli 大数定律是辛钦大数定律的特例.

推论 设 X_i 独立同分布，如果对正整数 $k>1$，$E(X_i^k)=\mu_k$，则对任意 $\varepsilon>0$，

$$\lim_{n\to\infty} P\left\{\left|\frac{1}{n}\sum_{i=1}^{n} X_i^k - \mu_k\right| < \varepsilon\right\} = 1.$$

辛钦大数定律说明，对于独立同分布随机变量序列，其前 n 项平均依概率收敛到其数学期望. **辛钦大数定律是数理统计参数估计矩法估计的理论基础**，即当 n 足够大时，可将样本均值作为总体 X 均值的估计值，而不必考虑 X 的分布怎样. 在实际生活中，就是用观察值的平均去作为随机变量均值的估计值. 不仅如此，辛钦大数定律应用于数值计算，产生了**统计试验法**，又称为**蒙特卡罗方法**.

在寿险中，某地区人均寿命是制定保费的一个重要指标，用观察到某地区 10 000 人的平均寿命去作为该地区人均寿命的近似值是合理的，它的依据就是辛钦大数定律. 大数定律表明，独立同分布风险单位的数目越大，均值的实际偏差就会减少，即实际结果越接近期望结果. 按大数定律，保险公司承保的每类保的数目必须足够大，否则，因缺少一定的数量基础便不会产生所需要的数量规律，但是，任何一家保险公司都有它的局限性，即承保的具有同一风险性质的单位是有限的甚至很少，这就需要通过再保险来扩大风险单位及风险分散面.

保险体现了“人人为我，我为人人”的互助思想，它的数理依据是大数定律的合理分摊，化整为零，因此大数法则是保险业存在、发展的基础. 保险的本质就是承保很多细小的独立风险，由大数定律和中心极限定理可知，保险人面临的随机形式变得越来越有可预见性. 某一风险可以被别的风险对冲,因为一份保单上的随机损失可能得到其他更多有利结果的弥补.

5.1.3 强大数定律*

定义 5.1.3 设 $\{X_n\}$ 是随机变量序列，X 是随机变量，若

$$P\{\omega\in\Omega : X(\omega)=\lim_{n\to\infty} X_n(\omega)\}=1,$$

则称 $\{X_n\}$ 以概率 1 收敛于 X，记作 $X_n \xrightarrow{\text{a.s}} X$；

定义 5.1.4 设有一随机变量序列 $\{X_n\}$，记 $\bar{X}_n=\frac{1}{n}\sum_{i=1}^{n} X_i$，若 $\bar{X}_n \xrightarrow{\text{a.s}} E\bar{X}_n$，则称 $\{X_n\}$ 服从**强大数定律**.

由于 $X_n \xrightarrow{\text{a.s}} X \Rightarrow X_n \xrightarrow{P} X$，反之不成立，所以强大数定律成立，大数定律一定成立，反之不成立，即强大数定律更强，要求的条件更高.

强大数定律是 Borel 于 1909 年首次提出的，他证明了在 Bernoulli 试验中，事件 A 出现的频率 $\frac{v_A}{n}$ 几乎必然收敛于事件 A 的概率 p，称为 Borel **强大数定律**. 下面介绍 Kolmogorov

的工作. Kolmogorov 推广了 Chebyshev 不等式，强化了 Markov 条件，并将辛钦大数定律改进成强大数定律.

定理 5.1.3（Kolmogorov 强大数定律） 设 $\{X_n\}$ 为一相互独立的随机变量序列，若 $\sum_{i=1}^{\infty}\frac{D(X_i)}{i^2}<\infty$，则 $\{X_n\}$ 服从强大数定律.

显然，定理 5.1.1 的推论 2 和 3 也服从强大数定律.

不论 n 多大，伯努利大数定律不能排除 $\left\{\frac{v_A}{n}\neq p\right\}$ 这一事件发生的可能性，但强大数定律可保证这一事件的概率为 0.

5.2 中心极限定理

在客观实际中有许多随机变量，它们是由大量的相互独立的随机因素的综合影响所形成的，而其中每一个因素在总的影响中所起的作用都是微小 的. 这种随机变量往往近似服从正态分布，这种现象就是中心极限定理的客观背景. 在概率论中，习惯于把随机变量和的分布收敛于正态分布称作中心极限定理，它在概率论和统计中有非常广泛的应用.

定理 5.2.1（Lindeberg-levy 中心极限定理） 设随机变量 $\{X_n\}$ 独立同分布，$E(X_i)=\mu$，$D(X_i)=\sigma^2<\infty$，$i=1,2,\cdots$，则有

$$\lim_{n\to\infty}\frac{\sum_{i=1}^{n}X_i-n\mu}{\sqrt{n}\sigma}\sim N(0,1).$$

证明省略.

中心极限定理的内容包含极限，因而称它为极限定理是很自然的. 又由于它在统计中的重要性，比如它是大样本统计的理论基础，故称为中心极限定理，这是波利亚（Polya）在 1920 年取的名字. 定理 5.2.1 有广泛的应用，它只是假定 $\{X_n\}$ 独立同分布、方差存在，不管原来分布是什么，只要 n 充分大，它就可以用正态分布去逼近.

由 Lindeberg-levy 中心极限定理马上可得：

推论（Moire-Laplace 中心极限定理） 设随机变量 $\{X_n\}$ 独立同分布于 $B(1,p)$，且记 $Y_n^*=\frac{\sum_{i=1}^{n}X_i-np}{\sqrt{npq}}$，则对于任意实数 y，有

$$\lim_{n\to+\infty}P(Y_n^*\leqslant y)=\varPhi(y)=\frac{1}{\sqrt{2\pi}}\int_{-\infty}^{+\infty}\mathrm{e}^{-\frac{t^2}{2}}\mathrm{d}t,$$

即 $\lim_{n\to\infty}Y_n^*\sim N(0,1)$.

从逻辑上我们可以说，Moivre-Laplace 中心极限定理是 Lindeberg-levy 中心极限定理的推论，但实际上，Moivre-Laplace 中心极限定理是概率论历史上的第一个中心极限定理，它是专门针对二项分布的，因此称为“二项分布的正态近似”. 泊松定理给出了“二项分布的泊

松近似”，两者相比，一般在 p 较小时，用泊松近似较好，而在 $np>5$ 和 $n(1-p)>5$ 时，用正态分布近似较好.

下面做两点说明：

（1）在实践中，当用连续分布去近似离散分布时，常常要用连续性修正. 应用中最常用的近似连续分布是正态分布，下面以相邻点间距为 1 的离散随机变量为例. 每个点 x 可用区间 $\left(x-\frac{1}{2},x+\frac{1}{2}\right)$ 来代替，这样，离散分布的点概率 $P(X=x)$ 用连续分布（如正态分布）相应区间的概率 $P\left(x-\frac{1}{2}\leqslant X\leqslant x+\frac{1}{2}\right)$ 来近似，而离散分布的概率 $P(X\leqslant x)$ 就可用连续分布的概率 $P\left(X\leqslant x+\frac{1}{2}\right)$ 来近似，这种对 x 加或减部分邻域范围的调整就称为连续性修正. 直观上说，连续性修正是把每个有正概率的离散点“加肥”而成为一个包含其左右不能分开的区间，它与其相邻的也“加肥”了的点相连接，所有“变胖了的”点都互相挨着，覆盖了整个连续区域.

因为二项分布是离散分布，而正态分布是连续分布，所以用正态分布作为二项分布的近似计算中，作些修正可以提高精度. 若 $k_1<k_2$ 且均为整数，一般先做如下修正后再用正态近似

$$P(k_1\leqslant Y\leqslant k_2)=P(k_1-0.5<Y<k_2+0.5)\text{，其中 }Y\sim B(n,p)\text{.}$$

当 x 为整数时，

$$P\left(\sum_{i=1}^{n}X_i\leqslant x\right)=P\left(\sum_{i=1}^{n}X_i<x+1\right),$$

但 $P(N(0,1)\leqslant x)<P(N(0,1)<x+1)$，故为了更精确，采用插值近似，即

$$P\left(\sum_{i=1}^{n}X_i\leqslant x\right)=P\left(\sum_{i=1}^{n}X_i<x+0.5\right).$$

比如 $\mu_n\sim B(25,0.4)$，$P(5\leqslant\mu_n\leqslant 15)$ 的精确值为 0. 9780.

使用修正的正态近似：

$$P(5\leqslant\mu_n\leqslant 15)=P(5-0.5<\mu_n<15+0.5)\approx\Phi\left(\frac{15+0.5-10}{\sqrt{6}}\right)-\Phi\left(\frac{5-0.5-10}{\sqrt{6}}\right)$$
$$=2\Phi(2.245)-1=0.9754.$$

不用修正的正态近似

$$P(5\leqslant\mu_n\leqslant 15)\approx\Phi\left(\frac{15-10}{\sqrt{6}}\right)-\Phi\left(\frac{5-10}{\sqrt{6}}\right)=2\Phi(2.041)-1=0.9588.$$

可见，不用修正的正态近似误差较大.

（2）若记 $\beta=\Phi(y)$，则由 Moivre-Laplace 中心极限定理给出的近似式

$$P(Y_n^*\leqslant y)\approx\Phi(y)=\beta\text{，}$$

可以用来解决三类问题：① 已知n,y，求β；② 已知n,β，求y；③ 已知y,β，求n.

定理 5.2.2 *（**李雅普诺夫（Lyapunov）中心极限定理**）设随机变量$\{X_n\}$相互独立，其数学期望$E(X_i)=\mu_i$，$D(X_i)=\sigma_i^2>0,i=1,2,\cdots$，记$B_n^2=\sum_{i=1}^{+\infty}\sigma_i^2$，若存在正数$\delta$，使得当$n\to\infty$时，$\frac{1}{B_n^{2+\delta}}\sum_{i=1}^{n}E\{|X_i-\mu_i|^{2+\delta}\}\to 0$，则有

$$\lim_{n\to\infty}\frac{\sum_{i=1}^{n}X_i-\sum_{i=1}^{n}\mu_i}{B_n}\sim N(0,1).$$

证明省略.

这就是说，无论随机变量$X_i,i=1,2,\cdots$，服从什么分布，只要满足定理的条件，它们的和$\sum_{i=1}^{n}X_i$，当n很大时，都近似服从正态分布．这就是正态分布在概率论中占有重要地位的一个基本原因．在很多问题中，所考虑的随机变量都可以表示成很多独立的随机变量之和，比如一个物理实验的测量误差是由许多观察不到的、可加的微小误差所合成的，它们往往近似服从正态分布.

例 5.2.1 某药厂生产某种药品，声称对某疾病的治愈率为 80%. 现在药检局要检验此治愈率，任意抽取 100 个此病患者进行临床试验，如果至少有 75 人治愈，则此药通过检验. 试在以下两种情况下，分别计算此药通过检验的可能性.

（1）此药的实际治愈率为 80%；

（2）此药的实际治愈率为 70%；

解 记$n=100$，Y_n为 100 名此病患者中治愈的人数.

（1）因为$Y_n\sim B(100,0.8)$，$E(Y_n)=80$，$\text{var}(Y_n)=16$，所以此药通过检验的可能性为

$$P(Y_n\geqslant 75)=1-P(Y_n\leqslant 74)\approx 1-\Phi\left(\frac{74+0.5-80}{4}\right)$$

$$=1-\Phi\left(\frac{-5.5}{4}\right)=\Phi(1.375)=0.9155.$$

可见此药通过检验的可能性是很大的.

（2）因为$Y_n\sim B(100,0.7)$，$E(Y_n)=70$，$\text{var}(Y_n)=21$，所以此药通过检验的可能性为

$$P(Y_n\geqslant 75)=1-P(Y_n\leqslant 74)\approx 1-\Phi\left(\frac{74+0.5-70}{\sqrt{21}}\right)=1-\Phi(0.982)=0.1630.$$

所以此药通过检验的可能性是很小的.

例 5.2.2 某车间有同型号的机床 200 台，在一小时内每台机床约有 70%的时间是工作的. 假设各机床工作是相互独立的，工作时每台机床要消耗电能 15kW. 问至少要多少电能，才可以有 95%的可能性保证此车间正常生产？

解 记$n=200$，Y_n为 200 台机床中同时工作的机床数，则$Y_n\sim B(200,0.7)$，$E(Y_n)=140$，$\text{var}(Y_n)=42$.

因为 Y_n 台机床同时工作需要消耗 $15Y_n$ kW 电能，所以设供电数为 y kW，则正常生产为 $\{15Y_n \leqslant y\}$，由题设可知 $P(15Y_n \leqslant y) \geqslant 0.95$，其中

$$P(15Y_n \leqslant y) \approx \Phi\left(\frac{\frac{y}{15}+0.5-140}{\sqrt{42}}\right) \geqslant 0.95,$$

即

$$\frac{\frac{y}{15}+0.5-140}{\sqrt{42}} \geqslant 1.645.$$

从中解得 $y \geqslant 2252$ kW，即此车间每小时至少需要 2252kW 电能，才能满足需求.

例 5.2.3 某调查公司受委托，调查某品牌商品在某地区的市场占有率 p，调查公司可以将调查对象中使用此品牌产品的频率作为 p 的估计 $\hat{p}$. 现要保证有 90%的把握，使得调查的占有率 $\hat{p}$ 与真实的占有率 p 之间的差异不大于 5%，问至少要调查多少对象?

解 设共调查 n 人，记 X_i 为第 i 人使用此种商品某品牌的情况，显然 $X_i \sim B(1,p)$，且 $X_i, i=1,\cdots,n$, 独立同分布. 根据题意，有

$$P\left(\left|\frac{1}{n}\sum_{i=1}^{n}X_i - p\right| < 0.05\right) = P\left(\left|\frac{\sum_{i=1}^{n}X_i - np}{\sqrt{np(1-p)}}\right| < \frac{0.05n}{\sqrt{np(1-p)}}\right)$$

$$\approx 2\Phi\left(0.05\sqrt{\frac{n}{p(1-p)}}\right) - 1 \geqslant 0.90.$$

所以

$$\Phi\left(0.05\sqrt{\frac{n}{p(1-p)}}\right) \geqslant 0.95,$$

即

$$0.05\sqrt{\frac{n}{p(1-p)}} \geqslant 1.645.$$

解得 $n \geqslant p(1-p) \times 1082.41$. 又因为 $p(1-p) \leqslant 0.25$，故 $n \geqslant 270.6$，即至少调查 271 个对象.

实际上，利用中心极限定理进行近似计算，结果比较粗糙，一般只能用来作参考，不能进行精准的数量分析，故实际问题中，也可不修正.

例 5.2.4（2001 数 3, 4） 一生产线生产的产品成箱包装，每箱重量是随机的，假设每箱平均重 20 kg，标准差 5 kg. 若用最大载重量为 5 吨的汽车承运，试利用中心极限定理说明每辆最多装多少箱，才能保证不超载的概率大于 0.877?（$\Phi(2)=0.977$，其中 $\Phi(x)$ 是标准正态分布函数）

解 设 X_i 表示"装运第 i 箱的重量"，单位：kg，n 为所求箱数，则 $X_1,\cdots,X_n$ 相互独立同分布，n 箱总重量 $T_n = \sum_{i=1}^{n}X_i$，且 $E(X_i)=50$，$\sqrt{D(X_i)}=5$. 由独立同分布的中心极限定理知

$$P\{T_n \leqslant 5000\} = P\left\{\sum_{i=1}^{n} X_i \leqslant 5000\right\} = P\left\{\frac{\sum_{i=1}^{n} X_i - 50n}{5\sqrt{n}} \leqslant \frac{5000-50n}{5\sqrt{n}}\right\}$$

$$\approx \Phi\left(\frac{1000-10n}{\sqrt{n}}\right) > 0.977 = \Phi(2).$$

即

$$\frac{1000-10n}{\sqrt{n}} > 2.$$

解得 $n < 98.0199$. 故最多可装 98 箱.

根据中心极限定理，含有 n 个风险单位随机样本的平均损失服从正态分布，此结论对保险费率的厘定极为重要.

例 5.2.5 某保险公司有 1 万人投保，每人每年付 12 元保费，一年内一个人死亡的概率为 0.006，死亡时其家属可从保险公司领 1000 元，

（1）保险公司亏本的概率有多大？

（2）保险公司一年的利润不少于 4 万元的概率为多大？

解 一年内参保人的死亡数 $X \sim B(10^4, 0.006)$.

（1）要使保险公司亏本，必须满足

$$12\times 10000 - 1000X < 0,$$

所以 $X > 120$. 则

$$P(X>120) = 1 - P(X \leqslant 120) = 1 - \Phi\left(\frac{120 - 10^4\times 0.006}{\sqrt{10^4\times 0.006\times 0.994}}\right)$$
$$= 1 - \Phi(7.7693) \approx 3.9968\text{e}-15 \approx 0,$$

即保险公司亏本的概率为 0.

（2）要使保险公司一年的利润不少于 4 万元必须满足

$$12\times 10000 - 1000X \geqslant 40000,$$

所以 $X \leqslant 80$. 则

$$P(X \leqslant 80) \approx \Phi\left(\frac{80 - 10^4\times 0.006}{\sqrt{10^4\times 0.006\times 0.994}}\right) = \Phi(2.5898) \approx 0.9952.$$

即保险公司一年的利润不少于 40000 元的概率为 0.9952.

注意，由于 $\{X \leqslant 120\} \Leftrightarrow \{0 \leqslant X \leqslant 120\}$，$\{X \leqslant 80\} \Leftrightarrow \{0 \leqslant X \leqslant 80\}$，所以

$$P(X>120) = 1 - P(0 \leqslant X \leqslant 120)$$
$$\approx 1 - \left[\Phi\left(\frac{120 - 10^4\times 0.006}{\sqrt{10^4\times 0.006\times 0.994}}\right) - \Phi\left(\frac{0 - 10^4\times 0.006}{\sqrt{10^4\times 0.006\times 0.994}}\right)\right]$$
$$= 2 - 2\Phi(7.7693) \approx 7.9936\text{e-}15 \approx 0;$$

$$P(0 \leqslant X \leqslant 80) \approx \Phi\left(\frac{80-10^4 \times 0.006}{\sqrt{10^4 \times 0.006 \times 0.994}}\right)-\Phi\left(\frac{0-10^4 \times 0.006}{\sqrt{10^4 \times 0.006 \times 0.994}}\right)$$
$$=\Phi(2.5898)-\Phi(-7.7693) \approx 0.9952 .$$

显然，两种计算方法的结果是一致的. 这主要因为：对于标准正态分布，$\Phi(4) \approx 1$，$\Phi(-4) \approx 0$，而在一般问题中，如果考虑离散随机变量 ξ 的取值范围 $[0,n]$，经常出现 $\frac{0-EX}{\sqrt{DX}} \leqslant -4$ 及 $\frac{n-EX}{\sqrt{DX}} \geqslant 4$. 因此在实际计算中，常常不用考虑 X 的取值范围.

小　结

本章主要介绍概率论的两类基本极限定理：大数定律和中心极限定理. 这部分内容理论要求比较高，定理的证明往往涉及特征函数及其高深的数学知识，考生一般感到学习有困难，但由于掌握其理论基础并不是本课程的任务，而且此内容也不是研究生入学考试的重点，因此本章大多数定理证明省略，读者只需结合定理内容，理解它的概率意义，并会利用中心极限定理进行简单的近似计算即可.

本章具体考试要求是：

（1）了解切比雪夫、伯努利、辛钦大数定律.

（2）了解 Lindeberg-levy 中心极限定理（独立同分布随机变量序列的中心极限定理）与 Moivre-Laplace 中心极限定理（二项分布以正态分布为极限）.

习题 5

1. 选择题

（1）下列命题正确的是（　　）.

（A）由辛钦大数定律可以得出切比雪夫大数定律

（B）由切比雪夫大数定律可以得出辛钦大数定律

（C）由切比雪夫大数定律可以得出伯努利大数定律

（D）由伯努利大数定律可以得出切比雪夫大数定律

（2）设随机变量 $\{X_n\}$ 相互独立，$S_n=X_1+\cdots+X_n$，对于充分大的 n，$\frac{S_n-E(S_n)}{\sqrt{D(S_n)}}$ 的极限分布不是标准正态分布，只要 $\{X_n\}$ 都服从（　　）.

（A）泊松分布　　　　（B）二项分布

（C）指数分布　　　　（D）概率密度为 $\frac{1}{\pi(1+x^2)}$ 的柯西分布

（3）（2005 数 4）设随机变量 $\{X_n\}$ 相互独立且都服从参数为 λ 的指数分布，$\Phi(x)$ 为标准正态分布的分布函数，记 $S_n=\sum_{i=1}^{n} X_i$，则（　　）.

（A）$\lim\limits_{n\to\infty}P\left\{\dfrac{\lambda S_n-n}{\sqrt{\lambda}}\leqslant x\right\}=\Phi(x)$ （B）$\lim\limits_{n\to\infty}P\left\{\dfrac{S_n-n}{\sqrt{n\lambda}}\leqslant x\right\}=\Phi(x)$

（C）$\lim\limits_{n\to\infty}P\left\{\dfrac{S_n-\lambda}{\sqrt{n\lambda}}\leqslant x\right\}=\Phi(x)$ （D）$\lim\limits_{n\to\infty}P\left\{\dfrac{S_n-\lambda}{n\lambda}\leqslant x\right\}=\Phi(x)$

2. 填空题

（1）（2003 数 3）设随机变量 $\{X_n\}$ 相互独立且都服从参数为 2 的指数分 布，当 $n\to\infty$ 时，$Y_n=\dfrac{1}{n}\sum\limits_{i=1}^{n}X_i^2$ 依概率收敛于（　　）.

（2）设 Y_n 是 n 次伯努利试验中事件 A 出现的次数，p 为事件 A 在每次试验中的概率，则对任意 $\varepsilon>0$，有 $\lim\limits_{n\to\infty}P\left\{\left|\dfrac{Y_n}{n}-p\right|\geqslant\varepsilon\right\}=$（　　）.

3. 设 $\{X_n\}$ 为独立的随机变量序列，且

$$P(X_n=1)=p_n,\ P(X_n=0)=1-p_n,\ n=1,2,\cdots,$$

证明 $\{X_n\}$ 服从大数定律.

4. 设随机变量序列 $\{X_n\}$ 独立同分布于 $F(x)=\dfrac{1}{2}+\dfrac{1}{\pi}\arctan\dfrac{x}{a},\ x\in\mathbf{R}$，试问：辛钦大数定律对此随机变量序列是否适用？

5. 某保险公司多年的统计资料表明，在理赔户中被盗理赔占 20%，以 X 表示在随机抽查的 100 个理赔户中因被盗向保险公司理赔的户数.

（1）写出 X 的分布列；

（2）求被盗理赔户不少于 14 户且不多于 30 户的概率近似值.

6. 有一批建筑房屋用的木柱，其中 80%的长度不小于 3m，先从这批木柱中随机地取出 100 根，求其中至少有 30 根短于 3m 的概率.

7. 一公寓有 200 户住户，一住户拥有汽车辆数 $X\sim\begin{pmatrix}0 & 1 & 2\\ 0.1 & 0.6 & 0.3\end{pmatrix}$，问需要多少车位，才能使得每辆汽车具有一个车位的概率至少为 0.95？

8. 已知在某十字路口，一周事故发生数的数学期望为 2.2，标准差为 1.4.

（1）以 $\bar{X}$ 表示一年（以 52 周计算）中此十字路口发生事故的算数平均，试用中心极限定理求 $\bar{X}$ 的近似分布，并求 $P(\bar{X}<2)$；

（2）一年事故发生数小于 100 的概率.

9. 一复杂系统由 100 个相互独立起作用的部件所组成，在整个运行期间每个部件损坏的概率为 0.1，为了使整个系统起作用，至少必须 85 个部件正常工作，求整个系统起作用的概率.

10. 某产品的合格率为 99%，问包装箱中应该装多少个此种产品，才能有 95%的可能性使每箱中至少有 100 个合格品？

11. 为确定某城市成年男子中吸烟者的比例 p，任意调查 n 个成年男子，记其中的吸烟者的人数为 m，问 n 至少为多大才能保证 $\dfrac{m}{n}$ 与 p 的差异小于 0.01 的概率大于 95%？

6 数理统计的基本概念

前五章属于概率论的范畴，在概率论的许多问题中，概率分布通常被假定为已知，而一切计算和推理都是基于这个已知分布进行的，但在实际问题中，一个随机变量的分布函数往往未知，或者是知其模型而不知其分布中的参数，那么怎样才能知道一个随机变量的分布或参数呢？这就是数理统计所要解决的问题. 因此，数理统计就是在实际中，根据实验或观测得到的数据对研究对象的统计规律性作出种种合理的估计和推断，直至为采取某种决策提供依据和建议. 但客观上，往往只允许我们对随机现象进行次数不多的观察和试验，所收集的统计资料只能反映事物的局部特征. 数理统计的任务就在于从统计资料所反映的事物局部特征以概率论作为理论基础来推断事物总体的特征. 因为这种“从局部推断总体的方法”具有普遍意义，所以数理统计的应用很广泛，如天气预报、良种的选择、质量的控制等.

本章讲解数理统计的基本概念：总体、样本、统计量，以及抽样分布.

6.1 统计推断的基本概念

统计推断，就是以统计数据为依据，对研究对象的统计规律性进行推测、预测和判断. 它是数理统计的核心内容. 总体、样本和统计量是统计推断的基本概念，也是统计推断的研究对象，我们从直观概念出发，引入它们的数学定义.

6.1.1 总体与样本

在一个统计问题中，我们把研究对象的全体称为**总体**，构成总体的每个元素称为**个体**. 比如，在研究某批零件的抗拉强度时，这批零件的全体就组成了一个总体，而其中每一个零件就是个体.

对于实际问题，总体中的个体是一些实在的人或物，比如我们要研究某大学的学生身高情况，该大学的全体学生就构成了问题的总体，而每个学生就是个体，切记该大学全体学生包括已经毕业及将要录取的同学，一般可认为具有无限多个. 事实上，每一个学生有许多特征：性别、年龄、身高、体重等，而在该问题中，我们关心的只是该校学生的身高如何，对其他的特征暂不考虑. 这样每个学生（个体）所具有的数量指标——身高就是个体，而所有学生身高的所有可能取值的全体看成总体. 如果研究对象的观测值是定性的，我们也可以将其数量化. 比如考察出生婴儿性别，其结果可能为男、女，是定性的，如果分别以 1, 0 表示男、女，那么试验的结果就可用数来表示了. 这样，抛开实际背景，总体就是一堆数，这堆数中有大有小，有的出现机会大，有的出现机会小，因此用一概率分布去描述和归纳总体是合适的. 从这个意义上说，**总体就是一个分布，而其数量指标就是服从这个分布的随机变量，个体就是总体对应随机变量的一次观察值**.

统计上，我们研究有关对象的某一数量指标时，往往需要考察与这一数量指标相联系的随机试验. 这样，总体就是试验的全部可能观测值，即**总体就是随机变量 X，个体就是随机变量 X 的一次观测值**，我们对总体的研究就是对一个随机变量 X 的研究.

数学上，$\Omega=\{\omega\}$ 是抽象元素 ω 的集合，其中 ω 可以是数字、人、物……，一般称作**原总体或总体的原形**. 对于统计研究，人们并不关心 $\Omega=\{\omega\}$ 的个别元素，而是要考察与之相联系的数量特征 $X(\omega)$ 在 Ω 上的分布. 一般把所要考察的特征 X 称为代表总体的特征. 另一方面，从 $\Omega=\{\omega\}$ 中随意抽取一个元素并测定其特征的值 $X=X(\omega)$，就是一次随机试验，而随机试验是用随机变量来表示的，于是，数学上把代表总体的随机变量定义为总体.

定义 6.1.1 设 X 是代表总体的随机变量，则称随机变量 X 为**总体**，简称**总体** X；称 X 的数字特征为**总体 X 的数字特征**；如果总体 X 服从正态分布，则称之为**正态总体**.

总体中所包含个体的个数称为**总体的容量**. 容量有限的总体称为**有限总体**；容量无限的总体称为**无限总体**.

为了了解总体的分布，就必须对总体进行抽样观察，即从总体 X 中随机地抽取 n 个个体，记为 $X_1,\cdots,X_n$,称为总体的一个**样本**，n 称为**样本容量**，简称**样本量**.

样本具有二重性：一方面，由于样本是从总体中随机抽取的，抽取前无法预知它们的数值，因此样本也是随机变量，用大写字母 $X_1,\cdots,X_n$ 表示；另一方面，样本在抽取以后就有确定的观测值，称为**样本观测值**，用小写字母 $x_1,\cdots,x_n$ 表示. 我们对样本及其观测值不加区分，读者可根据上下文进行区分.

设总体 X 的分布函数为 $F(x)$，则样本值 x 称为 $F(x)$ **随机数**，记为 $x\sim F(x)$ 或 $x\sim X$. 简言之，样本观测值就是随机数，如总体 $U(0,1)$ 的观测值 u 就称为 $(0,1)$ 上的均匀随机数. 由于真正的样本观测值要从随机试验中得到，这在现实中往往不可行或成本太高，于是人们借助计算机生成伪随机数，使得它的统计性质服从所需分布，进而借助伪随机数解决问题. 随机数生成也可称为**分布仿真**，是随机模拟的基础.

例 6.1.1 考察某大学的男生身高情况，我们从该大学男生中随机抽取 10 人，观测结果如下（单位：cm）：

180 175 168 173 170 176 172 171 172 178

这是一个容量为 10 的样本观测值，对应的总体就是该大学的男生身高.

值得注意的是，在实际问题中，总体和个体不是一成不变的，而是要由我们研究的任务来决定. 例如，在例 6.1.1 中，如果我们的研究对象是该大学的男生体重，就把该大学男生体重的所有可能取值的全体作为总体，把每个学生的体重看作个体.

从总体中抽取样本有不同的抽法，为了能对总体作出较可靠的推断，总希望样本能很好地代表总体，即要求抽取的样本能很好地反映总体的特征且便于处理，这就需要对抽样方法提出一些要求，最常用的是简单随机抽样.它满足：

（1）**随机性（代表性）**：每一个个体都有同等机会被选入样本，即每一样本 X_i 与总体 X 有相同的分布；

（2）**独立性**：每一样本的取值不影响其他样本的取值，即 $X_1,\cdots,X_n$ 相互独立.

若样本 $X_1,\cdots,X_n$ 是 n 个独立同分布的随机变量，则称该样本为**简单随机样本**，简称为样本，即满足上述两条性质的样本称为简单随机样本. 除非特别声明，否则本书皆指简单随机样本.

设总体 X 的分布函数为 $F(x)$，$X_1,\cdots,X_n$ 为取自该总体的容量为 n 的样本，则样本的联合分布函数为

$$F(x_1,\cdots,x_n)=\prod_{i=1}^{n}F(x_i).$$

对于无限总体，随机性和独立性很容易实现，困难在于排除有意或无意的人为干扰. 对于有限总体，不放回抽样所得样本不能视为简单随机样本，因为不放回抽样的观测值既不独立，也不同分布，但是如果总体个数很多，特别与样本量相比很大，则独立性基本可以满足. 在实际应用中，当总体数量较大时，比如总体比样本量大 20 倍以上或抽样比例小于 0.01，可将不放回抽样视为放回抽样.

6.1.2　统计量

样本来自总体，含有总体各方面的信息，但这些信息较为分散，有时不能直接利用. 为了将这些分散的信息集中起来以反映总体的各种特征，我们就需要对样本进行加工，最常用的加工方法是构造样本的函数，即统计量. 不同的函数反映总体的不同特征，因此针对不同的问题可构造出不同的统计量.

定义 6.1.2　设 $X_1,\cdots,X_n$ 为来自某总体的样本，若样本函数 $T=T(X_1,\cdots,X_n)$ 中不含有任何有关总体分布的未知参数，则称 T 为**统计量**，统计量的分布称为**抽样分布**.

由于样本为随机变量，而**统计量是样本的函数且不含未知参数**，故统计量 $T=T(X_1,\cdots,X_n)$ 也是一个随机变量. 设 $x_1,\cdots,x_n$ 是样本 $X_1,\cdots,X_n$ 的观测值，则称 $T(x_1,\cdots,x_n)$ 为 $T(X_1,\cdots,X_n)$ 观测值. 样本和统计量一般应视为随机变量，在处理实际问题时，样本与统计量多指其实现.

设 $X_1,\cdots,X_n$ 为样本，则 $\sum_{i=1}^{n}X_i$ 与 $\sum_{i=1}^{n}X_i^2$ 都是统计量，当 μ,σ^2 未知时，$X_1-\mu$，$\frac{X_1}{\sigma}$ 等都不是统计量. 必须指出的是：虽然统计量不依赖未知参数，但是它的分布一般是依赖于未知参数的.

统计量在统计学中具有极其重要的地位，它是统计推断的基础，统计量在统计学中的地位相当于随机变量在概率论中的地位. 研究统计量的性质和评价一个统计推断的优良性，完全取决于其抽样分布的性质，所以抽样分布的研究是统计学中的重要内容.

下面给出几个最常用的统计量：

定义 6.1.3　设 $X_1,\cdots,X_n$ 是来自某总体的样本，

（1）**样本均值**：$\bar{X}=\frac{1}{n}\sum_{i=1}^{n}X_i$；

在分组场合，样本均值的近似公式为

$$\bar{X}=\frac{1}{n}\sum_{i=1}^{k}X_i f_i,$$

其中 $n=\sum_{i=1}^{k}f_i$，k 为组数，X_i 为第 i 组的组中值，f_i 为第 i 组的频数.

（2）**样本方差**：$S^{*2}=\frac{1}{n}\sum_{i=1}^{n}(X_i-\bar{X})^2$，其中 $S^*=\sqrt{S^{*2}}$ **样本标准差**；

（3）**样本（无偏）方差**：$S^2=\dfrac{1}{n-1}\sum_{i=1}^{n}(X_i-\bar{X})^2$，也称为**修正的样本方差**，$S$ 称为样本（无偏）标准差；

在分组场合，样本方差的近似公式为

$$S^2=\frac{1}{n-1}\sum_{i=1}^{k}f_i(X_i-\bar{X})^2=\frac{1}{n-1}\left[\sum_{i=1}^{k}f_iX_i^2-n\bar{X}^2\right];$$

（4）**样本 k 阶原点矩**：$A_k=\dfrac{1}{n}\sum_{i=1}^{n}X_i^k$，

样本 k 阶中心矩：$B_k=\dfrac{1}{n}\sum_{i=1}^{n}(X_i-\bar{X})^k$；

（5）**样本中位数**：$\tilde{X}=\begin{cases}X_{\left(\frac{n+1}{2}\right)}, & n\text{为奇数}\\ \dfrac{1}{2}\left(X_{\left(\frac{n}{2}\right)}+X_{\left(\frac{n}{2}+1\right)}\right), & n\text{为偶数}\end{cases}$；

样本均值与方差是最常用的样本数字特征，下面给出与它们有关的重要定理.

定理 6.1.1　设总体 X 具有二阶矩，即 $EX=\mu,\ DX=\sigma^2<+\infty$，$X_1,\cdots,X_n$ 为从该总体中得到的样本，$\bar{X}$ 和 S^2 分别是样本均值与样本方差，则

$$E(\bar{X})=\mu,\ \ D(\bar{X})=\frac{\sigma^2}{n},\ \ ES^2=\sigma^2.$$

证明　由于 $X_1,\cdots,X_n$ 独立同分布于总体 X，所以

$$E(\bar{X})=E\left[\frac{1}{n}\sum_{i=1}^{n}X_i\right]=\frac{1}{n}\sum_{i=1}^{n}EX_i=\frac{1}{n}\sum_{i=1}^{n}\mu=\mu;$$

$$D(\bar{X})=D\left[\frac{1}{n}\sum_{i=1}^{n}X_i\right]=\frac{1}{n^2}\sum_{i=1}^{n}DX_i=\frac{\sigma^2}{n};$$

$$E(\bar{X}^2)=D(\bar{X})+E(\bar{X})^2=\frac{\sigma^2}{n}+\mu^2,$$

$$EX_i^2=DX_i+(EX_i)^2=\sigma^2+\mu^2,$$

由于 $S^2=\dfrac{1}{n-1}\sum_{i=1}^{n}(X_i-\bar{X})^2=\dfrac{1}{n-1}\left[\sum_{i=1}^{n}X_i^2-n\bar{X}^2\right]$，所以

$$\begin{aligned}ES^2&=E\left[\frac{1}{n-1}\sum_{i=1}^{n}(X_i-\bar{X})^2\right]=E\left\{\frac{1}{n-1}\left[\sum_{i=1}^{n}X_i^2-n\bar{X}^2\right]\right\}\\&=\frac{1}{n-1}\left[\sum_{i=1}^{n}EX_i^2-nE\bar{X}^2\right]=\frac{1}{n-1}\left[n(\sigma^2+\mu^2)-n\left(\frac{\sigma^2}{n}+\mu^2\right)\right]\\&=\frac{n-1}{n-1}\sigma^2=\sigma^2.\end{aligned}$$

当我们进行精密测量时，为了减少随机误差，往往是重复测量多次后取其平均值. 本定理就给出了这种做法的一个合理解释，多次测量求平均值可以减少误差. 设总体 X 的分布函数表达式已知，对于任意正整数 n，如能求出统计量 T 的分布函数，该分布称为统计量 T 的精确分布. 求出统计量的**精确分布**，这对数理统计中所谓**小样本问题**（样本容量 n 较小情况下的各种统计问题）的研究是很重要的. 但一般来说，精确分布只能在特殊情况下才能确定，若精确分布不能确定，或其表达式非常复杂而难以应用，但如果能求出 $n\to\infty$ 时的极限分布，即**渐近分布**，那么统计量的极限分布对**大样本问题**是非常重要的. 但要注意，在应用极限分布时，要求样本容量要足够大.

除了样本数字特征外，另一类常用的统计量就是次序统计量.

定义 6.1.4　样本 $X_1,X_2,\cdots,X_n$ 按由小到大的顺序重排为

$$X_{(1)},X_{(2)},\cdots,X_{(n)},$$

则称 $X_{(1)},X_{(2)},\cdots,X_{(n)}$ 为样本 $X_1,X_2,\cdots,X_n$ 的**次序统计量**，$X_{(k)}$ 为第 k 次序统计量，$X_{(1)}$ 为**最小次序统计量**，$X_{(n)}$ 为**最大次序统计量**. $R=X_{(n)}-X_{(1)}$ 称为**样本极差**.

我们知道，在一个简单随机样本中，$X_1,X_2,\cdots,X_n$ 是独立同分布的，而次序统计量 $X_{(1)},X_{(2)},\cdots,X_{(n)}$ 既不独立，分布也不相同.

6.1.3　经验分布函数

样本的分布完全由总体的分布来决定，但在数理统计中，总体的分布往往是未知的，那么如何根据样本观测值来估计和推断总体 X 的分布函数 $F(x)$ 是数理统计要解决的一个重要问题，为此，引入经验分布函数的概念.

定义 6.1.5　设 $X_1,\cdots,X_n$ 是取自总体分布函数为 $F(x)$ 的样本，若将样本观测值从小到大进行排列为 $X_{(1)},X_{(2)},\cdots,X_{(n)}$，则 $X_{(1)}\leqslant X_{(2)}\leqslant\cdots<X_{(n)}$ 为有序样本，函数

$$F_n(x)=\begin{cases}0, & 当x<X_{(1)}\\ \dfrac{k}{n}, & 当X_{(k)}\leqslant x<X_{(k+1)},k=1,2,\cdots,n-1\\ 1, & 当x\geqslant X_{(n)}\end{cases}$$

称为**经验分布函数**.

容易验证，经验分布函数 $F_n(x)$ 具有如下简单性质：

（1）当 x 固定时，它是样本的函数，是一个随机变量，即 $F_n(x)$ 是一个统计量，其概率分布和数字特征为

$$P\left\{F_n(x)=\frac{k}{n}\right\}=\mathrm{C}_n^k[F(x)]^k[1-F(x)]^{n-k},k=0,1,\cdots,n,$$

$$E[F_n(x)]=F(x),\quad D[F_n(x)]=\frac{1}{n}F(x)[1-F(x)].$$

（2）$F_n(x)$ 的观测值满足分布函数的三条性质，即它是分布函数.

（3）对于固定的 n，经验分布函数 $F_n(x)$ 是样本中事件“$X_i \leqslant x$”发生的频率. 由伯努利大数定律可知，当 $n \to \infty$ 时，$F_n(x)$ 以概率收敛到 $F(x)$，更进一步有 $F_n(x)$ 以概率 1 收敛到 $F(x)$. 我们还能得到更深刻的结论，这就是格里纹科定理.

定理 6.1.2（格里纹科定理） 设 $X_1,\cdots,X_n$ 是取自总体 $F(x)$ 的样本，$F_n(x)$ 是其经验分布函数，有

$$P\left(\lim_{n\to\infty}\sup_{-\infty<x<+\infty}\left|F_n(x)-F(x)\right|=0\right)=1.$$

格里纹科定理表明，当 n 相当大时，经验分布函数 $F_n(x)$ 是分布函数 $F(x)$ 的一个良好估计. 经典统计学中的一切统计推断都以样本为依据，其理论依据就在于此. 但用经验分布函数逼近理论分布，通常要求样本容量 n 非常大，以致实际上在多数情形下难以实现；另一方面，分布函数本身通常也不便于处理具体随机变量，致使它不便于处理具体的统计推断问题.

在许多实际问题中，要寻求统计量的精确分布和渐近分布都是非常困难的，我们可利用计算机进行随机模拟来获得某种统计量的近似分布. 其**基本思想**是：

设有一个统计量 $T=T(X_1,\cdots,X_n)$，为获得 T 的分布函数 $F^{(n)}(t)$，其中 n 为样本量，我们可连续作一系列试验，每次试验都是从总体中随机抽取容量为 n 的样本，然后计算其统计量的观测值. 当进行 N 次，就可得到统计量 T 的 N 个观测值. 根据 N 个观测值可做其经验分布函数 $F_N^{(n)}(t)$，即得到统计量的近似分布.

例 6.1.2 某食品厂生产听装饮料，现从生产线上随机抽取 5 听饮料，称得其净重为（单位：g）

$$351 \quad 347 \quad 355 \quad 344 \quad 351,$$

这是样本容量为 5 的样本，将观测值由小到大排列，重新编号为

$$x_{(1)}=344,\ x_{(2)}=347,\ x_{(3)}=351,\ x_{(4)}=351,\ x_{(5)}=355,$$

其经验分布函数为

$$F_n(x)=\begin{cases}0, & x<344\\ 0.2, & 344\leqslant x<347\\ 0.4, & 347\leqslant x<351\\ 0.8, & 351\leqslant x<355\\ 1, & x\geqslant 355\end{cases}.$$

经验分布函数图形 Matlab 的绘图指令为

cdfplot,

其输入的参数为样本数据向量，有两个可选输出参数：第一个是图形句柄；第二个是关于样本数据的几个重要统计量，包括样本的最小值、最大值、均值、中值和标准差.

```
[h,stats]=cdfplot([351 347 355 344 351])
h =159.0016
stats = min: 344    max: 355    mean: 349.6000    median: 351    std: 4.2190
```

图形如图 6.1.1 所示.

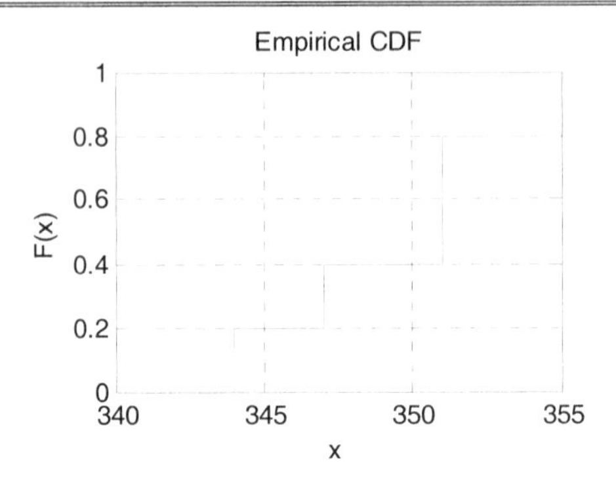

图 6.1.1　经验分布函数图

经验分布函数是一种在大样本条件下估计变量分布形态的重要工具. 经验分布函数图形与累积频率折线图在性质上是一致的，它们的主要区别在数据的分组上，经验分布函数处理得更为细腻.

6.2　抽样分布

很多统计推断都是基于正态分布假设的，以标准正态分布为基石构造的三个著名统计量在实际中广泛应用，这是因为这三个统计量不仅有明确的背景，而且其抽样分布的密度函数有显式表达式，它们被称为**三大抽样分布**. 对于这三大分布，要求读者掌握它们的定义和密度函数的轮廓.

6.2.1　三大抽样分布

定义 6.2.1（卡方分布）　设 $X_1,\cdots,X_n$ 独立同分布于 $N(0,1)$，则 $\chi^2=\sum_{i=1}^{n}X_i^2$ 的分布称为**自由度为 n 的卡方分布**，记为 $\chi^2\sim\chi^2(n)$.

自由度是统计学中非常重要的一个概念，它可以解释为独立变量的个数，还可解释为二次型的秩.

显然，χ^2 分布满足可加性：若 $\chi_1^2,\chi_2^2,\cdots,\chi_m^2$ 相互独立，且都服从 χ^2 分布，自由度分别为 $v_1,v_2,\cdots,v_m$，则

$$\chi^2=\chi_1^2+\chi_2^2+\cdots+\chi_m^2\sim\chi^2(v_1+v_2+\cdots+v_m);$$

$$E[\chi^2(n)]=n,\quad \mathrm{var}[\chi^2(n)]=2n.$$

$\chi^2(n)$ 的密度函数为

$$f(y)=\frac{\left(\frac{1}{2}\right)^{\frac{n}{2}}}{\Gamma\left(\frac{n}{2}\right)}y^{\frac{n}{2}-1}\mathrm{e}^{-\frac{y}{2}},y>0,$$

其中伽马函数 $\Gamma(\alpha)=\int_0^{+\infty}x^{\alpha-1}\mathrm{e}^{-x}\mathrm{d}x$，且

$$\Gamma(\alpha+1)=\alpha\Gamma(\alpha)\text{，}\quad \Gamma(k+1)=k!.$$

密度函数图形位于第一象限，峰值随着 n 的增大而向右边移动，见图 6.2.1.

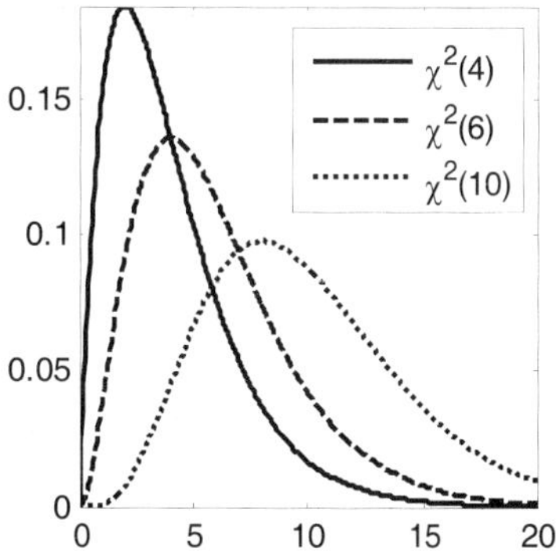

图 6.2.1 $\chi^2(n)$ 分布的密度函数

例 6.2.1 设 X_1,X_2,X_3,X_4 相互独立，且都服从 $N(0,1)$，$\bar{X}$ 为算术平均值，试求

$$4\bar{X}^2=\frac{(X_1+X_2+X_3+X_4)^2}{4}$$

的概率分布.

解 由正态分布可加性知 $X_1+X_2+X_3+X_4\sim N(0,4)$，因此

$$\frac{X_1+X_2+X_3+X_4}{2}\sim N(0,1)\text{，}$$

所以 $4\bar{X}^2\sim\chi^2(1)$.

定义 6.2.2 设 $X\sim\chi^2(m)$, $Y\sim\chi^2(n)$ 且相互独立，则称 $F=\dfrac{X/m}{Y/n}$ 的分布为**自由度为 (m,n) 的 F 分布**，记为 $F\sim F(m,n)$，m 称为分子自由度，n 称为分母自由度.

$F(m,n)$ 的密度函数为

$$f(y)=\frac{\Gamma\left(\frac{m+n}{2}\right)}{\Gamma\left(\frac{m}{2}\right)\Gamma\left(\frac{n}{2}\right)}\left(\frac{m}{n}\right)^{\frac{m}{2}}y^{\frac{m}{2}-1}\left(1+\frac{m}{n}y\right)^{-\frac{m+n}{2}},y>0\text{，}$$

图像是一个只取非负值的偏态分布，见图 6.2.2.

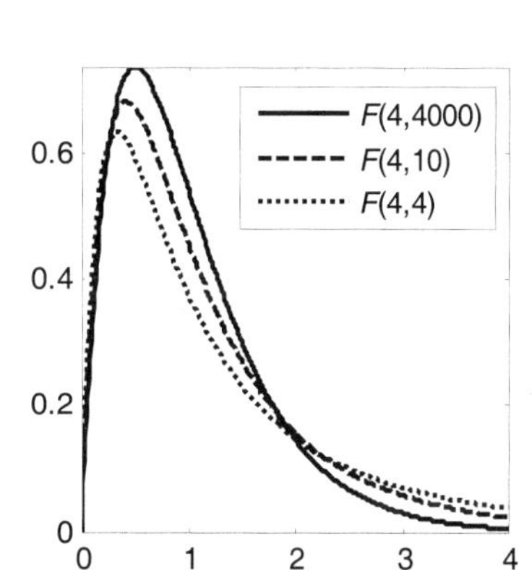

图 6.2.2 F 分布的密度函数

我们先复习下分位数的定义，给定 $0<\alpha<1$，称满足

$$P(X\leqslant y)=\alpha$$

的 y 为 X 的 α 分位数.

若 $F\sim F(m,n)$，则有 $\dfrac{1}{F}\sim F(n,m)$. 给定 $0<\alpha<1$，

$$\alpha=P\left(\frac{1}{F}<F_\alpha(n,m)\right)=P\left(F>\frac{1}{F_\alpha(n,m)}\right)\text{，}$$

从而

$$P\left(F\leqslant\frac{1}{F_\alpha(n,m)}\right)=1-\alpha\text{，}$$

即

$$F_\alpha(n,m)=\frac{1}{F_{1-\alpha}(m,n)}.$$

定义 6.2.3 设随机变量 $X\sim N(0,1)$, $Y\sim\chi^2(n)$, 且 X,Y 相互独立，则称 $t=\dfrac{X}{\sqrt{Y/n}}$ 为**自由度为 n 的 t 分布**, 记为 $t\sim t(n)$.

t 分布的密度函数为

$$f(y)=\frac{\Gamma\left(\frac{n+1}{2}\right)}{\sqrt{n\pi}\Gamma\left(\frac{n}{2}\right)}\left(1+\frac{y^2}{n}\right)^{-\frac{1+n}{2}},y\in\mathbf{R}.$$

该密度函数图像是一个关于纵轴对称的分布，见图 6.2.3，与标准正态形状类似，只是峰比标准正态分布低一些，尾部的概率比标准正态分布大一些.

（1）$t(1)$ 分布是标准的柯西分布，数学期望不存在；

（2）$n>1$ 时，t 分布数学期望存在且为 0；

（3）$n>2$ 时，t 分布的方差存在且为 $\frac{n}{n-2}$；

（4）当自由度较大时，比如 $n\geqslant 30$，t 分布可以用 $N(0,1)$ 分布近似.

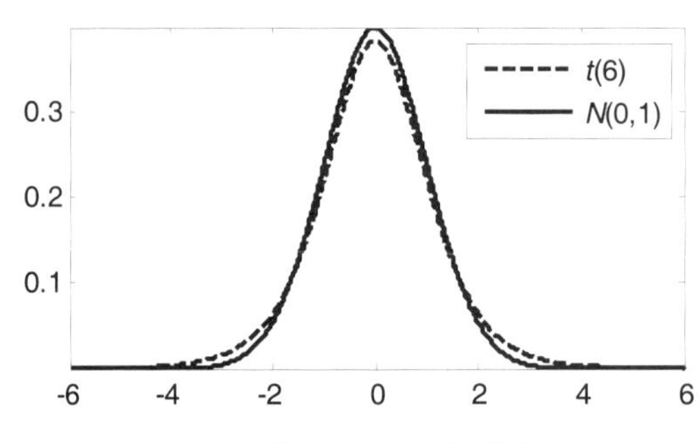

图 6.2.3　t 分布与 $N(0,1)$ 的密度函数

t 分布是统计学中的一类重要分布，它与正态分布的微小差别是由英国统计学家威廉·戈塞（William Sealy Gosset）发现的.

戈塞出生于英国肯特郡坎特伯雷市，求学于曼彻斯特学院和牛津大学，主要学习化学和数学. 1899 年，戈塞进入都柏林的 A·吉尼斯父子酿酒厂担任酿酒化学师，从事试验和数据分析工作. 由于他接触的样本比较少，只有四五个，但通过大量实验数据分析，他发现 $t=\frac{\sqrt{n-1}(\bar{x}-\mu)}{s}$ 的分布与传统的 $N(0,1)$ 并不同，特别是尾部概率相差较大，由此戈塞怀疑是否存在另一个分布族. 由于吉尼斯酿酒厂的规定禁止戈塞发表关于酿酒过程变化性的研究成果，因此戈塞不得不于 1908 年，首次以“学生”(Student)为笔名，发表自己的研究成果，因此 t 分布又称为**学生分布**. 特别是戈塞最初提出 t 分布时并不被人重视和接受，后来费希尔在他的农业试验中也遇到了小样本问题，这才发现 t 分布的实用价值. 1923 年，费希尔对 t 分布给出了严格而简单的证明；1925 年编制出 t 分布表后，戈塞的小样本方法才被统计学界广泛认可. t 分布的发现在统计学史上具有划时代意义，打破了正态分布一统天下的局面，开创了小样本统计推断新纪元.

6.2.2　正态总体的抽样分布

来自一般正态总体的统计量的抽样分布是应用最广泛的抽样分布，下面首先给出样本均值抽样分布的一个重要结论.

定理 6.2.1　设 $X_1,\cdots,X_n$ 是来自某个总体 X 的样本，$\bar{X}$ 为样本均值.

（1）若总体分布为 $N(\mu,\sigma^2)$，则 $\bar{X}$ 的精确分布为 $N\left(\mu,\dfrac{\sigma^2}{n}\right)$；

（2）若总体分布未知或不是正态分布，但 $EX=\mu,\ DX=\sigma^2$，则 n 较大时 $\bar{X}$ 的渐近分布为 $N\left(\mu,\dfrac{\sigma^2}{n}\right)$，常记为 $\bar{X}\dot{\sim}N\left(\mu,\dfrac{\sigma^2}{n}\right)$.

证明　（1）由于 $X_1,\cdots,X_n$ 独立同分布于 $N(\mu,\sigma^2)$，以及正态分布具有可加性，故

$$\sum_{i=1}^{n}X_i\sim N(n\mu,n\sigma^2).$$

又因为正态分布的线性变换仍为正态分布，故 $\bar{X}\dot{\sim}N\left(\mu,\dfrac{\sigma^2}{n}\right)$.

（2）由中心极限定理可知

$$\lim_{n\to\infty}\frac{\bar{X}-\mu}{\sqrt{\sigma^2/n}}\sim N(0,1),$$

即结论成立.

定理 6.2.2　设 $X_1,X_2,\cdots,X_n$ 是来自正态总体 $N(\mu,\sigma^2)$ 的样本,$\bar{X}$，$S^2=\dfrac{1}{n-1}\sum\limits_{i=1}^{n}(X_i-\bar{X})^2$ 分别是样本均值与样本方差，则

（1）$\bar{X}\sim N\left(\mu,\dfrac{1}{n}\sigma^2\right)$；

（2）$\dfrac{(n-1)S^2}{\sigma^2}\sim\chi^2(n-1)$；

（3）$\bar{X},S^2$ 相互独立.

证明　记 $X=(X_1,\cdots,X_n)^{\mathrm{T}}$，则有

$$EX=(\mu,\cdots,\ \mu)^{\mathrm{T}},\quad \mathrm{var}(X)=\sigma^2 I.$$

取一个 n 维正交矩阵 A，其第一行的每个元素为 $\dfrac{1}{\sqrt{n}}$，如

$$A=\begin{pmatrix}
\dfrac{1}{\sqrt{n}} & \dfrac{1}{\sqrt{n}} & \dfrac{1}{\sqrt{n}} & \cdots & \dfrac{1}{\sqrt{n}}\\
\dfrac{1}{\sqrt{2\times 1}} & -\dfrac{1}{\sqrt{2\times 1}} & 0 & \cdots & 0\\
\dfrac{1}{\sqrt{3\times 2}} & \dfrac{1}{\sqrt{3\times 2}} & -\dfrac{2}{\sqrt{3\times 2}} & \cdots & 0\\
\vdots & \vdots & \vdots & & \vdots\\
\dfrac{1}{\sqrt{n(n-1)}} & \dfrac{1}{\sqrt{n(n-1)}} & \dfrac{1}{\sqrt{n(n-1)}} & \cdots & -\dfrac{n-1}{\sqrt{n(n-1)}}
\end{pmatrix}$$

令 $Y = AX$，则由多维正态分布性质可知 Y 仍服从 n 维正态分布，均值和方差分别为

$$EY = E(AX) = A \cdot EX = \begin{pmatrix} \sqrt{n}\mu \\ 0 \\ \vdots \\ 0 \end{pmatrix},$$

$$\mathrm{var}(Y) = A\,\mathrm{var}(X)A^{\mathrm{T}} = A\sigma^2 IA^{\mathrm{T}} = \sigma^2 I .$$

Y 的各个分量相互独立且都服从正态分布，其方差均为 σ^2，均值不完全相等.

由于 $\bar{X} = \dfrac{1}{\sqrt{n}}Y_1$，则 $\bar{X} \sim N\left(\mu, \dfrac{1}{n}\sigma^2\right)$.

由于 $\sum\limits_{i=1}^{n} Y_i^2 = Y^{\mathrm{T}}Y = X^{\mathrm{T}}A^{\mathrm{T}}AX = \sum\limits_{i=1}^{n} X_i^2$，故而

$$(n-1)S^2 = \sum_{i=1}^{n}(X_i - \bar{X})^2 = \sum_{i=1}^{n} X_i^2 - (\sqrt{n}\bar{X})^2 = \sum_{i=1}^{n} Y_i^2 - (Y_1)^2 = \sum_{i=2}^{n} Y_i^2 ,$$

所以 $\bar{X}, S^2$ 相互独立.

由于 $Y_2, \cdots, Y_n$ 独立同分布于 $N(0, \sigma^2)$，于是 $\dfrac{(n-1)S^2}{\sigma^2} \sim \chi^2(n-1)$.

推论 1 $t = \dfrac{\sqrt{n}(\bar{X} - \mu)}{S} \sim t(n-1)$.

证明 $\dfrac{\sqrt{n}(\bar{X} - \mu)}{S} = \dfrac{\dfrac{(\bar{X} - \mu)}{\sigma/\sqrt{n}}}{\sqrt{\dfrac{(n-1)S^2/\sigma^2}{n-1}}} \sim t(n-1)$.

推论 2 设样本 $X_1, \cdots, X_m$ 来自总体 $N(\mu_1, \sigma_1^2)$，样本 $Y_1, \cdots, Y_n$ 来自总体 $N(\mu_2, \sigma_2^2)$，且两样本相互独立，记 $S_X^2 = \dfrac{1}{m-1}\sum\limits_{i=1}^{m}(X_i - \bar{X})^2$，$S_Y^2 = \dfrac{1}{n-1}\sum\limits_{i=1}^{n}(Y_i - \bar{Y})^2$，则有

（1）$F = \dfrac{S_X^2/\sigma_1^2}{S_Y^2/\sigma_2^2} \sim F(m-1, n-1)$；

（2）若 $\sigma_1^2 = \sigma_2^2 = \sigma^2$，并记 $S_w^2 = \dfrac{(m-1)S_X^2 + (n-1)S_Y^2}{m+n-2}$，则

$$\frac{(\bar{X} - \bar{Y}) - (\mu_1 - \mu_2)}{S_w\sqrt{\dfrac{1}{m} + \dfrac{1}{n}}} \sim t(m+n-2).$$

证明 （1）由于 $\dfrac{(m-1)S_X^2}{\sigma_1^2} \sim \chi^2(m-1)$，$\dfrac{(n-1)S_Y^2}{\sigma_2^2} \sim \chi^2(n-1)$ 且相互独立，则由 F 分布定义可知结论（1）成立.

（2）由于 $\bar{X} \sim N(\mu_1, \dfrac{\sigma^2}{m}), \bar{Y} \sim N(\mu_2, \dfrac{\sigma^2}{n})$ 且相互独立，所以

$$\overline{X}-\overline{Y}\sim N\left(\mu_1-\mu_2,\frac{\sigma^2}{m}+\frac{\sigma^2}{n}\right),$$

即
$$\frac{\overline{X}-\overline{Y}-(\mu_1-\mu_2)}{\sqrt{\frac{\sigma^2}{m}+\frac{\sigma^2}{n}}}\sim N(0,1).$$

由卡方分布的可加性知

$$\frac{(m+n-2)S_w^2}{\sigma^2}=\frac{(m-1)S_X^2}{\sigma_1^2}+\frac{(n-1)S_Y^2}{\sigma_2^2}\sim\chi^2(m+n-2).$$

由于 $\overline{X}-\overline{Y}, S_w^2$ 相互独立，由 t 分布定义可知结论（2）成立.

例 6.2.2（2012 数 3） 设 X_1,X_2,X_3,X_4 为来自总体 $N(1,\sigma^2)(\sigma>0)$ 的简单随机样本，试求统计量 $\frac{X_1-X_2}{|X_3+X_4-2|}$ 的分布.

解 因为 X_1,X_2,X_3,X_4 为来自总体 $N(1,\sigma^2)$ 的简单随机样本，所以

$$X_1-X_2\sim N(0,2\sigma^2)，\quad X_3+X_4-2\sim N(0,2\sigma^2).$$

于是

$$\frac{X_1-X_2}{\sqrt{2}\sigma}\sim N(0,1)，\quad \frac{X_3+X_4-2}{\sqrt{2}\sigma}\sim N(0,1)，\text{且相互独立}.$$

进一步有
$$\left(\frac{X_3+X_4-2}{\sqrt{2}\sigma}\right)^2\sim\chi^2(1).$$

由 t 分布定义得

$$\frac{X_1-X_2}{|X_3+X_4-2|}=\frac{\frac{X_1-X_2}{\sqrt{2}\sigma}}{\sqrt{\left(\frac{X_3+X_4-2}{\sqrt{2}\sigma}\right)^2}}\sim t(1).$$

例 6.2.3（1999 数 3） 设 $X_1,X_2,\cdots,X_9$ 是来自正态总体 X 的简单随机样本，

$$Y_1=\frac{1}{6}(X_1+\cdots+X_6)，\quad Y_2=\frac{1}{3}(X_7+X_8+X_9),$$
$$S^2=\frac{1}{2}\sum_{i=7}^{9}(X_i-Y_2)^2，\quad Z=\frac{\sqrt{2}(Y_1-Y_2)}{S},$$

证明统计量 Z 服从自由度为 2 的 t 分布.

证明 设 $X\sim N(\mu,\sigma^2)$，则有

$$EY_1=EY_2=\mu，\quad DY_1=\frac{\sigma^2}{6},\quad DY_2=\frac{\sigma^2}{3}.$$

由于 Y_1,Y_2 独立，因此有

$$E(Y_1-Y_2)=0,\quad D(Y_1-Y_2)=\frac{\sigma^2}{6}+\frac{\sigma^2}{3}=\frac{\sigma^2}{2}.$$

故 $Y_1-Y_2\sim N\left(0,\frac{\sigma^2}{2}\right)$，从而

$$U=\frac{Y_1-Y_2}{\sigma/\sqrt{2}}\sim N(0,1).$$

由正态总体样本方差的性质知

$$V=\frac{2S^2}{\sigma^2}\sim \chi^2(2).$$

又 Y_1-Y_2,S^2 独立，因此

$$Z=\frac{\sqrt{2}(Y_1-Y_2)}{S}=\frac{U}{\sqrt{V/2}}\sim t(2).$$

6.2.3 次序统计量的抽样分布*

接下来，我们讨论次序统计量的抽样分布，它们常用在连续总体上，故仅对总体 X 的分布为连续情况叙述.

定理 6.2.3 设总体 X 的密度函数为 $f(x)$，分布函数为 $F(x)$，$X_1,\cdots,X_n$ 为来自总体的一个样本，则

（1）第 k 个次序统计量 $X_{(k)}$ 的密度为

$$f_k(x)=\frac{n!}{(k-1)!(n-k)!}[F(x)]^{k-1}[1-F(x)]^{n-k}f(x),k=1,\cdots,n;$$

（2）次序统计量 $(X_{(i)},X_{(j)}),i<j$ 的联合密度函数为

$$f_{ij}(y,z)=\frac{n!}{(i-1)!(j-i-1)!(n-j)!}[F(y)]^{i-1}[F(z)-F(y)]^{j-i-1}[1-F(z)]^{n-j}f(y)f(z),\quad y\leqslant z;$$

（3）$(X_{(1)},\cdots,X_{(n)})^{\mathrm{T}}$ 的联合密度为

$$f(x_1,\cdots,x_n)=\begin{cases}n!\prod\limits_{i=1}^{n}f(x_i),x_1<\cdots<x_n\\0,\qquad\qquad 其他\end{cases}.$$

证明 （1）对任意实数 x 考虑次序统计量 $X_{(k)}$ 落在小区间 $(x,x+\Delta x]$ 内这一事件，它等价于“样本容量为 n 的样本中有 1 个观测值落在 $(x,x+\Delta x]$ 之内，而有 $k-1$ 个观测值小于等于 x，有 $n-k$ 个观测值大于 $x+\Delta x$”.

样本的每一个分量小于等于 x 的概率为 $F(x)$，落入区间 $(x,x+\Delta x]$ 的概率为 $F(x+\Delta x)-F(x)$，大于 $x+\Delta x$ 的概率为 $1-F(x+\Delta x)$，而将 n 个样本分成这样的三组，总分法

有 $\dfrac{n!}{(k-1)!1!(n-k)!}$，于是若以 $F_k(x)$ 记 $X_{(k)}$ 的分布函数，则由多项分布可得

$$F_k(x+\Delta x)-F_k(x)\approx\frac{n!}{(k-1)!1!(n-k)!}[F(x)]^{k-1}[F(x+\Delta x)-F(x)][1-F(x+\Delta x)]^{n-k}.$$

两边除以 Δx，并令 $\Delta x\to 0$，可得

$$\begin{aligned}f_k(x)&=\lim_{\Delta x\to 0}\frac{F_k(x+\Delta x)-F_k(x)}{\Delta x}\\&=\frac{n!}{(k-1)!1!(n-k)!}\left[[F(x)]^{k-1}\lim_{\Delta x\to 0}\frac{[F(x+\Delta x)-F(x)]}{\Delta x}\lim_{\Delta x\to 0}[1-F(x+\Delta x)]\right]^{n-k}\\&=\frac{n!}{(k-1)!(n-k)!}[F(x)]^{k-1}[1-F(x)]^{n-k}f(x).\end{aligned}$$

其中 $f_k(x)$ 的非零区间与总体非零区间相同.

（2）（3）证明方法同上.

样本极差 R 的分布函数记为 $F_R(y)$，其中 $y\geqslant 0$. 欲求 $F_R(y)$，一般先求出顺序统计量 $(X_{(1)},\cdots,X_{(n)})$ 或 $(X_{(1)},X_{(n)})$ 的联合分布，从而导出极差的分布. 现在我们直接求极差的分布.

现在对连续型总体 X 讨论. 设总体的密度函数为 $f(x)$，用 A 表示“样本 $X_1,\cdots,X_n$ 中有一个落入区间 $(v,v+\mathrm{d}v)$，而另 $n-1$ 个同时落入区间 $(v,v+y)$”这个事件，则

$$P(A)=\mathrm{C}_n^1 f(v)\mathrm{d}v[F(v+y)-F(v)]^{n-1},$$

其中 $(v,v+y)$ 是样本观测值的范围，y 为极差 R 的观测值的上界. 于是，

$$F_R(y)=P(R\leqslant y)=n\int_{-\infty}^{\infty}[F(v+y)-F(v)]^{n-1}f(v)\mathrm{d}v,$$

其密度函数为

$$f_R(y)=n(n-1)\int_{-\infty}^{\infty}\left[\int_v^{v+y}f(x)\mathrm{d}x\right]^{n-2}f(v+y)f(v)\mathrm{d}v.$$

小　结

本章是数理统计的基本概念，包括总体、个体、样本、统计量及其分布，其中与正态总体有关的抽样分布要求掌握，次序统计量的抽样分布属于了解内容. 以正态总体为基础构造的三大抽样分布是参数估计与假设检验的基石，希望读者掌握其定义、密度函数的大致形状及其有关定理.

求统计量的数字特征本质上是计算随机变量函数的数学期望，这类问题一般是利用数字特征的性质、重要统计量的性质和重要分布的数字特征来计算，并且这里往往需要先求统计量的分布.

具体考试要求是：

（1）理解总体、简单随机样本、统计量、样本均值、样本方差和样本矩的概念.

（2）理解 χ^2 分布、t 分布、F 分布的概念及性质，了解分位数的概念.

（3）了解正态总体的常用抽样分布，了解经验分布函数的概念和性质.

习题 6

1. 选择题

（1）（2013 数 1）设随机变量 $X \sim t(n)$，$Y \sim F(1,n)$，给定 $\alpha(0<\alpha<0.5)$，常数 c 满足 $P\{X>c\}=\alpha$，则 $P\{X>c^2\}=($　　$)$.

（A）α　　（B）$1-\alpha$　　（C）2α　　（D）$1-2\alpha$

2. 填空题

（1）（2006 数 3）设总体 X 的概率密度为 $f(x)=\dfrac{1}{2}\mathrm{e}^{-|x|}(-\infty<x<+\infty)$，$X_1,X_2,\cdots,X_n$ 为总体 X 的简单随机样本，其样本方差为 S^2，则 $ES^2=($　　$)$.

（2）（2009 数 1，3）设 $X_1,X_2,\cdots,X_m$ 是来自二项分布总体 $B(n,p)$ 的简单随机样本，$\bar{X}$ 和 S^2 分别为样本均值和样本方差，记统计量 $T=\bar{X}-S^2$，则 $E(T)=($　　$)$.

3. 为了了解某大学统计专业本科毕业生的就业情况，我们调查了该大学 40 名 2010 年毕业的统计专业本科生实习期后的月薪情况.

（1）什么是总体？

（2）什么是样本？

（3）样本量是多少？

4. 某高校根据毕业生返校情况记录，宣布该校毕业生的年平均工资为 3 万元，你对此有何评价.

5. 在一本书上，我们随机地检查了 10 页，发现每页上的错误数为：

$$4\quad 5\quad 6\quad 0\quad 3\quad 1\quad 4\quad 2\quad 1\quad 4$$

试计算其样本均值、样本方差、样本中位数和样本极差.

6. 设 $X_1,\cdots,X_n$ 是来自 $U(-1,1)$ 的样本，求 $E\bar{X}$ 和 $\operatorname{var}(\bar{X})$.

7. 设 $X_1,\cdots,X_{20}$ 是来自两点分布 $B(1,p)$ 的样本，试求 $\bar{X}$ 的渐近分布.

8. 设 $X_1,\cdots,X_8$ 是来自正态分布 $N(10,9)$ 的样本，试求 $\bar{X}$ 的标准差.

9. 在总体 $N(7.6,4)$ 中抽取容量为 n 的样本，如果要求样本均值落在 $(5.6,9.6)$ 内的概率不小于 0.95，则 n 至少是多少？

10. 设随机变量 $X \sim F(n,n)$，证明 $P(X<1)=0.5$.

11. 设 X_1,X_2 是来自 $N(0,\sigma^2)$ 的样本，试求 $Y=\left(\dfrac{X_1+X_2}{X_1-X_2}\right)^2$ 的分布.

12. 设样本 $X_1,\cdots,X_6$ 来自总体 $N(0,1)$，

$$Y=\left(\sum_{i=1}^{3}X_i\right)^2+\left(\sum_{i=4}^{6}X_i\right)^2,\quad Z=\frac{b(X_1+X_2)}{\left(\sum_{i=3}^{5}X_i^2\right)^{\frac{1}{2}}},$$

如果 aY 服从卡方分布，Z 服从 t 分布，则常数 a,b 是多少？

13. 已知 $t\sim t(n)$，试证 $t^2\sim F(1,n)$.

14. 已知某种能力测试得分服从正态分布 $N(\mu,\sigma^2)$. 现随机地抽取 10 个人参与这一测试，求他们得分的联合密度函数，并求这 10 个人得分的平均值小于 μ 的概率？如果 $\mu=62$，$\sigma^2=25$，若得分超过 70 就能得奖，求至少有一人得奖的概率？

7 参数估计

统计推断是数理统计研究的核心问题，是根据样本对总体的分布或分布的数字特征等做出合理的推断. 统计推断的内容十分丰富，应用领域也十分广泛，而且方法繁多，所要解决的问题也多种多样，然而这一切都离不开两个基本问题：

（1）统计估计，就是在抽样及抽样分布的基础上，根据样本估计总体的分布及其各种特征. 分为参数估计和非参数估计，以及点估计和区间估计；

（2）假设检验，它的本质就是利用估计区间构造一个小概率事件，如果在一次试验中小概率事件发生了，则由小概率原理可知，矛盾，即否定原假设，否则，我们不能否定原假设，至于是否接受原假设，需要再进行讨论.

本章为参数估计，首先介绍一些估计方法：矩估计、最大似然估计，接着讨论估计的好坏标准，最后简单介绍区间估计.

请注意，数 3 考试不要求估计量的评选标准、区间估计和假设检验！

7.1 点估计

总体参数，即指总体分布的参数，也包括总体的各种数字特征，一般场合，常用θ表示参数，参数θ的所有可能取值组成的集合称为**参数空间**，常用Θ表示. **参数估计**就是用样本统计量去估计总体的参数.

设$X_1,X_2,\cdots,X_n$是来自总体X的简单随机样本，用统计量$\hat{\theta}=\hat{\theta}(X_1,\cdots,X_n)$的取值作为$\theta$的**估计值**，$\hat{\theta}$称为$\theta$的**点估计量**，简称**估计**. 比如，要估计一个学校男生的平均身高，从中抽取一个随机样本，由于全校男生的平均身高是不知道的，称为参数，用θ表示，根据样本计算平均身高$\bar{X}$就是一个估计量，用$\hat{\theta}$表示. 假定计算出来的样本平均身高为 172cm，这个 172cm 就是估计量的一次具体实现，称为估计值.

在不致混淆的情况下，统称估计量和估计值为估计，并都简记为$\hat{\theta}$. 由于估计量是样本的函数，因此对于不同的样本值，θ的估计值一般不相同，所以，估计量是一种估计方法，而估计值是此方法的一次实现，两者不可混淆. 如何构造$\hat{\theta}$并没有明确的规定，只要它满足一定的合理性即可.

下面介绍两种最常用的点估计方法：矩估计和最大似然估计.

7.1.1 矩估计

矩估计是由英国统计学家皮尔逊（K.Pearson）在 1894 年提出的参数点估计方法，其理论依据就是**替换原理**：

（1）用样本矩去替换总体矩（矩可以是原点矩也可以是中心矩）；

（2）用样本矩的函数去替换总体矩的函数.

用替换原理得到的未知参数的估计量称为**矩法估计，实质是格里纹科定理，即利用经验分布去替换总体分布**，这也是数理统计的理论基础.

1）密度函数未知时参数的矩法估计

根据替换原理,在总体分布未知场合也可以对各种参数做出估计. 例如,用样本均值 $\overline{X}$ 估计总体均值 EX；用样本方差 S^2 估计总计方差 $\mathrm{var}(X)$.

例 7.1.1 对某型号的 20 辆汽车记录其每 5L 汽油的行驶里程（km）,观测数据如下：

29.8	27.6	28.3	27.9	30.1	28.7	29.9	28.0	27.9	28.7
28.4	27.2	29.5	28.5	28.0	30.0	29.1	29.8	29.6	26.9

这是一个样本容量为 20 的样本观测值,对应的总体是该型号汽车每 5L 汽油的行驶里程,其分布形式未知，但我们可用矩法估计其均值、方差、中位数等. 经计算有,

$$\overline{x} = 28.695\ ,\quad s^2 = 0.9185\ ,\quad m_{0.5} = 28.6\ ,$$

由此给出总体均值、方差、中位数的估计值分别为 28.695, 0.9185 和 28.6.

矩估计法简单直观，特别在对总体的数学期望及方差等数字特征做估计时，不一定知道总体的分布函数，只需知道它们存在便可运用矩估计.

2）密度函数已知时参数的矩法估计

设总体 X 为连续型随机变量，其概率密度函数 $f(x;\theta_1,\cdots,\theta_k)$，或 X 为离散型随机变量，其联合分布列为 $P(X=x)=p(x;\theta_1,\cdots,\theta_k)$，其中 $(\theta_1,\cdots,\theta_k)\in\Theta$ 是未知参数，$X_1,X_2,\cdots,X_n$ 是总体 X 的样本，若 k 阶原点矩 $\mu_k = EX^k$ 存在，则 $\forall j<k,\ EX^j$ 存在. 一般来说，它们是未知参数 $\theta_1,\cdots,\theta_k$ 的函数.

设 $\mu_j = EX^j = \nu_j(\theta_1,\cdots,\theta_k), j=1,2,\cdots,k$，如果 $\theta_1,\cdots,\theta_k$ 也能够表示成 $\mu_1,\cdots,\mu_k$ 的函数 $\theta_j=\theta_j(\mu_1,\cdots,\mu_k), j=1,2,\cdots,k$，则可给出 θ_j 的矩估计量

$$\hat{\theta}_j = \hat{\theta}_j(A_1,\cdots,A_k), j=1,2,\cdots,k\text{，其中 } A_j=\frac{1}{n}\sum_{i=1}^{n}X_i^j, j=1,2,\cdots,k.$$

进一步，我们要估计 $\theta_1,\cdots,\theta_k$ 的函数 $\eta=g(\theta_1,\cdots,\theta_k)$，则可直接得到 η 的矩估计为 $\hat{\eta}=g(\hat{\theta}_1,\cdots,\hat{\theta}_k)$. 当 $k=1$ 时，通常用样本均值出发对未知参数进行估计；当 $k=2$ 时，可以由一阶、二阶原点矩（或中心矩）出发估计未知参数.

例 7.1.2 设总体 $X\sim U[a,b]$，$X_1,X_2,\cdots,X_n$ 为样本，求 a,b 的矩估计.

解 由于 $X\sim U[a,b]$，故

$$\begin{cases} EX=\dfrac{a+b}{2} \\ DX=\dfrac{(b-a)^2}{12} \end{cases}.$$

化简可得

$$\begin{cases} a=EX-\sqrt{3DX} \\ b=EX+\sqrt{3DX} \end{cases}.$$

所以 a,b 的矩估计为 $\begin{cases}\hat{a}=\overline{X}-\sqrt{3}S \\ \hat{b}=\overline{X}+\sqrt{3}S\end{cases}$.

例 7.1.3（1999 数 1） 设总体 X 的密度函数为

$$f(x)=\begin{cases}\dfrac{6x}{\theta^3}(\theta-x), 0<x<\theta \\ 0, \qquad 其他\end{cases},$$

$X_1,\cdots,X_n$ 是取自总体 X 的简单随机样本.

（1）求 θ 的矩估计量 $\hat{\theta}$；

（2）求 $\hat{\theta}$ 的方差 $D(\hat{\theta})$.

解 （1）
$$EX=\int_{-\infty}^{+\infty}xf(x)\mathrm{d}x=\int_0^{\theta}\frac{6x^2}{\theta^3}(\theta-x)\mathrm{d}x=\frac{\theta}{2},$$

因为 $\theta=2EX$，故 θ 的矩估计量 $\hat{\theta}=2\overline{X}$.

（2）
$$EX^2=\int_{-\infty}^{+\infty}x^2f(x)\mathrm{d}x=\int_0^{\theta}\frac{6x^3}{\theta^3}(\theta-x)\mathrm{d}x=\frac{6\theta}{20},$$

则
$$D(X)=EX^2-(EX)^2=\frac{6\theta^2}{20}-\frac{\theta^2}{4}=\frac{\theta^2}{20}.$$

$$D(\hat{\theta})=D(2\overline{X})=4D(\overline{X})=\frac{4}{n}DX=\frac{\theta^2}{5n}.$$

例 7.1.4 设 $X_1,\cdots,X_n$ 是来自泊松总体 $P(\lambda)$ 的样本，试求 λ 的矩估计.

解 由 $EX=\lambda$ 可得 $\hat{\lambda}=\overline{X}$.

另外，$\mathrm{var}(X)=\lambda$，因此从替换原理来看，λ 的矩估计也可为 $\hat{\lambda}=S^2$.

例 7.1.5 设总体 $X\sim\mathrm{Exp}(\lambda)$，其密度函数为

$$f(x;\lambda)=\lambda\mathrm{e}^{-\lambda x}, x>0,$$

$X_1,\cdots,X_n$ 是来自 X 的简单随机样本，此处 $k=1$.

解
$$EX=\int_0^{+\infty}x\lambda\mathrm{e}^{-\lambda x}\mathrm{d}x=\frac{1}{\lambda},$$

即
$$\lambda=\frac{1}{EX},$$

故 λ 的矩估计为 $\hat{\lambda}=\dfrac{1}{\overline{X}}$.

另外，$\mathrm{var}(X)=\dfrac{1}{\lambda^2}$，则 $\lambda=\dfrac{1}{\sqrt{\mathrm{var}(X)}}$，故从替换原理来看 λ 的矩估计也可为 $\hat{\lambda}=\dfrac{1}{S}$.

可见矩估计并不唯一，这也是矩估计的一个缺点，通常应尽量采用低阶矩给出未知参数的估计，即低阶矩能解决的问题绝不用高阶矩.

综上所述，矩估计的缺点是：

（1）当样本不是简单随机样本或总体矩不存在时，矩估计法不可用；

（2）矩估计法不唯一；

（3）样本矩的表达式与总体的分布函数 $F(x;\theta)$ 的表达式无关，没有充分利用 $F(x;\theta)$ 对参数 θ 提供的信息.

因此，有时矩估计不是一个好的估计量，但是矩估计简单易行，又具有良好性质，所以，此方法经久不衰，其实，最简单、最直接的方法往往也是最有效的方法.

思考：请问，解决矛盾最好、最有效的方法是什么？

7.1.2　最大似然估计

最大（极大）似然估计法是求估计用得最多的方法，它由高斯在 1821 年提出，但一般将之归功于费希尔（R. A. Fisher），因为费希尔在 1922 年再次提出这一想法并证明了它的一些性质，从而使最大似然法得到了广泛应用.

最大似然估计法的基本思想是：**样本来自使样本出现可能性最大的那个总体**.

例 7.1.6　设产品分为合格和不合格，不合格率 p 未知；用随机变量 X 表示产品是否合格，$X=0$ 表示合格品，$X=1$ 表示不合格品，即总体 $X\sim B(1,p)$.现抽取 n 个产品看其是否合格，得到样本 $X_1,\cdots,X_n$，观测值为 $x_1,\cdots,x_n$，则样本出现的概率

$$L(p)=P(X_1=x_1,\cdots,X_n=x_n)=\prod_{i=1}^{n}p^{x_i}(1-p)^{1-x_i}=p^{\sum\limits_{i=1}^{n}x_i}(1-p)^{n-\sum\limits_{i=1}^{n}x_i}.$$

我们需要求找未知参数的估计值使得样本出现的概率最大.

取对数，并关于 p 求导令其等于 0，得如下方程：

$$\frac{\partial\ln L(p)}{\partial p}=\frac{\sum\limits_{i=1}^{n}x_i}{p}-\frac{n-\sum\limits_{i=1}^{n}x_i}{1-p}=0.$$

解得 $p=\sum\limits_{i=1}^{n}x_i$，故最大似然估计为 $\hat{p}=\frac{1}{n}\sum\limits_{i=1}^{n}X_i=\bar{X}$.

例 7.1.7　设 $X_1,\cdots,X_n$ 是来自泊松总体 $P(\lambda)$ 的样本，试求 λ 的最大似然估计.

解　样本出现的概率为

$$L(\lambda)=P(X_1=x_1,\cdots,X_n=x_n;\lambda)=\prod_{i=1}^{n}p(x_i;\lambda)=\mathrm{e}^{-n\lambda}\lambda^{n\bar{x}}\prod_{i=1}^{n}\frac{1}{x_i!}.$$

取对数并令关于 λ 的导数等于 0，可得

$$\frac{\partial\ln L(\lambda)}{\partial\lambda}=-n+\frac{n\bar{x}}{\lambda}=0,$$

即 $\hat{\lambda}=\bar{X}$.

对于泊松总体而言，矩估计与最大似然估计的结果一样，其实很多总体的矩估计与最大似然估计的结果一样. 人类追求的终极目标就是公平与效率，不管路径如何，其最终目的是一样的. 同样，我们追求的最终目标就是找到一个最佳统计量，尽管方法不一样，但如果最佳结果存在则一样.

可见，对于离散总体，设有样本观测值 $x_1,\cdots,x_n$，则样本观测值出现的概率，一般依赖于

某个或某些参数，用 θ 表示，将该概率看作 θ 函数，用 $L(\theta)$ 表示，即

$$L(\theta)=P(X_1=x_1,\cdots,X_n=x_n;\theta),$$

最大似然估计就是找 θ 的估计值使得 $L(\theta)$ 最大.

定义 7.1.1　设总体 X 的概率函数为 $f(x;\theta),\theta\in\Theta$ 是一个未知参数或几个未知参数组成的参数向量, $X_1,\cdots,X_n$ 为来自总体 X 的样本，将样本的联合概率函数看成 θ 的函数，用 $L(\theta;x_1,\cdots,x_n)$ 表示，简记为 $L(\theta)$，称为样本的似然函数，即

$$L(\theta)=L(\theta;x_1,\cdots,x_n)=\prod_{i=1}^{n}f(x_i,\theta).$$

如果某统计量 $\hat{\theta}=\hat{\theta}(X_1,\cdots,X_n)$ 满足

$$L(\hat{\theta})=\max_{\theta\in\Theta}L(\theta),$$

则称 $\hat{\theta}=\hat{\theta}(X_1,\cdots,X_n)$ 是 θ 的最大似然估计，简记为 MLE(Maximum Likelihood Estimate).

由于 $\ln x$ 是 x 的单调增函数，因此对数似然函数 $\ln L(\theta)$ 达到最大与似然函数 $L(\theta)$ 达到最大是等价的. 另外，由于在对数似然函数中加上任何仅依赖于样本观测值 $x_1,\cdots,x_n$ 而与 θ 无关的常数都不影响最值的位置或针对不同 θ 的对数似然函数的差，故它可以从对数似然函数中去掉. 当 $L(\theta)$ 是可微函数 时，$L(\theta)$ 的极大值点一定是驻点，从而求最大似然估计往往借助于求似然方程（组）

$$\frac{\partial\ln L(\theta)}{\partial\theta}=0$$

的解得到，而后利用最大值点的条件进行验证.

最大似然估计的本质是样本来自使样本出现可能性最大的那个总体，而似然函数可以衡量样本出现概率 $P(X_1=x_1,\cdots,X_n=x_n)$ 的大小，即

$$\prod_{i=1}^{n}f(x_i,\theta)\mathrm{d}x_i=P(X_1=x_1,\cdots,X_n=x_n;\theta),$$

因此需找出未知参数的估计值，使得似然函数达到最大，即样本出现的概率最大.

例 7.1.8　对于正态总体 $N(\mu,\sigma^2)$，$\theta=(\mu,\theta^2)$ 是二维参数，设有样本 $X_1,\cdots,X_n$，则似然函数及其对数分别为

$$L(\mu,\sigma^2)=\prod_{i=1}^{n}\left\{\frac{1}{\sqrt{2\pi}\sigma}\exp\left(-\frac{(x_i-\mu)^2}{2\sigma^2}\right)\right\}=(2\pi\sigma^2)^{-\frac{n}{2}}\exp\left\{-\frac{1}{2\sigma^2}\sum_{i=1}^{n}(x_i-\mu)^2\right\},$$

$$\ln L(\mu,\sigma^2)=-\frac{1}{2\sigma^2}\sum_{i=1}^{n}(x_i-\mu)^2-\frac{n}{2}\ln(\sigma^2)-\frac{n}{2}\ln(2\pi).$$

将 $\ln L(\mu,\sigma^2)$ 分别关于两个变量求偏导并令其为 0，则有

$$\frac{\partial\ln L(\mu,\sigma^2)}{\partial\mu}=\frac{1}{\sigma^2}\sum_{i=1}^{n}(x_i-\mu)=0,$$

$$\frac{\partial \ln L(\mu,\sigma^2)}{\partial \sigma^2}=\frac{1}{2\sigma^4}\sum_{i=1}^{n}(x_i-\mu)^2-\frac{n}{2\sigma^2}=0 .$$

解对数似然方程组可得最大似然估计为

$$\hat{\mu}=\bar{X},\quad \widehat{\sigma^2}=\frac{1}{n}\sum_{i=1}^{n}(X_i-\bar{X})^2=S^{*2}.$$

利用二阶导数矩阵的非正定性可以说明上述估计使得似然函数取得最大值.

当 μ 已知时,

$$E(\widehat{\sigma^2})=\frac{1}{n}\sum_{i=1}^{n}E(X_i-\mu)^2=\frac{1}{n}\sum_{i=1}^{n}D(X_i)=\sigma^2 ,$$

$$D(\widehat{\sigma^2})=\frac{1}{n^2}\sum_{i=1}^{n}D(X_i-\mu)^2 ,$$

由 $\frac{X_i-\mu}{\sigma}\sim N(0,1)$, $\left(\frac{X_i-\mu}{\sigma}\right)^2\sim\chi^2(1)$ 得

$$D\left[\left(\frac{X_i-\mu}{\sigma}\right)^2\right]=2 ,\quad D(X_i-\mu)^2=2\sigma^4 ,$$

故 $D(\widehat{\sigma^2})=\frac{2}{n}\sigma^4$.

虽然求导是求极值的常用方法，但不是所有场合求导都是有效的.

例 7.1.9　设样本 $X_1,\cdots,X_n$ 来自均匀总体 $U(0,\theta]$，试求 θ 的极大似然估计.

解　似然函数

$$L(\theta)=\frac{1}{\theta^n}\prod_{i=1}^{n}I_{\{0<X_i\leqslant\theta\}}=\frac{1}{\theta^n}I_{\{0<X_{(n)}\leqslant\theta\}} .$$

要使 $L(\theta)$ 达到最大，求导显然不可行. 首先是示性函数取值为 1，其次是 $\frac{1}{\theta^n}$ 尽可能的大. 由于 $\frac{1}{\theta^n}$ 是 θ 的单调减函数，所以 θ 的取值应尽可能小，但示性函数取值为 1 决定了 $\theta\geqslant X_{(n)}$，故 θ 的极大似然估计为

$$\hat{\theta}=X_{(n)} .$$

其实，我们也可将似然函数写成如下形式:

$$L(\theta)=\prod_{i=1}^{n}f(x_i,\theta)=\frac{1}{\theta^n},0<x_1,\cdots,x_n\leqslant\theta ,$$

故参数空间 $\Theta=[\max\{x_1,\cdots,x_n\},+\infty)$. 由于 $\frac{1}{\theta^n}$ 是 θ 的单调减函数，所以 θ 的取值应尽可能小，故 θ 的极大似然估计为 $\hat{\theta}=X_{(n)}$.

例 7.1.10（2000 数 1）　设某元件的使用寿命 X 的密度函数为

$$f(x;\theta)=\begin{cases}2\mathrm{e}^{-2(x-\theta)}, & x>\theta\\ 0, & x\leqslant\theta\end{cases},$$

其中 $\theta>0$ 为未知参数，又设 $x_1,\cdots,x_n$ 是 X 的一组样本观测值，求参数 θ 的极大似然估计.

解　似然函数为

$$L(\theta)=\prod_{i=1}^{n}f(x_i,\theta)=2^n\exp\left\{-2\sum_{i=1}^{n}(x_i-\theta)\right\},x_1,x_2,\cdots,x_n>\theta.$$

当 $x_i>\theta,i=1,2,\cdots,n$ 时，$L(\theta)>0$，取对数，得

$$\ln L(\theta)=n\ln 2-2\sum_{i=1}^{n}(x_i-\theta).$$

由于 $\dfrac{\mathrm{d}\ln L(\theta)}{\mathrm{d}\theta}=2n>0$，所以 $L(\theta)$ 单调递增，即 θ 应满足

$$\theta\leqslant\min(x_1,\cdots,x_n).$$

因此 θ 的最大可能取值为 $\min(x_1,\cdots,x_n)$，故 θ 的极大似然估计值为

$$\hat{\theta}=\min(x_1,\cdots,x_n).$$

例 7.1.11（2013 数 1, 3）设总体 X 的概率密度为

$$f(x;\theta)=\frac{\theta^2}{x^3}\mathrm{e}^{-\frac{\theta}{x}},x>0,$$

其中 θ 为未知参数且大于 0，$X_1,\cdots,X_n$ 为来自总体 X 的简单随机样本.

（1）求 θ 的矩估计量；

（2）求 θ 的最大似然估计量.

解（1）
$$EX=\int_0^{+\infty}\frac{\theta^2}{x^3}\mathrm{e}^{-\frac{\theta}{x}}x\mathrm{d}x=\theta\mathrm{e}^{-\frac{\theta}{x}}\Big|_0^{+\infty}=\theta.$$

于是
$$EX=\frac{1}{n}\sum_{i=1}^{n}X_i=\overline{X},$$

得 θ 的矩估计量 $\hat{\theta}=\overline{X}$.

（2）似然函数为

$$L(\theta)=\prod_{i=1}^{n}f(x_i,\theta)=\frac{\theta^{2n}}{(x_1x_2\cdots x_n)^3}\exp\left\{-\theta\sum_{i=1}^{n}\frac{1}{x_i}\right\},x_1,x_2,\cdots,x_n>0.$$

当 $x_1,x_2,\cdots,x_n>0$ 时，取对数得

$$\ln L(\theta)=2n\ln\theta-3\ln(x_1x_2\cdots x_n)-\theta\sum_{i=1}^{n}\frac{1}{x_i}.$$

对 θ 求导并等于 0 得

$$\frac{\mathrm{d}\ln L(\theta)}{\mathrm{d}\theta}=\frac{2n}{\theta}-\sum_{i=1}^{n}\frac{1}{x_i}=0\Rightarrow\theta=\frac{2n}{\sum\limits_{i=1}^{n}\frac{1}{x_i}},$$

即 $\hat{\theta}=\dfrac{2n}{\sum\limits_{i=1}^{n}\dfrac{1}{x_i}}$.

例 7.1.12（2002 数 1） 设总体 X 的概率分布为

$$\begin{pmatrix} 0 & 1 & 2 & 3 \\ \theta^2 & 2\theta(1-\theta) & \theta^2 & 1-2\theta \end{pmatrix}$$

其中 $\theta\left(0<\theta<\dfrac{1}{2}\right)$ 为未知参数，利用总体如下样本值：

3 1 3 0 3 1 2 3

求 θ 的矩估计值和最大似然估计值.

解 由题意可得

$$EX=0\times\theta^2+1\times 2\theta(1-\theta)+2\times\theta^2+3\times(1-2\theta)=3-4\theta .$$

则 $\theta=\dfrac{1}{4}(3-EX)$. 所以 θ 的矩估计量

$$\hat{\theta}=\frac{1}{4}(3-\bar{X}).$$

根据给定的样本值计算可得

$$\bar{x}=\frac{1}{8}(3+1+3+0+3+1+2+3)=2 .$$

所以 θ 的矩估计值 $\hat{\theta}=\dfrac{1}{4}(3-\bar{x})=\dfrac{1}{4}$.

对于给定的样本值，似然函数为

$$L(\theta)=4\theta^6(1-\theta)^2(1-2\theta)^4 .$$

则

$$\ln L(\theta)=\ln 4+6\ln\theta+2\ln(1-\theta)+4\ln(1-2\theta) .$$

$$\frac{\mathrm{d}\ln L(\theta)}{\mathrm{d}\theta}=\frac{6}{\theta}-\frac{2}{1-\theta}-\frac{8}{1-2\theta}=\frac{24\theta^2-28\theta+6}{\theta(1-\theta)(1-2\theta)} .$$

令 $\dfrac{\mathrm{d}\ln L(\theta)}{\mathrm{d}\theta}=0$，可得

$$24\theta^2-28\theta+6=0 .$$

解得 $\theta_1=\dfrac{7-\sqrt{13}}{12}$，$\theta_2=\dfrac{7+\sqrt{13}}{12}>\dfrac{1}{2}$（不合题意，舍去）. 于是，$\theta$ 的最大似然估计值为 $\hat{\theta}=\dfrac{7-\sqrt{13}}{12}$.

最大似然估计有一个简单而有用的性质：如果 $\hat{\theta}$ 是 θ 的最大似然估计，则对任一函数 $g(\theta)$，其最大似然估计为 $g(\hat{\theta})$. 该性质称为**最大似然估计的不变性**，从而使一些复杂结构参数的最大似然估计的获得变得容易了.

对对数似然函数求最值或对数似然方程组求解，除了一些简单形式可得到显式解，常常需要用数值方法求近似解. 常用的有最速下降法、牛顿法、共轭梯度法等，读者可参考陈宝林编著的《最优化理论与算法》.

7.2　估计量的评价标准

在日常生活中，我们经常说，张三比李四白，但李四比张三高，同样，对同一估计量，使用不同的评价标准可能会得到完全不同的结论，因此，在评价某一个估计好坏时，首先要说明的是在哪一个标准下，否则所论好坏毫无意义. 同样，任何人都可给出参数的估计，点估计有各种不同的求法，如果不对估计的好坏加以评价，并对其进行合理优化，我们不可能找到一个优良估计量. 为了在不同的点估计间进行比较，就必须给出点估计好坏的评价标准.

7.2.1　相合性

但不管怎么说，有一个基本标准是所有估计都应该满足的，就像男士找对象有一个基本标准就是“对象是女的”，它是衡量一个估计是否可行的必要条件，这就是相合估计. 由格里纹科定理知，随着样本容量n的增大，经验分布函数越来越逼近真实分布函数，当然也应要求估计量随着n的增大越来越逼近真实参数值，即相合性. 其严格定义如下.

定义 7.2.1　设$\hat{\theta}_n$是未知参数$\theta \in \Theta$的一个估计量，n为样本容量，若对$\forall \varepsilon > 0$有

$$\lim_{n\to\infty} P(|\hat{\theta}_n - \theta| \geqslant \varepsilon) = 0,$$

即若当$n \to \infty$时有$\hat{\theta}_n \xrightarrow{P} \theta$，则称$\hat{\theta}_n$为$\theta$的（弱）**相合估计**；若$\hat{\theta}_n \xrightarrow{\text{a.s}} \theta$，则称$\hat{\theta}_n$为$\theta$的**强相合估计**.

显然，强相合可推出弱相合，反之则否. 但在统计研究中，弱相合便足够，因此文献中若无特别声明，相合性均指弱相合. 相合性被认为是对估计的一个最基本要求，通常，若一个估计量，无论做多少次试验，都不能把待估参数估计到任意给定的精度，那么这种估计很值得怀疑，因此不满足相合性的估计不予考虑.

如果把依赖样本量n的估计量$\hat{\theta}_n$看作随机变量序列，相合性就是$\hat{\theta}_n$依概率收敛于θ，所以证明估计的相合性可应用依概率收敛的性质和各种大数定律.

定理 7.2.1　设$\hat{\theta}_n$是未知参数$\theta \in \Theta$的一个估计量，若

$$\lim_{n\to\infty} E(\hat{\theta}_n) = \theta, \quad \lim_{n\to\infty} \mathrm{var}(\hat{\theta}_n) = 0,$$

则$\hat{\theta}_n$为θ的相合估计量.

证明　对任意$\varepsilon > 0$，由切比雪夫不等式有

$$P(|\hat{\theta}_n - E\hat{\theta}_n| \geqslant \varepsilon/2) \leqslant \frac{4}{\varepsilon^2}\mathrm{var}(\hat{\theta}_n).$$

由$\lim\limits_{n\to\infty} E(\hat{\theta}_n) = \theta$可知，当$n$充分大时有

$$|E\hat{\theta}_n-\theta|<\varepsilon/2.$$

如果$|\hat{\theta}_n-E\hat{\theta}_n|<\varepsilon/2$，则

$$|\hat{\theta}_n-\theta|\leqslant|\hat{\theta}_n-E\hat{\theta}_n|+|E\hat{\theta}_n-\theta|<\varepsilon,$$

故

$$\{|\hat{\theta}_n-E\hat{\theta}_n|<\varepsilon/2\}\subset\{|\hat{\theta}_n-\theta|<\varepsilon\}\Leftrightarrow\{|\hat{\theta}_n-E\hat{\theta}_n|\geqslant\varepsilon/2\}\supset\{|\hat{\theta}_n-\theta|\geqslant\varepsilon\}.$$

$$P(|\hat{\theta}_n-\theta|\geqslant\varepsilon)\leqslant P(|\hat{\theta}_n-E\hat{\theta}_n|\geqslant\varepsilon/2)\leqslant\frac{4}{\varepsilon^2}\mathrm{var}(\hat{\theta}_n)\to 0(n\to+\infty),$$

定理得证.

定理 7.2.2 如果$\hat{\theta}_n$为θ的相合估计，$g(x)$在$x=\theta$处连续，则$g(\hat{\theta}_n)$也是$g(\theta)$的相合估计.

可见相合性在特定条件具有不变性.

由大数定律和定理 7.2.2 可知，矩估计一般都具有相合性. 比如，样本均值是总体均值的相合估计；样本标准差是总体标准差的相合估计；样本变异系数$S/\bar{X}$是总体变异系数的相合估计.

例 7.2.1 设$X_1,\cdots,X_n$是来自正态总体$N(\mu,\sigma^2)$的样本，则由辛欣大数定律及依概率收敛的性质可知：$\bar{X}$是μ的相合估计；S^{*2}与S^2是σ^2的相合估计.

可见相合估计不唯一，它们之间的差异通常可由估计量的渐近分布（如正态分布）的渐近方差来反映.

定义 7.2.2* 设$\hat{\theta}_n$为θ的估计量，若存在一串$\sigma_n>0$，满足$\lim\limits_{n\to\infty}\sqrt{n}\sigma_n=\sigma$，其中$0<\sigma<\infty$，使得当$n\to\infty$时，

$$\frac{(\hat{\theta}_n-\theta)}{\sigma_n}\xrightarrow{L}N(0,1),$$

则称$\hat{\theta}_n$为θ的**渐近正态估计**，记作$\hat{\theta}_n\sim AN(\theta,\sigma_n^2)$.

若$\hat{\theta}_n\sim AN(\theta,\sigma_n^2)$，$\hat{\theta}_n$的渐近方差$\sigma_n^2$的大小标志着渐近正态估计$\hat{\theta}_n$的优越程度. 若$\hat{\theta}_n,\tilde{\theta}_n$是$\theta$的两个渐近正态估计，渐近方差分别为$\sigma_{1n}^2$，$\sigma_{2n}^2$，则通过$\hat{\theta}_n$对$\tilde{\theta}_n$的**相对渐近效率** $e(\theta,\hat{\theta}_n,\tilde{\theta}_n)=\lim\limits_{n\to\infty}\dfrac{\sigma_{1n}^2}{\sigma_{2n}^2}$来衡量两者的相对优劣.

渐近正态估计一定是相合估计. 相合性及渐近正态性反映了$n\to\infty$时估计量的性质，而对有限样本，两者没有意义，也说明不了为使估计量达到给定的精度n必须至少为多少.

7.2.2 无偏性

相合性是对大样本而言的，对小样本而言，需要一些其他的评价标准，无偏性就是常用的评价标准.

定义 7.2.3 设$\hat{\theta}$是未知参数$\theta\in\Theta$的一个估计量，若对$\forall\theta\in\Theta$，有

$$E\hat{\theta}=\theta,$$

则称 $\hat{\theta}$ 为 θ 的**无偏估计**，否则，称为**有偏估计**. $\hat{\theta}-\theta$ 称为估计量 θ 的**偏差**.

若 $\lim\limits_{n\to\infty}E\hat{\theta}_n=\theta$，则称 $\hat{\theta}_n$ 为 θ 的**渐近无偏估计**.

对于参数 θ 的任一实值函数 $g(\theta)$，如果 $g(\theta)$ 的无偏估计量存在，也就是说有估计量 T 使得

$$E_\theta(T)=g(\theta),$$

则称 $g(\theta)$ 为**可估计函数**.

无偏性的要求可改写为 $E[\hat{\theta}-\theta]=0$，这表示无偏估计没有系统偏差，这种要求在工程技术中完全是合理的. 若估计不具有无偏性，则无论使用多少次，其平均也会与参数真值具有一定的距离，这就是系统误差，即估计方法存在一定缺陷.

可估参数的无偏估计不一定存在，即使存在也通常不唯一且不一定是好估计.

例 7.2.2 设 $X_1,\cdots,X_n$ 是来自某总体 X 的样本，分布是任意的，但一、二阶矩存在，记总体均值为 μ，总体方差为 σ^2，则

$$E\overline{X}=\mu,\quad E(S^{*2})=\frac{n-1}{n}\sigma^2,\quad E(S^2)=\sigma^2,$$

所以 $\overline{X}$ 是 μ 的无偏估计，S^{*2} 是 σ^2 的渐进无偏估计且有偏小的倾向，S^2 是 σ^2 的无偏估计，但可以证明：S 不是 σ 的无偏估计.

例 7.2.3 设 $X_1,\cdots,X_n$ 是来自正态总体 $N(\theta,1)$ 的样本，则 $|\theta|$ 不存在无偏估计.

例 7.2.4 设 $X_1,\cdots,X_n$ 是来自泊松总体 $P(\lambda)$ 的样本，可以验证，$(-2)^{X_1}$ 是 $\mathrm{e}^{-3\lambda}$ 的无偏估计量，但这个估计量存在明显的弊病，因为当 X_1 取奇数时，估计值为负值，用一个负数来估计 $\mathrm{e}^{-3\lambda}$ 显然是不合理的.

例 7.2.5（2010 数 1）设总体 $X\sim\begin{pmatrix}1 & 2 & 3\\ 1-\theta & \theta-\theta^2 & \theta^2\end{pmatrix}$，其中参数 $\theta\in(0,1)$ 未知，以 N_i 表示来自总体 X 的简单随机样本（样本容量为 n）中等于 i 的个数，$i=1,2,3$，试求 a_1,a_2,a_3，使 $T=\sum\limits_{i=1}^{3}a_iN_i$ 为 θ 的无偏估计量，并求 T 的方差.

解 由已知得 $N_1\sim B(n,1-\theta),\ N_2\sim B(n,\theta-\theta^2),\ N_3\sim B(n,\theta^2)$，故

$$ET=E\left(\sum_{i=1}^{3}a_iN_i\right)=a_i\sum_{i=1}^{3}EN_i=na_1+n(a_2-a_1)\theta+n(a_3-a_2)=\theta.$$

所以 $a_1=0,\ a_2=\dfrac{1}{n},\ a_3=\dfrac{1}{n}$. 于是

$$T=\frac{1}{n}N_2+\frac{1}{n}N_3=\frac{1}{n}(n-N_1).$$

所以
$$D(T)=\frac{1}{n^2}D(N_1)=\frac{1}{n^2}n\theta(1-\theta)=\frac{\theta(1-\theta)}{n}.$$

例 7.2.6（2008 数 1, 3）设 $X_1,X_2,\cdots,X_n$ 是总体 $N(\mu,\sigma^2)$ 的简单随机样本，记

$$\overline{X}=\frac{1}{n}\sum_{i=1}^{n}X_i,\ S^2=\frac{1}{n-1}\sum_{i=1}^{n}(X_i-\overline{X})^2,\ T=\overline{X}^2-\frac{1}{n}S^2,$$

（1）证明 T 为 μ^2 的无偏估计量；

（2）当 $\mu=0,\ \sigma=1$ 时，求 $D(T)$.

解 （1）欲证 T 为 μ^2 的无偏估计量，只需证明

$$ET=E\left(\bar{X}^2-\frac{1}{n}S^2\right)=E(\bar{X}^2)-\frac{1}{n}E(S^2)=D(\bar{X})+[E(\bar{X})]^2-\frac{1}{n}\sigma^2$$

$$=D(X)+[E(X)]^2-\frac{\sigma^2}{n}=\frac{\sigma^2}{n}+\mu^2-\frac{\sigma^2}{n}=\mu^2.$$

（2）由于 $\bar{X}$ 与 S^2 相互独立，故

$$D(T)=D(\bar{X}^2)+\frac{1}{n^2}D(S^2).$$

又因为 $\bar{X}\sim N\left(\mu,\frac{\sigma^2}{n}\right),\ \frac{(n-1)S^2}{\sigma^2}\sim\chi^2(n-1)$，则当 $\mu=0,\ \sigma=1$，

$$\bar{X}\sim N\left(\mu,\frac{1}{n}\right),\ (n-1)S^2\sim\chi^2(n-1).$$

因此 $(\sqrt{n}\bar{X})^2\sim\chi^2(1)$，于是

$$D(\bar{X}^2)=\frac{2}{n^2}.$$

又 $D[(n-1)S^2]=(n-1)^2D(S^2)=2(n-1)$，即

$$D(S^2)=\frac{2}{n-1},$$

故

$$D(T)=D(\bar{X}^2)+\frac{1}{n^2}D(S^2)=\frac{2}{n^2}+\frac{1}{n^2}\times\frac{2}{n-1}=\frac{2}{n(n-1)}.$$

证明无偏性就是求统计量的期望，本质上是计算随机变量函数的数学期望. 这类问题一般是利用数字特征的性质、重要统计量的性质以及重要统计量的数字特征来求解，并且往往需要先求统计量的分布.

7.2.3 均方误差准则

参数的无偏估计量可以有很多，那么如何在无偏估计中进行选择呢？为此，需要一定准则比较估计量的优劣，一个具有较好数学性质的准则就是均方误差.

众所周知，在样本容量一定的情况下，点估计值与参数真值的距离越近越好. 为便于计算，常采用距离的平方，由于 $\hat{\theta}$ 具有随机性，可对该距离的平方求期望，即**均方误差**

$$\mathrm{MSE}(\hat{\theta})=E(\hat{\theta}-\theta)^2.$$

均方误差是评价点估计的最一般标准，自然我们希望均方误差越小越好. 由于

$$\mathrm{MSE}(\hat{\theta})=E((\hat{\theta}-E\hat{\theta})+(E\hat{\theta}-\theta))^2=\mathrm{var}(\hat{\theta})+(E\hat{\theta}-\theta)^2,$$

可见均方误差由点估计的方差与偏差的平方两部分组成.

若 $\hat{\theta}$ 为 θ 的无偏估计，则

$$\mathrm{MSE}(\hat{\theta}) = \mathrm{var}(\hat{\theta}).$$

此时用均方误差评价点估计与用方差评价是完全一样的. 当 $\hat{\theta}$ 不是 θ 的无偏估计时，不仅要看其方差大小，还要看其偏差大小.

对于两个无偏估计，可以通过比较它们方差的大小来判定优劣.

定义 7.2.4 设 $\hat{\theta},\tilde{\theta}$ 是 θ 的两个无偏估计量，若对 $\forall\theta\in\Theta$，有

$$\mathrm{var}(\hat{\theta}) \leqslant \mathrm{var}(\tilde{\theta}),$$

且至少有一个 $\theta\in\Theta$ 使上述不等号严格成立，则称 **$\hat{\theta}$ 比 $\tilde{\theta}$ 有效**.

有效性具有直观解释：如果估计围绕参数真值的波动越小，则估计量越好，而方差可衡量波动大小，因此可用无偏估计量的方差度量其优劣.

例 7.2.7 设 $X_1,\cdots,X_n$ 是来自某总体 X 的样本，记总体均值为 μ，总体方差为 σ^2，则 $\hat{\mu}_1 = X_1$，$\hat{\mu}_2 = \bar{X}$ 都是 μ 的无偏估计，但是，$\mathrm{var}(\hat{\mu}_1) = \sigma^2 \geqslant \dfrac{\sigma^2}{n} = \mathrm{var}(\hat{\mu}_2)$. 显然只要 $n>1$，$\hat{\mu}_2$ 就比 $\hat{\mu}_1$ 有效，这表明用全部数据的平均估计总体均值要比使用部分数据更有效. 在其他条件不变的情况下，利用的信息越多，估计的效果越好.

7.3 区间估计

参数点估计给出了一个具体数值，便于计算和应用，但其精度、可靠性如何，点估计本身不能回答，需要由其分布函数反映. 实际上，度量估计精度的一个直观方法是给出参数的一个估计区间，如果在参数含于估计区间的概率相同的情况下估计区间越短越好，这便产生了区间估计.

7.3.1 基本概念

定义 7.3.1 设 θ 是总体的一个参数，其参数空间为 Θ，$X_1,\cdots,X_n$ 是来自总体的样本，给定一个 $\alpha(0<\alpha<1)$，若有两个统计量 $\hat{\theta}_L,\hat{\theta}_U$，对任意的 $\theta\in\Theta$，有

$$P(\hat{\theta}_L \leqslant \theta \leqslant \hat{\theta}_U) \geqslant 1-\alpha, \tag{7.3.1}$$

则称随机区间 $[\hat{\theta}_L,\hat{\theta}_U]$ 为 θ 的置信水平为 $1-\alpha$ 的**置信区间**，$\hat{\theta}_L,\hat{\theta}_U$ 分别称为**置信下限**和**置信上限**.

若 $P(\hat{\theta}_L \leqslant \theta \leqslant \hat{\theta}_U) = 1-\alpha$，则称 $[\hat{\theta}_L,\hat{\theta}_U]$ 为 θ 的置信水平为 $1-\alpha$ 的**同等置信区间**.

为便于计算，在实际中我们常用的是同等置信区间.

置信水平 $1-\alpha$ 的频率解释为：在大量重复使用 θ 的置信区间 $[\hat{\theta}_L,\hat{\theta}_U]$ 时，由于每次得到的样本观测值不同，从而每次得到的区间估计也不一样，对每次观察，θ 要么落进 $[\hat{\theta}_L,\hat{\theta}_U]$，要么没落进 $[\hat{\theta}_L,\hat{\theta}_U]$. 就平均而言，进行 n 次观测，大约有 $n(1-\alpha)$ 次观测值落在区间 $[\hat{\theta}_L,\hat{\theta}_U]$.

比如，用 95%的置信水平得到某班全班学生考试成绩的置信区间为[60,80]，我们不能说区间[60,80]以 95%的概率包含全班学生的平均考试成绩的真值，或者表述为全班学生的平均考试成绩以 95%的概率落在区间[60,80]. 这类表述是错误的，因为总体均值 μ 是一常数，而不是随机变量，要么落入，要么不落入，并不涉及概率. 它的真正意思是：如果做了 100 次抽样，大概 95 次找到的区间包含真值，有 5 次不包含真值.

构造未知参数的置信区间最常用的方法是枢轴量法：

（1）构造统计量 $G=G(X_1,\cdots,X_n;\theta)$，使得 G 满足：待估参数 θ 一定出现，不含其他未知参数，已知信息都要出现，且分布函数已知. 一般称 G 为**枢轴量**.

（2）适当选择两个常数 c,d，使得对 $\forall\alpha(0<\alpha<1)$ 成立

$$P(c\leqslant G\leqslant d)=1-\alpha,$$

满足这样条件的 c,d 具有无穷多个. 我们希望 $d-c$ 越短越好，但一般很难做到，常用的是选 $c=G_{\alpha/2}$，$d=G_{1-\alpha/2}$，即

$$P(G<c)=P(G>d)=\alpha/2,$$

其中 $G_{\alpha/2}$ 为 G 的 $\alpha/2$ 分位数.

（3）对 $c\leqslant G\leqslant d$ 变形得到置信区间 $[\hat{\theta}_L,\hat{\theta}_U]$，称为**等尾置信区间**.

请注意，本书定义区间估计为闭区间，而考研数学中则定义为开区间.其实，读者不需区分开、闭区间，两者本质是一样的，只是表达形式略有区别而已. 只是在做考研题时，尽量采用开区间，和标准答案一致，而平时练习，则不用区分.

7.3.2 单个正态总体的置信区间

正态总体是最常用的分布，我们讨论它的两个参数的区间估计，设 $X_1,\cdots,X_n$ 是来自总体 $N(\mu,\sigma^2)$ 的样本.

1）μ 的置信区间

（1）当 σ 已知时，

取枢轴量 $G=\dfrac{\bar{X}-\mu}{\sigma/\sqrt{n}}\sim N(0,1)$，故

$$u_{\alpha/2}\leqslant\frac{\bar{X}-\mu}{\sigma/\sqrt{n}}\leqslant u_{1-\alpha/2}.$$

由于 $u_{\alpha/2}=-u_{1-\alpha/2}$，我们有

$$-u_{1-\alpha/2}\leqslant\frac{\bar{X}-\mu}{\sigma/\sqrt{n}}\leqslant u_{1-\alpha/2}.$$

变形可得同等置信区间为

$$\left[\bar{X}-u_{1-\alpha/2}\frac{\sigma}{\sqrt{n}},\bar{X}+u_{1-\alpha/2}\frac{\sigma}{\sqrt{n}}\right]. \tag{7.3.2}$$

这是一个以 $\bar{X}$ 为中心，半径为 $u_{1-\alpha/2}\frac{\sigma}{\sqrt{n}}$ 的对称区间，常将之表示为 $\bar{X}\pm u_{1-\alpha/2}\frac{\sigma}{\sqrt{n}}$.

（2）当 σ 未知时，

取枢轴量 $G=\frac{\sqrt{n}(\bar{X}-\mu)}{S}\sim t(n-1)$，故

$$t_{\alpha/2}\leqslant\frac{\bar{X}-\mu}{S/\sqrt{n}}\leqslant t_{1-\alpha/2}.$$

由于 $t_{\alpha/2}=-t_{1-\alpha/2}$，我们有

$$-t_{1-\alpha/2}\leqslant\frac{\sqrt{n}(\bar{X}-\mu)}{S}\leqslant t_{1-\alpha/2},$$

变形可得同等置信区间为

$$\left[\bar{X}-t_{1-\alpha/2}(n-1)\frac{S}{\sqrt{n}},\bar{X}+t_{1-\alpha/2}(n-1)\frac{S}{\sqrt{n}}\right].\quad（7.3.3）$$

例 7.3.1　已知某厂生产的滚球直径 $X\sim N(\mu,0.06)$，从某天生产的滚球中随机抽取 6 个，测得直径分别为（单位：mm）

14.6　15.1　14.9　14.8　15.2　15.1

（1）求 μ 的置信概率为 0.95 的置信区间；

（2）如果滚球直径的方差 σ^2 未知，求 μ 的置信概率为 0.95 的置信区间.

解　样本容量 $n=6$，计算 $\bar{x}=\frac{1}{6}\sum_{i=1}^{6}x_i=14.95$.

（1）已知 $1-\alpha=0.95$，故 $\alpha=0.05$，查表（或运用统计软件）可得

$$u_{0.975}=1.96.$$

将数据代入（7.3.2）可得 μ 的置信概率为 0.95 的置信区间为 $[14.754,15.146]$.

（2）
$$S=\sqrt{\frac{1}{5}\sum_{i=1}^{6}(x_i-\bar{x})^2}=\sqrt{0.051}=0.2258.$$

同理可得
$$t_{0.975}=2.5706.$$

将数据代入（7.3.3）可得 μ 的置信概率为 0.95 的置信区间为 $[14.713,15.187]$.

由同一组样本观测值，按同样的置信概率，对 μ 计算出的置信区间因 σ^2 是否已知会不一样. 这是因为：当 σ^2 已知时，我们掌握的信息多一点，在其他条件相同的情况下，对 μ 的估计精度要高一点，即表现为 μ 的置信区间短一点；反之，若 σ^2 未知，对 μ 的估计精度要低一点，即表现为 μ 的置信区间长度要大一些. 当 σ^2 已知时，我们也可采用 σ^2 未知的估计方法，但精度要差一点，这种情况我们一般认为是错误的，因为本可用上的已知信息没有用上，得到的结果不是最优的.

人生思考：某同学的爸爸是局长，大学毕业后，在其他条件相同的条件下，利用爸爸的关系可以找到更好的工作，如果此同学没有利用爸爸的关系，仅凭借自己的能力找到了一个稍微差点的工作，则我们可认为他的人生选择是错误的，没有最优化. 这也是在中国社会“后

门”泛滥的原因之一. 当然，国家要从制度上杜绝此种现象发生，让凭借关系的同学得到的工作也仅仅是与能力相匹配的工作，没有关系的同学得到的工作也是与能力相匹配的工作，即机会公平.

例 7.3.2（1998，数 1） 从正态总体 $N(3.4,6^2)$ 中抽取容量为 n 的样本，如果要求其样本均值位于区间 $(1.4,5.4)$ 内的概率不小于 0.95，问样本容量 n 至少应多大？

解 设 $\bar{X}$ 为样本均值，则有 $\dfrac{\bar{X}-3.4}{6/\sqrt{n}} \sim N(0,1)$，则

$$P(1.4<\bar{X}<5.4)=P\left(\left|\frac{\bar{X}-3.4}{6}\sqrt{n}\right|<\frac{2\sqrt{n}}{6}\right)=2\Phi\left(\frac{\sqrt{n}}{3}\right)-1\geqslant 0.95,$$

即

$$\Phi\left(\frac{\sqrt{n}}{3}\right)\geqslant 0.975,$$

即

$$\frac{\sqrt{n}}{3}\geqslant 1.96,$$

则 $n\geqslant(3\times 1.96)^2=34.6$. 因此，样本容量 n 应至少取值为 35.

2）σ^2 的置信区间

（1）当 μ 已知时，

枢轴量 $G=\sum\limits_{i=1}^{n}\dfrac{(X_i-\mu)^2}{\sigma^2}\sim\chi^2(n)$，对

$$\chi^2_{\alpha/2}(n)\leqslant\sum_{i=1}^{n}\frac{(X_i-\mu)^2}{\sigma^2}\leqslant\chi^2_{1-\alpha/2}(n)$$

变形可得同等置信区间为

$$\left[\sum_{i=1}^{n}(X_i-\mu)^2\Big/\chi^2_{1-\alpha/2}(n),\sum_{i=1}^{n}(X_i-\mu)^2\Big/\chi^2_{\alpha/2}(n)\right].\tag{7.3.4}$$

（2）当 μ 未知时，

枢轴量 $G=\dfrac{(n-1)S^2}{\sigma^2}\sim\chi^2(n-1)$，对

$$\chi^2_{\alpha/2}(n-1)\leqslant\frac{(n-1)S^2}{\sigma^2}\leqslant\chi^2_{1-\alpha/2}(n-1)$$

变形可得同等置信区间为

$$\left[\frac{(n-1)S^2}{\chi^2_{1-\alpha/2}(n-1)},\frac{(n-1)S^2}{\chi^2_{\alpha/2}(n-1)}\right].\tag{7.3.5}$$

例 7.3.3 已知某厂生产的零件 $X\sim N(12.5,\sigma^2)$，从某天生产的零件中随机抽取 4 个，测得样本观测值为

12.6　13.4　12.8　13.2

（1）求 σ^2 的置信概率为 0.95 的置信区间.

（2）如果零件直径 μ 未知，求 σ^2 的置信概率为 0.95 的置信区间.

解　（1）样本容量 $n=4$，计算 $\sum_{i=1}^{4}(x_i-\mu)^2=1.4$. 已知 $1-\alpha=0.95$，故 $\alpha=0.05$，运用统计软件可得

$$\chi^2_{\alpha/2}(4)=0.484\ ,\quad \chi^2_{1-\alpha/2}(4)=11.143\ .$$

将数据代入（7.3.4）可得 σ^2 的置信概率为 0.95 的置信区间为 $[0.13,2.89]$.

（2）运用统计软件可得

$$\chi^2_{\alpha/2}(3)=0.216\ ,\quad \chi^2_{1-\alpha/2}(3)=9.348\ .$$

将数据代入（7.3.5）可得 σ^2 的置信概率为 0.95 的置信区间为 $[0.043,1.854]$.

7.3.3　两个正态总体的置信区间

设 $X_1,\cdots,X_m$ 是来自总体 $N(\mu_1,\sigma_1^2)$ 的样本，$Y_1,\cdots,Y_n$ 是来自总体 $N(\mu_2,\sigma_2^2)$ 的样本，且两样本相互独立，记 $\overline{X},\overline{Y}$ 分别为它们的样本均值，则

$$S_X^2=\frac{1}{m-1}\sum_{i=1}^{m}(X_i-\overline{X})^2\ ,\quad S_Y^2=\frac{1}{n-1}\sum_{i=1}^{n}(Y_i-\overline{Y})^2$$

分别为 $\overline{X},\overline{Y}$ 的样本方差. 下面讨论两个均值差和两个方差比的置信区间.

1）$\mu_1-\mu_2$ 的置信区间

（1）σ_1^2,σ_2^2 已知时，

取枢轴量 $G=\dfrac{\overline{X}-\overline{Y}-(\mu_1-\mu_2)}{\sqrt{\dfrac{\sigma_1^2}{m}+\dfrac{\sigma_2^2}{n}}}\sim N(0,1)$（$\mu_1-\mu_2$ 整体是待估参数），沿用前面的方法可得 $\mu_1-\mu_2$ 的 $1-\alpha$ 同等置信区间为

$$\left[\overline{X}-\overline{Y}-u_{1-\alpha/2}\sqrt{\frac{\sigma_1^2}{m}+\frac{\sigma_2^2}{n}},\overline{X}-\overline{Y}+u_{1-\alpha/2}\sqrt{\frac{\sigma_1^2}{m}+\frac{\sigma_2^2}{n}}\right].\tag{7.3.6}$$

（2）$\sigma_1^2=\sigma_2^2=\sigma^2$ 未知时，

因为 $\dfrac{\overline{X}-\overline{Y}-(\mu_1-\mu_2)}{\sqrt{\dfrac{\sigma^2}{m}+\dfrac{\sigma^2}{n}}}\sim N(0,1)$，$\dfrac{(m-1)S_X^2}{\sigma^2}\sim\chi^2(m-1)$，$\dfrac{(n-1)S_Y^2}{\sigma^2}\sim\chi^2(n-1)$，且相互独立，所以

$$\frac{(m-1)S_X^2+(n-1)S_Y^2}{\sigma^2}\sim\chi^2(m+n-2)\ .$$

取枢轴量

$$G=\sqrt{\frac{mn(m+n-2)}{m+n}}\frac{\overline{X}-\overline{Y}-(\mu_1-\mu_2)}{\sqrt{(m-1)S_X^2+(n-1)S_Y^2}}\sim t(m+n-2)\ .$$

记 $S_w^2=\dfrac{(m-1)S_X^2+(n-1)S_Y^2}{m+n-2}$，则沿用前面的方法可得 $\mu_1-\mu_2$ 的 $1-\alpha$ 同等置信区间为

$$\left[\bar{X}-\bar{Y}-\sqrt{\frac{m+n}{mn}}S_w t_{1-\alpha/2}(m+n-2),\bar{X}-\bar{Y}+\sqrt{\frac{m+n}{mn}}S_w t_{1-\alpha/2}(m+n-2)\right]. \quad (7.3.7)$$

例 7.3.4　两台机床生产同一型号的滚珠，从甲、乙两台机床生产的滚珠中分别抽取 8 个、9 个，测得这些滚珠的直径（mm）如下：

甲机床：15.0 14.8 15.2 15.4 14.9 15.1 15.2 14.8

乙机床：15.2 15.0 14.8 15.1 15.0 14.6 14.8 15.1 14.5

设两台机床生产的滚珠直径服从正态分布，求这两台机床生产滚珠直径均值差 $\mu_1-\mu_2$ 的 $1-\alpha=0.90$ 同等置信区间.

（1）已知两台机床生产的滚珠直径的标准差分别是 $\sigma_1=0.18$，$\sigma_2=0.24$；

（2）$\sigma_1=\sigma_2$ 未知.

解　显然有

$$m=8,\ n=9,\ \bar{x}=15.05,\ \bar{y}=14.9,\ S_x^2=0.0457,\ S_y^2=0.0575,\ S_w=0.228.$$

（1）$u_{0.95}=1.645$，代入（7.3.6）得置信区间为 $[-0.018,0.318]$.

（2）$t_{0.95}=1.753$，代入（7.3.7）得置信区间为 $[-0.044,0.344]$.

2）σ_1^2/σ_2^2 的置信区间

（1）μ_1,μ_2 已知时

由于 $F=\dfrac{\sum_{i=1}^{m}(X_i-\mu_1)^2\Big/m\sigma_1^2}{\sum_{i=1}^{n}(Y_i-\mu_2)^2\Big/n\sigma_2^2}\sim F(m,n)$，故 σ_1^2/σ_2^2 的 $1-\alpha$ 置信区间为

$$\left[\frac{n\sum_{i=1}^{m}(X_i-\mu_1)^2}{m\sum_{i=1}^{n}(Y_i-\mu_2)^2}\frac{1}{F_{1-\alpha/2}(m,n)},\frac{n\sum_{i=1}^{m}(X_i-\mu_1)^2}{m\sum_{i=1}^{n}(Y_i-\mu_2)^2}\frac{1}{F_{\alpha/2}(m,n)}\right]. \quad (7.3.8)$$

（2）μ_1,μ_2 未知时，

由于 $\dfrac{(m-1)S_X^2}{\sigma_1^2}\sim\chi^2(m-1)$，$\dfrac{(n-1)S_Y^2}{\sigma_2^2}\sim\chi^2(n-1)$，且相互独立，故取枢轴量

$$F=\frac{S_X^2/\sigma_1^2}{S_Y^2/\sigma_2^2}\sim F(m-1,n-1),$$

故给定置信水平 $1-\alpha$，由

$$P\left(F_{\alpha/2}(m-1,n-1)\leqslant\frac{S_X^2/\sigma_1^2}{S_Y^2/\sigma_2^2}\leqslant F_{1-\alpha/2}(m-1,n-1)\right)=1-\alpha$$

可得 σ_1^2/σ_2^2 的 $1-\alpha$ 置信区间为

$$\left[\frac{S_X^2}{S_Y^2}\frac{1}{F_{1-\alpha/2}(m-1,n-1)},\frac{S_X^2}{S_Y^2}\frac{1}{F_{\alpha/2}(m-1,n-1)}\right]. \tag{7.3.9}$$

例 7.3.5　在例 7.3.4 中，求这两台机床生产滚珠直径方差比 σ_1^2/σ_2^2 的 $1-\alpha=0.90$ 同等置信区间.

（1）已知两台机床生产的滚珠直径的均值分别是 $\mu_1=15.0$， $\mu_2=14.9$；

（2）μ_1,μ_2 未知.

解　计算得

$$\sum_{i=1}^{8}(x_i-\mu_1)^2=0.34,\quad \sum_{i=1}^{9}(y_i-\mu_2)^2=0.46.$$

（1）$F_{0.05}(8,9)=0.295,\ F_{0.95}(8,9)=3.23$，代入（7.3.8）得置信区间为

$$[0.257,2.819].$$

（2）$F_{0.05}(7,8)=0.268,\ F_{0.95}(7,8)=3.50$，代入（7.3.9）得置信区间为

$$[0.227,2.966].$$

小　结

数 3 考生只要求掌握矩估计和最大似然估计，评选标准与区间估计不要求，但作为知识体系的完整性及其应用性，希望数 3 考生也能对其了解. 置信区间与假设检验中的拒绝域之间有着明显的联系，如果读者掌握了区间估计，其实也掌握了假设检验.

本章具体考试要求是：

（1）理解参数的点估计、估计量与估计值的概念.

（2）掌握矩估计法和最大似然估计.

下面内容数 3 考生不要求.

（3）了解估计量的无偏性、有效性（最小方差性）和相合性的概念，并会验证估计量的无偏性.

（4）理解区间估计的概念，会求单个正态总体的均值和方差的置信区间，会求两个正态总体的均值差和方差比的置信区间.

值得注意的是，研究生入学考试参考答案中的置信区间为开区间，本书定义为闭区间，读者在参加考试时，可改写为开区间，其他不变，为了让读者适应这种转变，我们在习题的参考答案中采用了开区间.

习题 7

1. 设总体 $X\sim\begin{pmatrix}-1 & 0 & 2\\ 2\theta & \theta & 1-3\theta\end{pmatrix}$，其中 $0<\theta<\dfrac{1}{3}$ 为待估参数，求 θ 的矩估计.

2. 设总体有密度函数如下，求 θ 的矩估计.

（1）$f(x)=\frac{2}{\theta^2}(\theta-x), 0<x<\theta$，$\theta>0$；

（2）$f(x)=\frac{x}{\theta^2}\mathrm{e}^{-\frac{x^2}{2\theta^2}}, x>0$，$\theta>0$；

（3）$f(x)=(\theta+1)x^{\theta}, 0<x<1, \theta>0$；

（4）$f(x)=\sqrt{\theta}x^{\sqrt{\theta}-1}, 0<x<1, \theta>0$.

3. 设总体密度函数如下，$X_1,\cdots,X_n$ 是样本，试求未知参数的最大似然估计.

（1）$f(x)=\sqrt{\theta}x^{\sqrt{\theta}-1}, 0<x<1, \theta>0$；

（2）$f(x)=\theta c^{\theta}x^{-(\theta+1)}, x>c, c>0$ 已知，$\theta>1$.

4. 已知某电子设备使用寿命 $X\sim\mathrm{Exp}(\theta)$，密度函数为

$$f(x)=\frac{1}{\theta}\mathrm{e}^{-\frac{1}{\theta}}, x>0,$$

其中 $\theta>0$，现随机抽取 10 台，测得寿命的数据如下（小时）：

1050 1100 1080 1120 1200 1250 1040 1130 1300 1200

求 θ 的最大似然估计.

5.（2006 数 1，3）设总体的概率密度为

$$f(x,\theta)=\begin{cases}\theta, & 0<x<1\\ 1-\theta, & 1\leqslant x<2\\ 0, & \text{其他}\end{cases},$$

其中 θ 为未知参数 $(0<\theta<1)$，$X_1,\cdots,X_n$ 为来自总体 X 的简单随机样本，记 N 为样本值 $x_1,x_2,\cdots,x_n$ 中小于 1 的个数，求

（1）θ 的矩估计；

（2）θ 的最大似然估计.

6. 设总体 $X\sim U(\theta,2\theta)$，其中 $\theta>0$ 是未知参数，又 $X_1,\cdots,X_n$ 为来自该总体的样本，$\overline{X}$ 为样本均值.

（1）证明 $\hat{\theta}=\frac{2}{3}\overline{X}$ 是参数 θ 的相合估计和无偏估计；

（2）求 θ 的最大似然估计，它是相合估计和无偏估计吗？

7.（2007 数 1，3）设总体 X 概率密度为

$$f(x,\theta)=\begin{cases}\frac{1}{2\theta}, & 0<x<\theta\\ \frac{1}{2(1-\theta)}, & \theta\leqslant x<1\\ 0, & \text{其他}\end{cases},$$

其中参数 $\theta\ (0<\theta<1)$，$X_1,\cdots,X_n$ 为来自总体 X 的简单随机样本，$\bar{X}$ 为样本均值，

（1）求参数 θ 的矩估计量；

（2）判断 $4\bar{X}^2$ 是否为 θ^2 的无偏估计量，并说明理由.

8. （2003 数 1）设总体 X 的概率密度为

$$f(x,\theta)=\begin{cases}2\mathrm{e}^{-2(x-\theta)}, & x>\theta\\ 0, & x\leqslant\theta\end{cases},$$

其中 $\theta>0$ 是未知参数. 从总体 X 中抽取简单随机样本 $X_1,\cdots,X_n$，记 $\hat{\theta}=\min(X_1,\cdots,X_n)$.

（1）求总体 X 的分布函数 $F(x)$；

（2）求统计量 $\hat{\theta}$ 的分布函数 $F_{\hat{\theta}}(x)$；

（3）如果用 $\hat{\theta}$ 作为 θ 的估计量，讨论它是否具有无偏性.

9. 设 $X_1,\cdots,X_n$ 是来自密度函数为

$$f(x;\theta)=\mathrm{e}^{-(x-\theta)},x>\theta$$

的样本，

（1）求 θ 的最大似然估计 $\hat{\theta}_1$，它是否是相合估计？是否是无偏估计？

（2）求 θ 的矩估计 $\hat{\theta}_2$，它是否是相合估计？是否是无偏估计？

（3）考虑 θ 的形如 $\hat{\theta}_c=X_{(1)}-c$ 的估计，求使得 $\hat{\theta}_c$ 的均方误差达到最小的 c，并将之与 $\hat{\theta}_1$ 和 $\hat{\theta}_2$ 的均方误差进行比较.

10. 设总体 $X\sim N(\mu,1)$，X_1,X_2 是从总体 X 中抽取的一个样本，验证下面三个估计量：

$$\hat{\mu}_1=\frac{2}{3}X_1+\frac{1}{3}X_2,\quad \hat{\mu}_2=\frac{1}{4}X_1+\frac{3}{4}X_2,\quad \hat{\mu}_3=\frac{1}{2}X_1+\frac{1}{2}X_2$$

都是 μ 的无偏估计，并求出每个估计量的方差，问哪个方差更小？

11. 无偏估计量一定比有偏估计量好么？为什么？

12.（2003 数 1）已知一批零件的长度 X（单位：cm）服从正态分布 $N(\mu,1)$，从中随机地抽取 16 个零件，得到长度的平均值为 40cm，则 μ 的置信度为 0.95 的置信区间是多少？

13. 用某仪器间接测量温度，重复测量 5 次，得（单位：度）

1250　1256　1245　1260　1275

假定重复测得所得温度 $X\sim N(\mu,\sigma^2)$，求总体温度真值 μ 的 0.95 置信区间.

（1）根据以往长期经验，已知测量标准方差 $\sigma=11$；

（2）σ 未知时.

14. 从一批钢索中抽样 10 根，测得其折断力 X 的观测值为：

578　572　570　568　572　570　570　596　584　572

（1）若 $X\sim N(580,\sigma^2)$，求 σ^2,σ 的置信概率为 0.95 的置信区间；

（2）若 $X\sim N(\mu,\sigma^2)$，求 σ^2,σ 的置信概率为 0.95 的置信区间.

15. 假定到某地旅游的一个游客的消费额 $X\sim N(\mu,\sigma^2)$，且 $\sigma=500$（元），现要对该地区

每一个游客的平均消费额 μ 进行估计，为了能以不小于 0.95 的置信概率，确信这估计的绝对误差小于 50 元，问至少需要随机调查多少个游客？

16. 为提高某一化学生产过程的得率，试图采用一种新催化剂. 为慎重起见，在实验工厂进行试验，设采用原来的催化剂进行了 $m=8$ 次试验，得到得率的平均值 $\bar{x}=91.73$，样本方差 $s_x^2=3.89$；又采用新的催化剂进行了 $n=8$ 次试验，得到得率的平均值 $\bar{y}=93.75$，样本方差 $s_y^2=4.02$. 假设两总体都认为服从正态分布且方差相等，两样本独立. 试求两总体均值差 $\mu_1-\mu_2$ 的置信水平为 0.95 的置信区间.

8　假设检验

统计推断的另一个重要问题是假设检验问题. 假设检验是先提出一个假设，然后利用样本信息判断这一假设是否成立. 但是，如何利用样本对一个具体的假设进行检验? 其基本原理就是人们在实际问题中经常采用的实际推断原理:“小概率事件在一次试验中几乎是不可能发生的，如果发生了，矛盾，否定原假设”，这本质上就是数学上的反证法.

本章主要讲解假设检验的基本概念、分布参数的假设检验，简单介绍非参数检验.

8.1　假设检验的基本概念

在现实生活中，人们经常需要对某个“假设”做出判断，以确定它是真的，还是假的. 比如，在恋爱中，恋人需要判断对方是否真的爱她；在新药研发中，研究人员需要判断新药是否比原有药物更有效.

下面结合实例来说明假设检验的基本概念.

例 8.1.1　由服从正态分布 $N(\mu,4)$ 的总体中抽出一个大小为 5 的样本，它们的数值分别为

$$501\quad 507\quad 498\quad 502\quad 504$$

试问 $\mu=500$ 是否可信?

现实中很多问题都可归结为上述类型的统计问题. 例如，某食品厂生产的食盐规定每袋的标准质量为 500g，这些食盐由一条生产线自动包装. 在正常情况下，由统计资料可知，食盐质量服从正态分布 $N(500,4)$. 为了在生产过程中进行质量控制，规定开工时以及每隔一定时间都要抽测 5 袋食盐，以检验生产线工作是否正常. 如果在某次抽测中，测得 5 袋食盐的质量分别为

$$501\text{g}\quad 507\text{g}\quad 498\text{g}\quad 502\text{g}\quad 504\text{g}$$

这时，我们是否可以做出生产线工作是否正常（ $\mu=500$ ）的判断呢? 这就是例 8.1.1 的实际背景. 请读者自己举出一个实际背景以加深对问题的理解.

我们的研究目的是判断 $\mu=500$ 是否可信，而生产线正常工作是不能轻易否定的，因此首先提出两个对立假设

$$H_0:\mu=\mu_0=500 \quad \text{vs} \quad H_1:\mu\neq\mu_0=500 .$$

由于要检验的是总体均值, 故可借助于样本均值来判断. 因为 $\bar{X}$ 是 μ 的一个优良估计量且

$$U=\frac{\bar{X}-\mu_0}{\sigma/\sqrt{n}}\sim N(0,1) ,$$

所以，如果 H_0 为真，则 $|\bar{X}-\mu_0|$ 不应太大，可选定一个适当正数 c，一般选 $c=u_{1-\alpha/2}$，其中

$0<\alpha<1$，当观测值满足

$$\left|\frac{\bar{X}-\mu_0}{\sigma/\sqrt{n}}\right| \geqslant c$$

时，拒绝假设 H_0，即认为生产线工作不正常，反之不能拒绝 H_0，也可简称为接受 H_1.

在假设检验中，常把一个被检验的假设称为**原假设**，用 H_0 表示，通常将不应轻易加以否定的假设作为原假设. 当 H_0 被否定时而接受的假设称为**备择假设**，用 H_1 表示. 确定原假设和备择假设在假设检验中十分重要，它直接关系到检验的结论，下面给出几点假设的认识.

（1）在建立假设时，通常先确定备择假设，然后确定原假设. 这是因为备择假设是人们所关心的，是想予以支持或证实的，因而比较清楚，容易确定. 由于原假设与备择假设是对立的，只要确定了备择假设，也就确定了原假设.

（2）在假设检验中，等号“=”总是放在原假设上. 将等号放在原假设上是因为研究者想涵盖备择假设 H_1 不出现的所有情况.

（3）尽管根据定义通常能确定两个假设的内容，但它们的本质都带有一定的主观性，因为研究者想要证实和反对的结论最终取决于研究者本人的意志. 所以，在面对同一问题时，由于研究者的研究目的不同，甚至可能提出截然相反的原假设和备择假设.

（4）假设检验的目的主要是搜集证据拒绝原假设. 这与法庭上对被告定罪类似：我们关心的、想证实的是被告有罪，因此被告有罪作为备择假设，被告无罪作为原假设，这也符合“通常将不应轻易加以否定的假设作为原假设”原则，因为人一般都是无罪的，而有罪的惩罚很严厉，甚至是不可挽回的——死刑.

由样本对原假设进行判断总是通过一个统计量完成的，该统计量称为**检验统计量**. 当检验统计量取某个区域 W 中的值时，我们拒绝原假设 H_0，则称区域 W 为**拒绝域**，拒绝域的边界点称为**临界点**.

通常我们将注意力集中在拒绝域上，正如数学上我们不能用一个例子去证明一个结论一样，我们也不能用一个样本来证明假设是正确的，但可以用一个例子去推翻一个命题，因此从逻辑上看，注重拒绝域是适当的. 事实上，在拒绝原假设和接受原假设之间存在一个模糊域，因此 $\bar{W}$ 称为**保留域**更恰当. 为了简单起见，我们习惯上称 $\bar{W}$ 为接受域.

假设检验的依据是小概率事件在一次试验中很难发生，但很难发生不等于不发生，因而，假设检验所做出的结论有可能是错误的，错误有两类：

（1）当原假设 H_0 为真，观测值却落入拒绝域，而做出了拒绝 H_0 的判断，称为**第一类错误**，又叫**弃真错误**、**α 错误**. 犯第一类错误的概率记为 α，即

$$\alpha=P(\text{拒绝}H_0 \mid H_0\text{为真}),$$

也称为显著性水平，它是人们事先指定犯第一类错误概率的最大允许值.

在确定了显著性水平 α 后，就可根据 α 值的大小确定拒绝域的边界，从而确定拒绝域的大小.

（2）当原假设 H_0 不真，而观测值没有落入拒绝域，做出了没有拒绝 H_0 的判断，称为**第二类错误**，又叫**存伪错误**，犯第二类错误的概率记为 β，即

$$\beta=P(\text{没有拒绝}H_0 \mid H_1\text{为真}).$$

自然，人们都希望犯这两类错误的概率越小越好，但当样本容量 n 一定时，若减少犯第一类错误的概率，则犯第二类错误的概率往往会增大；若减少犯第二类错误的概率，则犯第一类错误的概率往往会增大. 若要使犯两类错误的概率都减小，除非增加样本容量.

只对犯第一类错误的概率加以控制，而不考虑犯第二类错误的概率的检验，称为**显著性检验**. 确定了显著性水平 α 就等于控制了第一类错误的概率，但犯第二类错误的概率 β 却是不确定的. 在假设检验中，大家都在遵守一个原则，即首先控制 α 错误原则. 原因主要有两点：一方面，大家都在遵守一个统一的原则，讨论问题比较方便，但这还不是主要的，最主要的原因是，从实用的观点看，原假设是什么往往很明确，而备择假设是什么往往比较模糊. 显然，对于一个含义明确的假设和一个含义模糊的假设，我们更愿意接受前者.

下面给出例 8.1.1 的完整检验过程：

这是一个假设检验问题，总体 $X \sim N(\mu,4)$, $\sigma=2$.

（1）提出原假设和和备择假设，分别为

$$H_0:\mu=\mu_0=500 \quad \text{vs} \quad H_1:\mu\neq\mu_0=500;$$

（2）构造检验统计量：$U=\dfrac{\overline{X}-\mu_0}{\sigma/\sqrt{n}}\sim N(0,1)$.

（3）构造小概率事件：取显著性水平 $\alpha=0.05$，则

$$\left|\frac{\overline{X}-\mu_0}{\sigma/\sqrt{n}}\right|\geqslant u_{1-\alpha/2}$$

就是小概率事件.

（4）判断小概率事件是否发生：因为 $n=5$，$\overline{x}=502.4$，由于

$$\left|\frac{\overline{x}-\mu_0}{\sigma/\sqrt{n}}\right|=\left|\frac{502.4-500}{2/\sqrt{5}}\right|=2.6833\geqslant u_{0.975}=1.9600,$$

即小概率事件发生了，所以拒绝 H_0，认为生产线工作不正常.

```
X=[501   507   498   502   504];
u=(mean(X)-500)/(2/5^0.5),norminv(0.975,0,1)
```

综上所述，可得假设检验的基本步骤.

（1）由实际问题提出原假设 H_0（与备择假设 H_1），通常将不应轻易加以否定的假设作为原假设，为了简单起见，可省略 H_1；

（2）构造检验统计量，与构造枢轴量的方法一致；

（3）根据问题要求确定显著性水平 α，进而得到拒绝域，即构造小概率事件；

（4）由样本观测值计算统计量的观测值，看是否属于拒绝域，即判断小概率事件在一次试验中是否发生，从而对 H_0 做出判断，若小概率事件发生，则否定 H_0，反之则否.

8.2　检验的 p 值

假设检验的结论通常很简单，在给定的显著水平下，不是拒绝原假设，就是保留原假设.

然而会出现这样的情况，在一个较大的显著水平（比如 $\alpha=0.05$）下得到拒绝原假设，而在一个较小的显著水平（比如 $\alpha=0.01$）却得到相反的结论. 这种情况在理论上很容易解释：因为显著水平变小后会导致检验的拒绝域变小，于是原来落在拒绝域中的观测值就可能落入保留域（通称为接受域），但这种情况会带来麻烦. 假如一个人主张显著水平 $\alpha=0.05$，而另一人主张 $\alpha=0.01$，则会得到相反的结论.

上一节讨论的假设检验方法称为**临界值法**，下面介绍 p 值检验法.

例 8.2.1　设总体 $X\sim N(\mu,\sigma^2)$，μ 未知，$\sigma^2=100$，现有样本 $x_1,x_2,\cdots,x_{50}$，算得 $\bar{x}=62.75$，现在来假设检验

$$H_0:\mu\leqslant\mu_0=60 \quad \text{vs} \quad H_1>60 .$$

采用 u 检验法，构造统计量为

$$U=\frac{\bar{X}-\mu_0}{\sigma/\sqrt{n}}\sim N(0,1) .$$

将数据代入，得 u 的观测值为

$$u=\frac{62.75-60}{10/\sqrt{50}}=1.9445 .$$

概率

$$p=P(U\geqslant u)=P(U\geqslant 1.9445)=1-P(U<1.9445)=0.0259$$

称为 **u 检验法的右边检验的 p 值**.

若显著性水平 $\alpha\geqslant p$，则对应的临界值 $u_{1-\alpha}\leqslant 1.9445$，这表示观测值 $u=1.9445$ 落入拒绝域中，因而拒绝 H_0，反之则否. 据此，

$$p=P(U\geqslant u)=0.0259$$

是原假设 H_0 可被拒绝的最小显著性水平. 一般地，p 值的定义是：

定义 8.2.1　在一个假设检验问题中，利用观测值能够做出拒绝原假设的最小显著水平称为检验的 p 值（probability value）.

可见，p 值是假设检验中犯错误的实际概率，而显著性水平 α 是人们能接受犯错误的最大概率，具有主观性. 引进检验的 p 值概念的好处有：

（1）结论客观，避免了事先确定显著水平；

（2）由检验的 p 值与人们心目中的显著水平 α 进行比较，可以很容易做出检验结论. 用 p 值决策的准则是：

$$\text{如果 } p\leqslant\alpha \text{，拒绝 } H_0\text{；如果 } p>\alpha \text{，不拒绝 } H_0 .$$

这种利用 p 值来确定检验拒绝域的方法，称为 **p 值检验法**. 它比临界值法给出了有关拒绝域的更多信息. 基于 p 值,研究者可以使用任意希望的显著性水平来计算. 现在的统计软件中对假设检验问题一般都会给出检验的 p 值，我们只需将 p 与 α 比较大小即可确定是否拒绝 H_0. p 值表示反对原假设 H_0 的依据的强度，p 值越小，反对 H_0 的依据越强，越充分. 特别

值得注意的是，当 p 值稍微大于显著水平时，即样本落入保留域时，我们应该慎重.

一般若 $p \leqslant 0.01$，称**推断拒绝 H_0 的依据很强**或称**检验是高度显著的**；若 $0.01 < p \leqslant 0.05$，称**推断拒绝 H_0 的依据强**或称**检验是显著的**；若 $0.05 < p \leqslant 0.1$,称**推断拒绝 H_0 的依据弱**或称检验是不显著的；若 $p > 0.1$，一般说没有拒绝 H_0.

在很多杂志和技术报告中，许多研究者在讲述假设检验的结果时，一般不明显地论及显著水平和临界值，而是简单地引入假设检验的 p 值，让读者利用它评价拒绝原假设依据的强度，进而做出判断.

8.3　单个正态总体参数的假设检验

本节对单个正态总体参数检验进行讨论.

8.3.1　均值的假设检验

设样本 $X_1,\cdots,X_n$ 来自总体 $N(\mu,\sigma^2)$，考虑如下三种关于 μ 的假设检验问题：

（i）$H_0:\mu \leqslant \mu_0$，vs $H_1:\mu > \mu_0$；

（ii）$H_0:\mu \geqslant \mu_0$，vs $H_1:\mu < \mu_0$；

（iii）$H_0:\mu = \mu_0$，vs $H_1:\mu \neq \mu_0$；

一般而言，这三种假设所采用的检验统计量相同，区别在于拒绝域上.（i）（ii）为单侧检验，（iii）为双侧检验. 单侧检验（i）也称为右侧检验，（ii）也称为左侧检验. 识别单侧与双侧检验有益于以后构造拒绝域.

1）σ 已知时的 u 检验

构造检验统计量与枢轴量的方法一样，故检验统计量

$$U = \frac{\bar{X} - \mu_0}{\sigma/\sqrt{n}} \sim N(0,1).$$

（1）对于单侧检验（i），直觉告诉我们，当样本均值 $\bar{X}$ 不超过 μ_0 时应接受原假设，且 $\bar{X}$ 越小越应该接受原假设；当样本均值 $\bar{X}$ 超过 μ_0 时，应拒绝原假设，可是由于随机性的存在，如果 $\bar{X}$ 比 μ_0 大一点就拒绝原假设似乎不恰当，只有当 $\bar{X}$ 超过 μ_0 一定程度时拒绝原假设才是恰当的. 由于

$$P\left(u_{1-\alpha} \leqslant \frac{\bar{X} - \mu_0}{\sigma/\sqrt{n}}\right) = \alpha,$$

故 $u_{1-\alpha} \leqslant \dfrac{\bar{X} - \mu_0}{\sigma/\sqrt{n}}$ 成立时，拒绝原假设，因此拒绝域

$$W = \left\{(X_1,\cdots,X_n): u_{1-\alpha} \leqslant \frac{\bar{X} - \mu_0}{\sigma/\sqrt{n}}\right\} = \{u_{1-\alpha} \leqslant U\}. \tag{8.3.1}$$

（2）对于单侧检验（ii），直觉告诉我们，当样本均值 $\bar{X}$ 小于 μ_0 时，应拒绝原假设，可由于随机性的存在，只有当 $\bar{X}$ 小于 μ_0 一定程度时拒绝原假设才是恰当的. 由于

$$P\left(\frac{\bar{X}-\mu_0}{\sigma/\sqrt{n}}\leqslant u_\alpha\right)=\alpha ,$$

故 $\frac{\bar{X}-\mu_0}{\sigma/\sqrt{n}}\leqslant u_\alpha$ 成立时，拒绝原假设，由于 $u_\alpha=-u_{1-\alpha}$，因此拒绝域

$$W=\left\{\frac{\bar{X}-\mu_0}{\sigma/\sqrt{n}}\leqslant -u_{1-\alpha}\right\}=\{U\leqslant -u_{1-\alpha}\}. \tag{8.3.2}$$

（3）对于双侧检验（iii），由于

$$P\left(\left|\frac{\bar{X}-\mu}{\sigma/\sqrt{n}}\right|\geqslant u_{1-\alpha/2}\right)=\alpha ,$$

因此

$$W=\left\{\left|\frac{\bar{X}-\mu_0}{\sigma/\sqrt{n}}\right|\geqslant u_{1-\alpha/2}\right\}=\{|U|\geqslant u_{1-\alpha/2}\}. \tag{8.3.3}$$

例 8.3.1 某厂生产的合金强度服从正态分布 $N(\theta,4^2)$，其中 θ 是设计值为不低于 110Pa. 为了保证质量，该厂每天对生产情况进行例行检查，以判断生产是否正常进行. 某天从生产中随机抽取 25 块合金，测得强度为 $x_1,\cdots,x_{25}$，其均值为 $\bar{x}=108$ Pa，若取 $\alpha=0.05$，问当日生产是否正常？

解 提出原假设 $H_0:\theta\geqslant 110$. 由于

$$P\left(\frac{\bar{X}-110}{4/\sqrt{25}}\leqslant -1.645\right)=0.05 ,$$

则
$$\frac{\bar{x}-110}{4/\sqrt{25}}=\frac{108-110}{4/\sqrt{25}}=-2.5000\leqslant -1.645 ,$$

即小概率事件发生了，矛盾，所以拒绝原假设，即认为该日生产不正常.

由于 $P(U\leqslant -2.5)=0.0062$，所以检验的 p 值为 0.0062. 因为

$$p=0.0062<0.05 ,$$

所以拒绝原假设，所得结论与前面相同.

```
u=(108-110)/(4/25^0.5),
p=normcdf(u,0,1)
```

由于 MATLAB 功能十分强大，我们也可不进行正态标准化直接计算.

提出原假设 $H_0:\theta\geqslant 110$，在 H_0 为真的情况下，$\bar{X}\sim N\left(110,\frac{4^2}{25}\right)$. 因为

$$P(\overline{X} \leqslant c) = 0.05,$$

其中 c 为 $N\left(110, \frac{4^2}{25}\right)$ 的 0.05 分位数，所以，如果 $\overline{X} \leqslant c$，拒绝原假设.

由于 $\overline{x} = 108 \leqslant c = 108.6841$，所以拒绝原假设.

```
c=norminv(0.05,110,(16/25)^0.5)
```

例 8.3.2　某砖厂生产的砖的抗拉强度 X 服从正态分布 $N(\mu, 1.21)$，现从该厂产品中随机抽取 6 块，测得抗拉强度如下：

32.56　29.66　31.64　30.00　31.87　31.03

检验这批砖的平均抗拉强度为 32.50 是否成立，取显著性水平 $\alpha = 0.05$.

解　提出原假设 $H_0: \mu = \mu_0 = 32.50$，由于

$$\left|\frac{\overline{x} - \mu_0}{\sigma/\sqrt{n}}\right| = \left|\frac{31.1267 - 32.50}{1.1/\sqrt{6}}\right| = 3.0582 > u_{1-\alpha/2} = 1.96,$$

所以拒绝原假设，即这批砖的平均抗拉强度为 32.50 不成立.

检验的 p 值为

$$p = 2P(N(0,1) \leqslant 3.0582) = 0.0022.$$

由于 $p = 0.0022 \leqslant 0.05$，所以拒绝原假设.

```
X=[32.56 29.66 31.64 30.00 31.87 31.03];
u=(mean(X)-32.50)/(1.21/6)^0.5,
norminv(0.975,0,1)
p=normcdf(u,0,1)*2
```

2）σ 未知时的 t 检验

选用检验统计量

$$t = \frac{\sqrt{n}(\overline{X} - \mu)}{S} \sim t(n-1),$$

分析与推导过程仿照 u 检验，可得：

对于单侧检验（i），拒绝域

$$W = \left\{(X_1, \cdots, X_n): t_{1-\alpha}(n-1) \leqslant \frac{\overline{X} - \mu_0}{S/\sqrt{n}}\right\} = \{t_{1-\alpha}(n-1) \leqslant t\}; \tag{8.3.4}$$

对于单侧检验（ii），拒绝域 $W = \{t \leqslant -t_{1-\alpha}\}$

$$W = \left\{\frac{\overline{X} - \mu_0}{S/\sqrt{n}} \leqslant -t_{1-\alpha}(n-1)\right\} = \{t \leqslant -t_{1-\alpha}(n-1)\}; \tag{8.3.5}$$

对于双侧检验（iii），拒绝域

$$W = \left\{\left|\frac{\overline{X} - \mu_0}{S/\sqrt{n}}\right| \geqslant t_{1-\alpha/2}(n-1)\right\} = \{|t| \geqslant t_{1-\alpha/2}(n-1)\}. \tag{8.3.6}$$

例 8.3.3 一种汽车配件的平均长度要求为 12cm，高于或低于该标准均被认为是不合格的. 汽车生产企业在购进配件时，通常是经过招标，然后对中标的配件提供商提供的样品进行检验，以决定是否购进. 现对一个配件提供商提供的 10 个样本进行检验，结果如下：

12.2 10.8 12.0 11.8 11.9 12.4 11.3 12.2 12.0 12.3

假设该供货商生产的配件服从正态分布，在 0.05 的显著性水平下，检验该供货商提供配件是否符合要求.

解 依题意建立如下原假设和备注假设：

$$H_0: \mu = 12 \quad \text{vs} \quad H_1: \mu \neq 12 .$$

根据样本数据计算得 $\bar{x} = 11.89$ ， $s = 0.4932$. 计算检验统计量：

$$t = \frac{\bar{x} - \mu_0}{s/\sqrt{n}} = \frac{11.89 - 12}{0.4932/\sqrt{10}} = -0.7053 .$$

由于 $|t| = 0.7053 < t_{0.975}(9) = 2.262$ ，所以不能拒绝原假设，样本提供的证据还不足以推翻原假设.

```
X=[12.2 10.8 12.0 11.8 11.9 12.4 11.3 12.2 12.0 12.3];
m=mean(X),
s=std(X),
t=(m-12)/(s/10^0.5),
tinv(0.975,9)
```

例 8.3.4（1988 数 1） 设某次考试的考生成绩服从正态分布，从中随机抽取 36 位考生的成绩，算得平均成绩为 66.5 分，标准差为 15 分. 问在显著性水平 0.05 下，是否可以认为这次考试全体考生的平均成绩为 70 分？并给出检验过程.

解 依据题意提出原假设和备择假设

$$H_0: \mu = \mu_0 = 70 \quad \text{vs} \quad H_1: \mu \neq \mu_0 = 70 .$$

选取检验统计量 $T = \dfrac{\bar{X} - 70}{S/\sqrt{n}} \sim t(n-1)$ ，可得拒绝域为

$$|t| = \left| \frac{\bar{X} - 70}{S/\sqrt{n}} \right| \geqslant t_{1-\alpha/2}(n-1) = t_{0.975}(35) = 2.0301 .$$

由样本值可得

$$|t| = \left| \frac{66.5 - 70}{15/\sqrt{36}} \right| = 1.4 < 2.0301 ,$$

所以接受 H_0，即在显著性水平 0.05 下，可以认为这次考试全体考生的平均成绩为 70 分.

8.3.2 方差的假设检验

在假设检验中，有时不仅需要检验总体的均值，而且还需要检验总体的方差. 例如，在产品质量检验中，方差反映了产品的稳定性，方差大，说明产品性能不稳定，波动大；在经济生活中，居民的平均收入说明收入达到的一般水平，而收入的方差则反映了收入分配差异

的情况；在投资中，收益率的方差是评价投资风险的重要依据.

设 $X_1,\cdots,X_n$ 是来自总体 $N(\mu,\sigma^2)$ 的样本，考虑如下关于 σ^2 的假设检验问题：

$$H_0:\sigma^2=\sigma_0^2 \quad \text{vs}\ H_1:\sigma^2\neq\sigma_0^2.$$

方差单侧检验原理同均值的单侧检验一致，读者可自行写出.

1）已知期望 μ，假设检验 $H_0:\sigma^2=\sigma_0^2$

我们将解题步骤具体化：

（1）提出原假设和备择假设：

$$H_0:\sigma^2=\sigma_0^2 \quad \text{vs} \quad H_1:\sigma^2\neq\sigma_0^2.$$

（2）给出检验统计量 $\chi^2=\sum\limits_{i=1}^{n}\dfrac{(X_i-\mu)^2}{\sigma_0^2}\sim\chi^2(n)$.

（3）构造小概率事件，

$$P\left(\sum_{i=1}^{n}\frac{(X_i-\mu)^2}{\sigma_0^2}\geqslant\chi_{1-\alpha/2}^2(n),\ \text{或}\sum_{i=1}^{n}\frac{(X_i-\mu)^2}{\sigma_0^2}\leqslant\chi_{\alpha/2}^2(n)\right)=1-\alpha\ ,$$

即拒绝域为

$$W=\left(\sum_{i=1}^{n}\frac{(X_i-\mu)^2}{\sigma_0^2}\geqslant\chi_{1-\alpha/2}^2(n),\text{或}\sum_{i=1}^{n}\frac{(X_i-\mu)^2}{\sigma_0^2}\leqslant\chi_{\alpha/2}^2(n)\right). \tag{8.3.7}$$

（4）判断小概率事件是否发生，若发生，则拒绝 H_0，反之则否.

这种方法称为**卡方检验法**.

2）未知期望 μ，假设检验 $H_0:\sigma^2=\sigma_0^2$

构造检验统计量

$$\sum_{i=1}^{n}\frac{(X_i-\bar{X})^2}{\sigma_0^2}\sim\chi^2(n-1).$$

解题过程同上，可得拒绝域为

$$W=\left(\sum_{i=1}^{n}\frac{(X_i-\bar{X})^2}{\sigma_0^2}\geqslant\chi_{1-\alpha/2}^2(n-1),\ \text{或}\sum_{i=1}^{n}\frac{(X_i-\bar{X})^2}{\sigma_0^2}\leqslant\chi_{\alpha/2}^2(n-1)\right). \tag{8.3.8}$$

例 8.3.5 某涤纶厂生产的纤维纤度（纤维的粗细程度）在正常条件下，服从正态分布 $N(1.405,0.048^2)$，某日随机地抽取 5 根纤维，测得纤度为

1.32 1.55 1.36 1.40 1.44

问这一天涤纶纤度总体 X 的均方差是否正常？（ $\alpha=0.05$ ）

解 提出假设 $H_0:\sigma^2=\sigma_0^2=0.048^2$.

（1）因为

$$\sum_{i=1}^{5}\frac{(x_i-\mu)^2}{\sigma_0^2}=13.6827>\chi_{0.975}^2(5)=12.8325\ ,$$

所以拒绝 H_0，即这一天涤纶纤度 X 的均方差可以认为不正常.

（2）如果期望 μ 未知，因为

$$\sum_{i=1}^{5}\frac{(x_i-\overline{x})^2}{\sigma_0^2}=13.5069>\chi^2_{0.975}(4)=11.1433,$$

所以拒绝 H_0，即这一天涤纶纤度 X 的均方差可以认为不正常.

```
X=[1.32 1.55 1.36 1.40 1.44];
X1=(X-1.405).^2;
a=sum(X1)/0.048^2,
chi2inv(0.975,5)
X2=(X-mean(X)).^2;
b=sum(X2)/0.048^2,
chi2inv(0.975,4)
```

例 8.3.6 某市教委对高三年级的学生成绩进行评估，其中英语成绩服从正态分布 $N(\mu,\sigma^2)$，从中抽取 8 个学生的考试成绩，得到数据如下：

88 63 90 85 75 80 92 76

已知均值 $\mu=80$，是否可以认为总体方差 σ^2 不小于 8^2（取 $\alpha=0.05$）？

解 依据题意提出原假设和备择假设：

$$H_0:\sigma^2\geqslant 8^2 \quad \text{vs} \quad H_1:\sigma^2<8^2 .$$

选取检验统计量 $\chi^2=\sum_{i=1}^{n}\frac{(X_i-\mu)^2}{\sigma_0^2}\sim\chi^2(n)$，于是可得拒绝域为

$$\chi^2=\sum_{i=1}^{n}\frac{(X_i-\mu)^2}{\sigma_0^2}\leqslant\chi^2_{0.05}(8)=2.733 .$$

由样本值可得 $\chi^2=\frac{1}{64}\sum_{i=1}^{8}(x_i-\mu)^2=10.359>2.733$，从而接受原假设，即认为总体方差 σ^2 不小于 8^2.

8.4 两个正态总体的参数假设检验

设 $X_1,\cdots,X_m$ 是来自总体 $N(\mu_1,\sigma_1^2)$ 的样本，$Y_1,\cdots,Y_n$ 是来自总体 $N(\mu_2,\sigma_2^2)$ 的样本，且两样本相互独立，记 $\overline{X},\overline{Y}$ 分别为它们的样本均值，

$$S_X^2=\frac{1}{m-1}\sum_{i=1}^{m}(X_i-\overline{X})^2,\quad S_Y^2=\frac{1}{n-1}\sum_{i=1}^{n}(Y_i-\overline{Y})^2,\quad S_w^2=\frac{(m-1)S_X^2+(n-1)S_Y^2}{m+n-2}$$

其中，S_X^2，S_Y^2 分别为它们的样本方差.

下面讨论两个总体均值差和方差比的假设检验.

8.4.1 假设检验 $H_0:\mu_1-\mu_2=\mu$

（1）σ_1^2,σ_2^2 已知时，

取检验统计量 $U=\dfrac{\overline{X}-\overline{Y}-(\mu_1-\mu_2)}{\sqrt{\dfrac{\sigma_1^2}{m}+\dfrac{\sigma_2^2}{n}}}\sim N(0,1)$，拒绝域 $W=\{|U|\geqslant u_{1-\alpha/2}\}$.

（2）$\sigma_1^2=\sigma_2^2=\sigma^2$ 未知时，

取检验统计量 $t=\dfrac{\overline{X}-\overline{Y}-(\mu_1-\mu_2)}{S_w\sqrt{\dfrac{1}{m}+\dfrac{1}{n}}}\sim t(m+n-2)$，拒绝域

$$W=\{|t|\geqslant t_{1-\alpha/2}(m+n-2)\}.$$

例 8.4.1 卷烟厂甲、乙分别生产两种香烟，现分别对两种烟的尼古丁含量做 6 次测量，结果为

甲厂：25 28 23 26 29 22

乙厂：28 23 30 35 21 27

若香烟中尼古丁的含量服从正态分布且方差相等，问这两种香烟中尼古丁含量有无显著差异（$\alpha=0.05$）.

解 提出假设 $H_0:\mu_1-\mu_2=0$，

$$t=\frac{\overline{x}-\overline{y}-(\mu_1-\mu_2)}{s_w\sqrt{\dfrac{1}{m}+\dfrac{1}{n}}}=\frac{25.5000-27.3333}{\sqrt{\dfrac{37.5000+125.3333}{6+6-2}}\sqrt{\dfrac{1}{6}+\dfrac{1}{6}}}=-0.7869.$$

因为 $|t|=0.7869<t_{0.975}(10)=2.2281$，所以接受 H_0，即认为两种香烟中尼古丁含量无显著差异.

```
X=[25 28 23 26 29 22];
Y=[28 23 30 35 21 27];
m=6;
n=6;
sw=(((m-1)*std(X)^2+(n-1)*std(Y)^2)/(m+n-2))^0.5;
t=(mean(X)-mean(Y))/(sw*(1/m+1/n)^0.5))
tinv(0.975,10)
```

8.4.2 两个正态总体方差比 σ_1^2/σ_2^2 的 F 检验

由于 $\dfrac{(m-1)S_X^2}{\sigma_1^2}\sim\chi^2(m-1)$，$\dfrac{(n-1)S_Y^2}{\sigma_2^2}\sim\chi^2(n-1)$ 且相互独立，故取检验统计量

$$F=\frac{S_X^2/\sigma_1^2}{S_Y^2/\sigma_2^2}\sim F(m-1,n-1),$$

拒绝域为

$$W=\{F\leqslant F_{\alpha/2}(m-1,n-1),\text{或}F\geqslant F_{1-\alpha/2}(m-1,n-1)\}.$$

例 8.4.2 在例 8.4.1 中，我们假设了两种烟的尼古丁含量的方差相等（方差相等称为**方差齐性**）. 现在利用原始数据在显著性水平 $\alpha=0.05$ 下检验这种“假定”是否合理：

（1）已知 $\mu_1=25,\mu_2=27$；

（2）μ_1,μ_2 未知.

解 提出假设 $H_0:\dfrac{\sigma_1^2}{\sigma_2^2}=1$，即 $\sigma_1^2=\sigma_2^2$.

（1）构造统计量

$$F=\frac{\frac{1}{m}\sum_{i=1}^{m}(X_i-\mu_1)}{\frac{1}{n}\sum_{i=1}^{n}(Y_i-\mu_2)}\sim F(m,n).$$

将原始数据代入可得 $F=0.3095$. 由于

$$F_{0.025}(6,6)=0.1718<F=0.3095<F_{0.975}(6,6)=5.8198,$$

所以不拒绝 H_0，也可认为接受 H_0，即认为方差相等是合理的.

（2）构造统计量

$$F=\frac{S_X^2}{S_Y^2}\sim F(m-1,n-1).$$

将原始数据代入可得 $F=0.2992$. 由于

$$F_{0.025}(6,6)=0.1399<F=0.2992<F_{0.975}(6,6)=7.1464,$$

所以不拒绝 H_0，也可认为接受 H_0，即认为方差相等是合理的.

```
X=[25 28 23 26 29 22];
Y=[28 23 30 35 21 27];
m=6;
n=6;
m1=25;
m2=27;
F1=(sum((X-m1).^2)/m)/(sum((Y-m2).^2)/n)
finv(0.025,m,n),
finv(0.975,m,n)
F2=std(X)^2/std(Y)^2
finv(0.025,m-1,n-1),
finv(0.975,m-1,n-1)
```

在两个正态总体的假设检验中有一点值得注意：若参数 $\mu_1,\mu_2,\sigma_1^2,\sigma_2^2$ 均未知，为了检验 μ_1,μ_2 有无显著差异，我们可先检验方差 σ_1^2,σ_2^2 是否有显著差异. 然后在是否接受 $\sigma_1^2=\sigma_2^2$ 的基础上，进一步检验 $\mu_1=\mu_2$.

8.5 非参数检验*

前面讨论的参数假设检验，基本上都是事先假定总体的分布类型已知且都认为服从正态分布. 但有些时候，事先不知道总体服从什么分布，这就需要对总体的分布形式进行假设检验，这种检验称为分布的拟合优度检验，它们是一类非参数检验问题. 非参数检验泛指“对分布类型已知的统计进行参数检验”之外的所有检验方法.

本节简单介绍分布拟合优度检验和关联性检验.

8.5.1 分布拟合优度检验

卡方检验（Chi-Square Test），也称为**卡方拟合优度检验**，它是 K. Pearson 提出的一种最常用的非参数检验方法，用于检验样本数据是否与某种概率分布的理论数值相符合，进而推断样本数据是否来自该分布的样本的问题.

卡方检验的**基本思想**：比较理论频数和实际频数的吻合程度或拟合优度. 实际频数是实计数，是指实验或者调查中得到的计数数据；理论频数是根据概率原理、某种理论或者经验次数分布所计算出来的次数.

1）单个分布的卡方拟合检验

设总体 X 的分布未知，$X_1,X_2,\cdots,X_n$ 是来自 X 的样本值，我们来检验：

$H_0:F(x)=F_0(x,\theta)$，其中 F_0 分布形式已知，参数 θ 已知.

下面构造统计量：

将在 H_0 下 X 可能取值的全体 Ω 分成互不相交的子集 $A_1,A_2,\cdots,A_k$，以 f_i 记样本观测值 $x_1,x_2,\cdots,x_n$ 落入 A_i 的个数，这表示事件

$$A_i=\{X\text{ 的值落在子集 }A_i\text{ 内}\}$$

在 n 次独立试验中发生 f_i 次，于是在这 n 次独立试验中发生的频率为 $\dfrac{f_i}{n}$. 另一方面，当 H_0 为真时，我们可根据 H_0 中所假设 X 的分布函数计算事件 A_i 的概率，即

$$p_i=P(A_i),i=1,2,\cdots,k .$$

频率 $\dfrac{f_i}{n}$ 和概率 p_i 会有差异，但一般来说，当 H_0 为真且试验次数又很多时，差异不应该太大. 于是我们可采用检验统计量

$$\chi^2=\sum_{i=1}^{k}\frac{n}{p_i}\left(\frac{f_i}{n}-p_i\right)^2=\sum_{i=1}^{k}\frac{(f_i-np_i)^2}{np_i}=\sum_{i=1}^{n}\frac{f_i^2}{np_i}-n . \tag{8.5.1}$$

当 n 充分大时，一般为 $\geqslant 50$，则

$$Q\dot{\sim}\chi^2(k-1),$$

它表达了实际观测结果和理论期望结果的相互差异的总和.

在原假设为真的情况下，表示相互差异的 χ^2 值较小，说明观测频数分布与期望频数分布比较接近. 如果 χ^2 过分大，说明观测频数分布与期望频数分布存在较大差距，就拒绝 H_0，拒绝域的形式为 $\chi^2\geqslant C$（常数）. 给定显著水平 α，

$$P\{\text{当 }H_0\text{ 为真时拒绝 }H_0\}=P_{H_0}(\chi^2\geqslant\chi^2_{1-\alpha}(k-1))=\alpha .$$

如果 $\chi^2 > \chi^2_{1-\alpha}(k-1)$，则拒绝原假设，即选择的分布不可以拟合总体分布，更合适的说法是数据与假设吻合（拟合）的程度不好，这也是拟合优度检验的由来.

在卡方拟合检验中，样本容量 n 要足够大，一般不能小于 50，另外，np_i 不能太小，一般不小于 5 个，否则将个数较少的组合并. 其实，在实际问题中，由于检验过程中存在太多的近似，故个数较少的组合并与不合并都不影响检验结果，两者是没有显著差异的.

例 8.5.1　表 8.5.1 列出了某一地区在夏季的一个月中由 100 个气象站报告的暴雨次数.

表 8.5.1　某地区暴雨次数

i	0	1	2	3	4	5	$\geqslant 6$
f_i	22	37	20	13	6	2	0

其中 f_i 暴雨次数为 i. 试用卡方拟合检验法检验暴雨次数 X 是否服从均值 $\lambda=1$ 的泊松分布，取显著性水平 $\alpha=0.05$.

解　按题意，原假设 $H_0: F(x)=P(1)$.

令 $A_i=P(X=i), i=0,1,\cdots,5$，$A_6=\{X\geqslant 6\}$，$p_i=P(A_i)$，它们将 Ω 分为两两互不相交的子集. 表 8.5.2 给出 np_i 的计算过程，计算结果显示，其中有些组的 $np_i<5$，予以合并，使得每组的 $np_i\geqslant 5$.

表 8.5.2　卡方检验计算过程

<table>
<tr><td rowspan="2">i</td><td>0</td><td>1</td><td>2</td><td>3</td><td>4</td><td>5</td><td>$\geqslant 6$</td></tr>
<tr><td>0</td><td>1</td><td>2</td><td colspan="4">合并，记为 $\geqslant 3$</td></tr>
<tr><td>f_i</td><td>22</td><td>37</td><td>20</td><td>13</td><td>6</td><td>2</td><td>0</td></tr>
<tr><td rowspan="2">A_i</td><td>A_0</td><td>A_1</td><td>A_2</td><td>A_3</td><td>A_4</td><td>A_5</td><td>A_6</td></tr>
<tr><td>A_0</td><td>A_1</td><td>A_2</td><td colspan="4">合并，记为 A_3</td></tr>
<tr><td>np_i</td><td>36.7879</td><td>36.7879</td><td>18.3940</td><td>6.1313</td><td>1.5328</td><td>0.3066</td><td>0.0594</td></tr>
</table>

```
f1=[22 37 20 13 6 2 0];
p1=[];
n=100;
k=7;
    for i=1:1:k
    if i~=k p1(i)=poisspdf(i-1,1);
    else p1(i)=1-poisscdf(i-2,1);
    end
end
n*p1
```

并组后，$k=4$，卡方自由度为 $k-1=3$，计算检验统计量可得

$$\chi^2=\sum_{i=1}^{k}\frac{n}{p_i}\left(\frac{f_i}{n}-p_i\right)^2=\sum_{i=1}^{n}\frac{f_i^2}{np_i}-n=27.0341.$$

```
f=[22 37 20 21];
p=[];
n=100;
k=4;
X2=0;
for i=1:1:k
    if i~=k p(i)=poisspdf(i-1,1);
    else p(i)=1-poisscdf(i-2,1);
    end
    X2=X2+n/p(i)*(f(i)/n-p(i))^2;
end
X2,
chi2inv(0.95,k-1)
```

由于 $\chi^2=27.0341>\chi^2_{0.95}(3)=7.8147$，故在显著性水平 0.05 下，拒绝 H_0，认为样本不是来自均值 $\lambda=1$ 的泊松分布.

如果不将个数较少的组合并，$k=7$，计算检验统计量可得

$$\chi^2=\sum_{i=1}^{k}\frac{n}{p_i}\left(\frac{f_i}{n}-p_i\right)^2=36.2131>\chi^2_{0.95}(6)=12.5916,$$

故在显著性水平 0.05 下，拒绝 H_0. 显然，个数少的组合并与不合并，检验结果都是一样的.

2）分布族的卡方拟合检验

在前面要检验的原假设中，

$H_0:F(x)=F_0(x,\theta)$，其中 F_0 分布形式已知，参数 θ 已知，

这种情况是不多的. 事实上，我们经常遇到的问题是检验：

$H_0:F(x)=F_0(x,\theta)$，其中 F_0 分布形式已知，参数 $\theta=(\theta_1,\theta_2,\cdots,\theta_r)$ 未知.

将在 H_0 下 X 的可能取值全体 Ω 分为 k 个互不相交的子集 $A_1,\cdots,A_k$，其中 $k>r+1$，以 f_i 记样本观测值 $x_1,x_2,\cdots,x_n$ 落入 A_i 的个数，则事件

$$A_i=\{X\text{的值落在子集 }A_i\text{ 内}\}$$

的频率为 $\frac{f_i}{n}$. 另一方面，当 H_0 为真时，我们可根据 H_0 中所假设 X 的分布函数计算事件 A_i 的概率，即

$$P(A_i)=p_i(\theta_1,\cdots,\theta_r)=p_i,i=1,2,\cdots,k.$$

此时，需先利用样本求出未知参数的最大似然估计（在 H_0 下），以估计值作为参数值. 求出 $\hat{p}_i=\hat{P}(A_i)$，在（8.5.1）中以 $\hat{p}_i$ 代替 p_i. 于是我们可采用检验统计量

$$\chi^2=\sum_{i=1}^{k}\frac{n}{\hat{p}_i}\left(\frac{f_i}{n}-\hat{p}_i\right)^2=\sum_{i=1}^{k}\frac{(f_i-n\hat{p}_i)^2}{n\hat{p}_i}=\sum_{i=1}^{n}\frac{f_i^2}{n\hat{p}_i}-n. \tag{8.5.2}$$

可以证明，在某些条件下，在 H_0 为真时，近似地有

$$\chi^2=\sum_{i=1}^{k}\frac{(f_i-n\hat{p}_i)^2}{n\hat{p}_i}\sim\chi^2(k-r-1).$$

如果 $\chi^2>\chi^2_{1-\alpha}(r-k-1)$，则拒绝原假设，反之则否.

例 8.5.2 检验一本书的 100 页，记录各页中印刷错误的个数，其结果如表 8.5.3：

表 8.5.3 某本书错误情况

错误个数 i	0	1	2	3	4	5	$\geqslant 6$
页数 f_i	35	40	19	3	2	1	0

问能否认为一页的错误个数服泊松分布，取显著性水平 $\alpha=0.05$.

解 这是检验总体是否服从泊松分布的问题，本题中把总体分为 7 类，在原假设下，每次出现的概率为

$$p_i=\frac{\lambda^i}{i!}\mathrm{e}^{-\lambda},i=0,1,2,\cdots,5\ ,\quad p_6=\sum_{i=6}^{+\infty}\frac{\lambda^i}{i!}\mathrm{e}^{-\lambda}.$$

未知参数 λ 可采用最大似然方法进行估计，为

$$\hat{\lambda}=\frac{1}{100}(1\times40+2\times19+\cdots+5\times1)=1.$$

将 $\hat{\lambda}$ 代入可以估计诸 $\hat{p}_i$. 显然，将有些 $np_i<5$ 的组予以合并，使得每组的 $np_i\geqslant5$，于是 $k=4$，于是可计算出检验统计量 $\chi^2=0.9006$.

由于 $\chi^2=0.9006<\chi^2_{0.95}(2)=5.9915$，故不能拒绝原假设，在显著性水平 $\alpha=0.05$ 下，可以认为一页的错误个数服泊松分布.

8.5.2 关联性检验

通过调查表得到的调查数据一般都是属性数据，即在许多调查研究中，得到的信息是样本中个体的分类，而不是定量变量的值，我们经常要考察这两个分类变量是否存在联系. 例如，在某次调查中，根据人们是否抽烟进行分类，研究肺癌与吸烟的关系，称为独立性（无关联性）检验.

卡方统计量可以用于测定两个分类变量之间的相关程度. 若用 f_o 表示观测值频数，用 f_e 表示期望值频数，则

$$\chi^2=\sum\frac{(f_o-f_e)^2}{f_e}\sim\chi^2(R-1), \tag{8.5.3}$$

其中 R 为分类变量的个数.

卡方统计量描述了观测值和期望值的接近程度，两者越接近，$|f_o-f_e|$越小，从而计算的卡方值也越小，反之则否. 卡方检验正是通过对卡方分布中的临界值进行比较，做出是否拒绝原假设的统计决策.

例 8.5.3　1912 年 4 月 15 日，豪华巨轮泰坦尼克号与冰山相撞沉没. 当时，船上共有 2208 人，其中男性 1738 人，女性 470 人. 海难发生后，幸存 718 人，其中男性 374 人，女性 344 人，以 $\alpha = 0.1$ 的显著性水平检验存活状况是否与性别有关.

解　假定 H_0：观测频数与期望频数已知.

将计算过程列成表 8.5.4.

表 8.5.4　卡方计算表

性别	观测频数 f_o	期望频数 f_e
男性	374	$718 \div 2208 \times 1738 = 565$
女性	344	$718 \div 2208 \times 470 = 153$
$\chi^2 = \sum \frac{(f_o - f_e)^2}{f_e} = 303$		

由于分类变量的个数为 $R = 2$，所以卡方统计量的自由度为 2−1=1. 因为 $\chi^2 = 303 \gg \chi^2_{0.9}(1) = 2.706$，故拒绝 H_0，且接受对立假设 H_1，表明存活状况与性别显著相关.

现在，关联性检验用得最多的是列联表检验，原理同上，具体细节读者可以参考相应专业文献.

小　结

假设检验不是数 3 考生的要求范围，而是数 1 考生的要求范围，幸运的是，它不是考试的重点，建议读者主要了解一下单个正态总体的情况. 区间估计与假设检验关系密切，建立对比学习，它们的方法和步骤并不复杂，主要是解题时先分析清楚估计和检验的类型，从而选择适合的估计公式与检验统计量，同时还要注意分位数的选取是双侧还是单侧. 由于概率统计书后附表的结构不完全相同，往往因书而异，因此一定要仔细阅读表头说明. 非参数检验属于课外了解内容，希望读者了解分布拟合检验与关联性检验能解决什么问题即可，因为现在统计软件非常好，都可以直接给出检验 p 值，即使你不懂具体理论，但只要知道用什么方法解决什么问题，就可以直接进行统计决策了.

本章具体考试要求是：

（1）理解显著性检验的基本思想，掌握假设检验的基本步骤，了解建设检验可能产生的两类错误.

（2）掌握单个及两个正态总体的均值和方差的假设检验.

习题 8

1. 从甲地发送一个讯号到乙地，设乙地接受到的讯号值是一个服从正态分布 $N(\mu, 0.2^2)$ 的随机变量，其中 μ 为甲地发送的真实讯号值. 现甲地重复发送同一讯号 5 次，乙地接受到

的讯号值为

$$8.05 \quad 8.15 \quad 8.20 \quad 8.10 \quad 8.25$$

设接受方有理由猜测甲地发送的讯号值为 8，问能否接受该猜测（$\alpha = 0.05$）?

2. 从一批保险丝中抽取 10 根试验其熔化时间，结果为

$$43 \quad 65 \quad 75 \quad 78 \quad 71 \quad 59 \quad 57 \quad 69 \quad 55 \quad 57$$

若熔化时间服从正态分布，问在显著水平$\alpha = 0.05$下，可否认为熔化时间的标准差为 9?

3. 某工厂用自动包装机包装葡萄糖，规定标准重为每袋净重 500 克，现随机地抽取 10 袋，测得各袋净重（g）为

$$495 \quad 510 \quad 505 \quad 498 \quad 503 \quad 492 \quad 502 \quad 505 \quad 497 \quad 506$$

设每袋净重服从正态分布 $X \sim N(\mu, \sigma^2)$，则

（1）问包装机工作是否正常（取显著水平 $\alpha = 0.05$）?

① 已知每袋葡萄糖净重的标准差 $\sigma = 5$ g；② 未知 σ.

（2）能否否定每袋葡萄糖净重的标准差 $\sigma = 5$ g（取显著水平 $\alpha = 0.05$）?

① 已知每袋葡萄糖净重的均值 $\mu = 500$ g；② 未知 μ.

4. 设在一批木材中抽出 36 根，测其小头直径，得到样本均值 $\bar{x} = 12.8$ cm，样本标准差 $s = 2.6$ cm，设测定值服从正态分布，问这批木材小头的平均直径能否认为在 12cm 以下（$\alpha = 0.05$）?

5. 两台机床生产同一零件，已知其外径均服从正态分布. 现从中抽测零件外径（单位：mm）为：

第一台 41.5 42.3 41.7 43.1 42.4 42.2 41.8 43.0 42.9

第二台 34.5 38.2 34.2 34.1 35.1 33.8

如果取显著性水平 $\alpha = 0.10$，试问：

（1）两车床生产的零件外径精度是否存在显著性差异?

（2）假定两总体均值 $\mu_1 = 42, \mu_2 = 34$，此时两台机床生产的零件外径精度是否存在显著性差异?

6. 啤酒生产企业采用自动生产线灌装啤酒，每瓶的装填量为 640ml，但由于受某些不可控因素的影响，每瓶的装填量会有差异. 此时，不仅每瓶的平均装填量很重要，装填量的方差 σ^2 也很重要. 如果 σ^2 很大，会出现装填量太多或太少的情况，这样要么企业不划算，要么消费者不满意. 假定生产标准规定每瓶填装量的标准差等于 4ml. 企业质检部门抽取了 10 瓶啤酒进行检验，得到样本标准差为 $s = 3.8$ ml. 试以 0.10 的显著性水平检验填装量的标准差是否符合要求.

7. 设正态总体 X 的方差 $\sigma^2 = 10$，问抽样样本容量 n 至少多大，才能使 μ 的置信度为 0.96 的置信区间长度不超过 1?

8. 某工厂生产一种螺钉，标准要求长度是 68mm，实际生产的产品其长度服从正态分布 $N(\mu, 3.6^2)$，考虑假设检验问题：$H_0: \mu = 68$ vs $H_1: \mu \neq 68$.记 $\bar{X}$ 为样本均值，按下列方式进行检验：

当$|\bar{X}-68|>1$时，拒绝原假设；当$|\bar{X}-68|\leqslant 1$接受原假设.

当样本容量$n=64$时，求

（1）犯第一类错误的概率α；

（2）犯第二类错误的概率β（$\mu=70$）.

9. 一骰子掷了60次，结果如表8.1：

表 8.1　骰子出现次数

点数	1	2	3	4	5	6
出现的次数	7	8	12	11	9	13

试在显著性水平$\alpha=0.05$下，检验这颗骰子是否均匀？

附录 1　MATLAB 与概率统计

MATLAB 是美国 Math Works 公司出品的商业数学软件，用于算法开发、数据可视化、数据分析以及数值计算的高级技术计算语言和交互式环境. 随着计算机的广泛发展，很多重复繁琐的计算可以交给 MATLAB 来完成，但需要计算机编程. 目前，MATLAB 已经成为国际、国内最流行的数学软件，所以，现在高校很多专业都必修或选修 MATLAB.

概率统计是大学数学的重要内容，在科学研究和工程实践中有着非常广泛的应用. 在 MATLAB 中，提供了专用工具箱 Statistics，该工具箱有几百个专门求解概率统计问题的功能函数，使用它们可很方便解决实际问题.

1.1　随机变量的函数

表 1.1 介绍了 MATLAB 软件中的几个与随机变量有关的函数，比如分布函数、密度函数、随机数、分位数.

表 1.1　MATLAB 软件累加分布逆函数命令

分布	累加分布逆函数	注释
二项分布 $B(n,p)$	binoinv(a,n,p)	参数为 n,p 的二项分布 a 分位数
泊松分布 $P(b)$	poissinv(a,b)	参数为 b 的泊松分布 a 分位数
负二项分布 $NB(r,p)$	nbininv(a,r,p)	参数 r,p 的负二项分布 a 分位数
超几何分布 $h(n,N,M)$	hygeinv(a,n,M,N)	参数为 n,M,N 的超几何分布 a 分位数
均匀分布	unidinv,unifinv	离散与连续均匀分布分位数
正态分布 $N(A,B)$	norminv(a,A,B)	参数为 A,B 的正态分布 a 分位数
指数分布 $Exp(b)$	expinv(a,b)	参数为 b 的指数分布 a 分位数
自由度为 n 的卡方分布	chi2inv(a,n)	参数为 n 的卡方分布 a 分位数
f 分布 $F(m,n)$	finv(a,m,n)	参数为 m,n 的 f 分布 a 分位数
学生氏 t 分布 $t(n)$	tinv(a,n)	参数为 n 的 t 分布 a 分位数

注：如果 $P(X \leqslant x)=\alpha$，则称 x 为 X 的 α 分位数.

如果将 inv 换为 pdf，则为相应密度函数命令；如果将 inv 换为 cdf，则为相应分布函数命令；如果将 inv 换为 rnd，则为相应随机数命令；如果将 inv 换为 stat，则为相应分布的数学期望与方差命令. 举例如下：

```
poisscdf(15,10)=0.9513
norminv(0.95,0,1)=1.6449
norminv(0.975,0,1)=1.9600
tinv(0.975,11)=2.2010
```

查表只是在计算机不发达，甚至没有的时候，人们为了统计计算而采用的方法，而现在，计算机及相应软件非常普及，所以，本书不再重点学习查表，只列出标准正态分布表等供读者了解，这也是本书与其他教材的区别之一.

1.2 统计量的数字特征

数字特征虽不能完整描述随机变量的统计规律，但它们刻画了随机变量在某些方面的重要特征. 由于在实际问题中，经常由样本观测值估计数字特征，所以本节主要讲怎样由样本观测值求统计量的数字特征.

1）平均值

mean 函数用来求样本数据 X 的算术平均值，使用格式如下：mean(X)命令返回 X 的平均值，当 X 为向量时，返回 X 中各元素的算术平均值；当 X 为矩阵时，返回 X 中各列元素的算术平均值构成的向量；nanmean(X)命令返回 X 中除 NaN 外的算数平均值.

geomean(X)与 harmmean(X)函数分别用来求解样本数据的几何平均值 $\left(\prod_{i=1}^{n} x_i\right)^{\frac{1}{n}}$ 与调和平均值 $\dfrac{n}{\sum_{i=1}^{n}\dfrac{1}{x_i}}$.

2）中位数

median(X)命令返回 X 的中位数，当 X 为向量时，返回 X 中各元素的中位数；当 X 为矩阵时，返回 X 中各列元素的中位数构成的向量. nanmedian(X)命令返回 X 中除 NaN 外的算数中位数.

3）排序和极值

sort(X)命令将 X 的值由小到大排序，当 X 为向量时，返回 X 按由小到大排序后的向量；当 X 为矩阵时，按列进行排序. [Y,I]=sort(X)，Y 为排序的结果，I 中元素为 Y 中对应元素在 X 中的位置. sortrows(X)由小到大按行排序.

range(X)命令计算 X 中最大值与最小值的差，如果 X 为矩阵，按列计算.

4）方差和标准差

var(X)返回样本数据的方差，如果 X 为矩阵，按列计算. var(X,1)返回样本数据的简单方差，即置前因子为 $\dfrac{1}{n}$ 的方差. var(X,W)返回以 W 为权重的样本数据的方差.

std(X)或 std(X,0)返回 X 的样本标准差，置前因子为 $\dfrac{1}{n-1}$. std(X,1)返回 X 的样本标准差，置前因子为 $\dfrac{1}{n}$. nanstd(X)求忽略 NaN 的标准差.

5）协方差和相关系数

cov(X)求样本数据 X 的协方差. 当 X 为矩阵时，返回值为 X 的协方差矩阵，该协方差矩阵的对角元素是 X 的各列的方差，即 var(A)=diag(cov(X)).

diag(cov(X))命令等同于 cov([X,Y])，其中 X,Y 为等阶列向量.

corrcoef(X,Y)返回列向量 X,Y 的相关系数. corrcoef(X)返回矩阵 X 的列向量的相关系数矩阵.

1.3 统计作图

图形可视化技术是数学计算人员追求的更高一级技术，因为对于数值计算和符号计算来说，不管计算结果多么准确，人们往往很难抽象体会它们的具体含义，而图形处理技术提供了一种直接的表达方式，可以使人们更直接、更清楚地了解实物的结果和本质.

1）二维绘图

在 MATLAB 中，使用 plot 函数进行二维曲线图的绘制，根据图形坐标大小自动缩扩坐标轴，将数据标尺及单位标注自动加到两个坐标轴上，也可自定坐标轴，可把 x, y 轴用对数坐标表示. 如果已经存在一个图形窗口，plot 命令则清除当前图形，绘制新图形.

基本绘图命令见表 1.2 ~ 1.3. 绘图的一般步骤见表 1.4.

表 1.2 绘制基本线性图的函数表

函数名	功能描述
fplot (‘fun’,[a , b])	表示绘制区间[a ,b]上函数 y=fun 的图形
plot(x,y)	在 x 轴和 y 轴都按线性比例绘制二维图形
plot3(x,y,z)	在 x 轴、y 轴和 z 轴都按线性比例绘制三维图形
loglog	在 x 轴和 y 轴按对数比例绘制二维图形
semilogx	在 x 轴按对数比例，y 轴按线性比例绘制二维图形
semilogy	在 y 轴按对数比例，x 轴按线性比例绘制二维图形
plotyy	绘制双 y 轴图形
hold on,hold off	保持原有图形，刷新原有图形
figure(h)	新建 h 窗口，激活图形使其可见，并把它置于其他图形之上
grid on	在图形上画出坐标网络线
subplot(m,n,p)	将窗口分成 mn 个子图，选择第 p 个子图作为当前图形
title()	图题的标注
xlabel(),ylabel()	x 轴说明，y 轴说明
text(x,y,图形说明)	对图形进行说明
axis	进行坐标控制. axis([xmin xmax ymin ymax zmin zmax]); axis off：取消坐标轴；axis on：显示坐标轴

表 1.3　曲线的色彩、线型和数据点型

颜色符号	含义	数据点型	含义	线型	含义
b	蓝色	.	点	-	实线
g	绿色	x	X 符号	:	点线
r	红色	+	+号	-.	点画线
c	蓝绿色	h	六角星形	--	虚线
m	紫红色	*	星号	(空白)	不画线
y	黄色	s	方形		
k	黑色	d	菱形		

表 1.4　绘图的一般步骤

步　　骤	典 型 代 码
1 准备绘图数据	x = 0:0.2:12;y1 = bessel(1,x);
2 选择一个窗口并在窗口中给图形定位	figure(1),subplot(2,2,1)
3 调用基本的绘图函数	h = plot(x,y1,x,y2,x,y3);
4 选择线型和标记特性	set(h,'LineWidth',2,{'LineStyle'},{'--';':';'-.'})
5 设置坐标轴的极限值、标记符号和网格线	axis([0 12 -0.5 1])
6 使用坐标轴标签、图例和文本对图形进行注释	xlabel('Time')ylabel('Amplitude')
7 输出图形	print -depsc -tiff -r200 myplot

2）统计绘图

在做统计分析时，为了直观表示结果，常需要绘制统计图，如直方图、条形图等. 在统计学中，人们经常要用条形图比较不同组数据在总体数据中所占的比例，用饼形图来表示各个统计量占总量的份额.

表 1.5 给出了关于统计图具有代表性的函数.

表 1.5　统计图的绘制函数

函数	功能描述
tabulate(X)	X 为正整数构成的向量，返回的第 1 列为包含 X 的值，第 2 列为其频数
cdfplot(X)	绘制样本 X 的经验累积分布函数图形
normplot(X)	绘制正态分布概率图形
capaplot(X,Y)	样本数据 X 落在区间 Y 的概率
histfit(X,Y)	绘制 X 的直方图和正态密度曲线，Y 为指定的个数
boxplot(Y)	绘制向量 Y 的箱型图
bar(Y)	绘制矩阵 $Y(m\times n)$各列的垂直条形图，各条以垂直方向显示
barh(Y)	绘制矩阵 $Y(m\times n)$各列的垂直条形图，各条以水平方式显示
bar3(Y)	绘制矩阵 $Y(m\times n)$各列的三维垂直条形图，条以垂直方向显示
bar3h(Y)	绘制矩阵 $Y(m\times n)$各列的三维垂直条形图，各条以水平方式显示
area	绘制向量的堆栈面积图
pie	绘制二维饼形图
pie3	绘制三维饼形图

直方图绘图命令：

hist(data,n)，

其中 data 是需要处理的数据块，利用 data 中最小数和最大数构成一区间,将区间等分为 n 个小区间，统计落入每个小区间的数据量. 如果省略参数 n，MATLAB 将 n 的默认值取为 10.

直方图也可以用于统计计算：

N=hist(data,n)，

计算结果 N 是 n 个数的一维数组，分别表示 data 中各个小区间的数据量，这种方式只计算而不绘图.

MATLAB 编程简单，容易掌握. 学习编程的一个有效方法就是阅读经典程序，进而改编它，运用它. 读者通过学习，便可以编写简单程序，如果在学习过程中有疑惑，可以利用搜索引擎在互联网上搜索解决方法. 望大家今后多做练习、钻研，尽快成为 MATLAB 高手，适应高科技的需要.

附录 2　随机模拟

计算机模拟则完全模仿对象的实际演变过程，难以得到数字结果分析的内在规律，但对于那些因内部机理过于复杂，目前尚难建立数学模型的实际对象，用计算机模拟能获得一定的定量结果，可谓是解决问题的有效手段.

2.1　随机数的生成

模拟又称为仿真，它的基本思想是建立一个试验的模型，这个模型包含所研究系统中的主要特点. 通过这个实验模型的运行，获取所研究系统的必要信息.

（1）**物理模拟**：对实际系统及其过程用功能相似的实物系统去模仿. 例如，军事演习、船艇实验、沙盘作业等. 物理模拟通常花费较大、周期较长，且在物理模型上改变系统结构和系数都较困难. 而且，许多系统无法进行物理模拟，如社会经济系统、生态系统等.

（2）**数学模拟**：在一定的假设条件下，运用数学运算模拟系统的运行，称为**数学模拟**；现代的数学模拟都是在计算机上进行的，也称为**计算机模拟**. 与物理模型相比，计算机模拟具有明显优点：成本低，时间短，重复性高，灵活性强，改变系统的结构和系数都比较容易. 在实际问题中，面对一些带随机因素的复杂系统，用分析方法建模常常需要作许多简化假设，与面临的实际问题可能相差甚远，以致解答根本无法应用. 这时，计算机模拟几乎成为唯一的选择.

蒙特卡洛（Monte Carlo）方法是一种应用随机数来进行计算机模拟的方法. 此方法对研究的系统进行随机观察抽样，通过对样本值的观察统计，求得所研究系统的某些参数. 对随机系统用概率模型来描述并进行实验，称为**随机模拟方法**，主要步骤有：

建立恰当模型 → 设计实验方法 → 从一个或者多个概率分布中重复生成随机数 → 分析模拟结果.

用随机模拟方法解决实际问题时，涉及的随机现象的分布规律是各种各样的，这就要求产生该分布规律的随机数，我们常把产生各种随机变量的随机数这一过程称为**对随机变量进行模拟**，或称为**对随机变量进行抽样**，称产生某个随机变量的随机数的方法为**抽样法**.

定义 2.1　若随机变量 X 的分布函数为 $F(x)$，则 X 的一个样本值称为一个 F **随机数**，若 $F(x)$ 有密度函数 $f(x)$ 时，也称为 f **随机数**. $U[0,1]$ 的 n 个独立样本值称为 n **个均匀随机数**，简称**随机数**.

在实际应用中，常见的数学软件都可以产生很好的均匀分布的伪随机数，它们能很好地近似真实均匀分布随机数，所以可以认为有一个“黑箱”能产生任意所需的均匀随机数，其他随机数都是在此基础上得到的. 利用均匀随机数生成一般分布随机数最常用的方法是**反函数法**.

如果分布函数 $F(x)$ 严格单调，$U \sim U[0,1]$，则

$$P(F^{-1}(U)\leqslant x)=P(U\leqslant F(x))=F(x)\,,$$

即 $F^{-1}(u)$ 是一个 F 随机数，其中 $u\sim U[0,1]$，但很多分布函数并非严格单调如离散型随机变量，不存在逆函数，故定义广义的逆函数

$$F^{-1}(u)=\inf\{x:F(x)\geqslant u\}\,.$$

定理 2.1　如果 $F(x)$ 是分布函数，$u\sim U[0,1]$，则

$$F^{-1}(u)=\inf\{x:F(x)\geqslant u\}$$

是一个 F 随机数. 若 $X\sim G(x)$，则

$$Y=F^{-1}(G(X))\sim F(x)\,.$$

2.2　实例分析

在统计分析的推断中，很多感兴趣的量都可表示为某随机变量函数的期望

$$\mu=E_f[h(X)]=\int_{\mathcal{X}}h(x)f(x)\mathrm{d}x\,,$$

其中 f 为随机变量 X 的密度函数. 当 $X_1,\cdots,X_n$ 是总体 f 的简单随机样本时，由大数定律可知，具有相同期望和有限方差的随机变量的平均值收敛于其共同的均值，当 $m\to\infty$ 时，

$$\hat{\mu}_{\mathrm{MC}}=\frac{1}{m}\sum_{i=1}^{m}h(X_i)\xrightarrow{\text{a.s}}E_f[h(X)],$$

故 $\bar{\mu}_{\mathrm{MC}}=\frac{1}{m}\sum_{i=1}^{m}h(x_i)$ 可作为 $E_f[h(X)]$ 的估计值，这就是 Monte-Carlo **方法**. 它与 X 的维数无关，这一基本特征奠定了 M-C 在科学和统计领域中潜在的作用.

1）圆周率的估计

假定 $y=f(x)=\sqrt{1-x^2},0\leqslant x\leqslant 1$，下面利用蒙特卡洛方法估计圆周率 π.

显然，正方形的面积为 1，$\frac{1}{4}$单位圆的面积为$\frac{\pi}{4}$，如果我们能用蒙特卡洛方法估计出$\frac{1}{4}$单位圆面积，就可近似得到 π 的估计值（见图 2.1）.

模拟思想如下：首先生成 n 对均匀随机数 (x_i,y_i)，假如 m 对随机数满足 $y\leqslant\sqrt{1-x^2},0\leqslant x\leqslant 1$，则$\frac{1}{4}$单位圆面积的估计值为$\frac{m}{n}$.

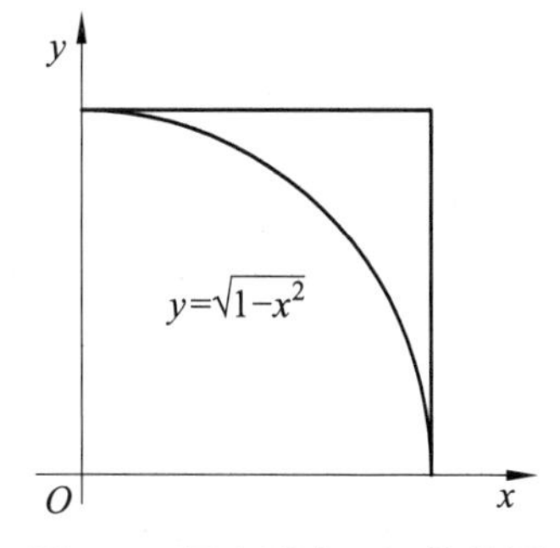

图 2.1　正方形内 1/4 单位圆

MATLAB 程序如下：

```
%估计圆周率，每次模拟 100000 次，共模拟 10 次
A=[];
for j=1:1:10
    n=100000;
```

```
    m=0;
    for i=1:1:n
        x=unifrnd(0,1);
        y=unifrnd(0,1);
        if y<=(1-x^2)^0.5 m=m+1;
        end;
    end
    A(j)=m/n*4;
end
A,mean(A),std(A)        % A 为 10 次模拟的圆周率
```

某次模拟的结果如下：

A=

3.1385 3.1422　3.1321　3.1442　3.1410　3.1366　3.1430　3.1389　3.1439　3.1504

期望：3.1411，标准差：0.005

可见，模拟效果不错，值得注意的是随机模拟的每次结果可能不一致，但差别不大.

2）火炮射击

在我方某前沿防守地域，敌人以一个炮排（含两门火炮）为单位对我方进行干扰和破坏. 为躲避我方打击，敌方对其阵地进行了伪装并经常变换射击地点. 经过长期观察发现，我方指挥所对敌方目标的指示有 50%是准确的，而我方火力单位，在指示正确时，有$\frac{1}{3}$的射击效果能毁伤敌人一门火炮，有$\frac{1}{6}$的射击效果能全部消灭敌人. 现在希望能用某种方式把我方将要对敌人实施的 20 次打击结果显现出来，确定有效射击的比率及毁伤敌方火炮的平均值.

分析：这是一个概率问题，可以通过理论计算得到相应的概率和期望值，但这样只能给出作战行动的最终静态结果，而显示不出作战行动的动态过程.为了能显示我方 20 次射击的过程，现采用模拟的方式. 实际上，很多问题是不能通过理论计算解决的，但我们可以通过随机模拟的方法得到问题的数值解.

（1）问题分析. 需要模拟出以下两件事：

① 观察所对目标的指示正确与否；模拟试验有两种结果，每种结果出现的概率都是$\frac{1}{2}$，即生成随机数$\begin{pmatrix} 0 & 1 \\ 0.5 & 0.5 \end{pmatrix}$.

② 指示正确时，我方火力单位的射击结果情况，模拟试验有三种结果：毁伤 1 门火炮的可能性为$\frac{1}{3}$(即$\frac{2}{6}$)，毁伤两门的可能性为$\frac{1}{6}$，没能毁伤敌方火炮的可能性为$\frac{1}{2}$，即生成随机数$\begin{pmatrix} 0 & 1 & 2 \\ \frac{1}{2} & \frac{1}{3} & \frac{1}{6} \end{pmatrix}$. 指示错误时，毁伤 0 门火炮.

（2）随机模拟. 我们共模拟 $m=10$ 次，每次给出 $n=10000$ 次打击结果，模拟 MATLAB 程序如下：

第一步：打开 File|New|M-File，输入下面程序代码，保存为 dis_rand.m，即建立生成离散随机数函数.

```
function y=dis_rand(x,p,n)
%dis_rand 产生离散分布随机数
% x：可能取值；p：取值概率；n：拟生成随机数的数目
cp=cumsum(p);
y=zeros(1,n);
for i=1:n
    y(i)=x(sum(cp<=rand(1))+1);
end
```

第二步：在命令窗口输入如下程序代码.

```
m=10;
C=[];
D=[];
for j=1:1:m
    n=10000;
    N=0;
    A=dis_rand([0,1],[0.5,0.5],n);
    x=[0,1,2];
    p=[1/2,1/3,1/6];
    for i=1:1:n
        if A(i)==0 B(i)=0;
        else B(i)=dis_rand(x,p,1);
        end
        if B(i)>0 N=N+1;
        end
    end
    C(j)=mean(B);
    D(j)=N/n;
end
C,mean(C),std(C)       %C 为打击毁伤敌方火炮的 m 次平均值
D,mean(D),std(D)       %D 为打击毁伤敌方火炮的 m 次命中率
```

一次模拟结果为：

C=0.3339　0.3352　0.3408　0.3342　0.3428　0.3271　0.3414　0.3297

0.3306　0.3206

D=0.2528　0.2493　0.2549　0.2473　0.2540　0.2489　0.2543　0.2484

0.2481　0.2397

显然，mean(C)=0.3336，std(C)=0.0070，mean(D)=0.2948，std(C)=0.0046，即毁伤敌方火炮的平均值为 0.3336，毁伤敌方火炮的命中率为 0.2948.

（3）理论分析.

设 $j=\begin{cases}0, & \text{观察所对目标指示不正确}\\ 1, & \text{观察所对目标指示正确}\end{cases}$，$A_0$：射中敌方火炮的事件；$A_1$：射中敌方 1 门火炮的事件；$A_2$：射中敌方两门火炮的事件. 则由全概率公式：

$$E=P(A_0)=P(j=0)P(A_0\mid j=0)+P(j=1)P(A_0\mid j=1)=\frac{1}{2}\times 0+\frac{1}{2}\times\frac{1}{2}=0.25\ ;$$

$$P(A_1)=P(j=0)P(A_1\mid j=0)+P(j=1)P(A_1\mid j=1)=\frac{1}{2}\times 0+\frac{1}{2}\times\frac{1}{3}=\frac{1}{6}\ ;$$

$$P(A_2)=P(j=0)P(A_2\mid j=0)+P(j=1)P(A_2\mid j=1)=\frac{1}{2}\times 0+\frac{1}{2}\times\frac{1}{6}=\frac{1}{12}\ ;$$

$$E_1=1\times\frac{1}{6}+2\times\frac{1}{12}\approx 0.3333$$

由于 $0.3333\approx 0.3336, 0.25\approx 0.2948$，且标准差很小，所以随机模拟结果可信，可靠.

故我们令 $m=1$，$n=20$，变量 A 为打击指示结果，0 表示指示错误，1 表示指示正确，B 为打击毁伤火炮结果，0,1,2 分别表示毁伤 0,1,2 门火炮，模拟结果省略. 虽然模拟结果与理论计算不完全一致，但它却能更加真实地表达实际战斗的动态过程.

3）赌博模型

假如甲的初始财产为 a 元，乙为 b 元且每一局甲胜的概率为 p，共模拟 50000 次.

MATLAB 程序如下：

```
time1=0;
time2=0;
sum=0;
num=50000;      %num 为模拟的次数
for i=1:num
    k=0;
    a=10;b=5;       %a,b 分别表示甲、乙的初始财产
    p=0.55;      %每一局甲胜的概率
    while a>0&b>0 w=rand(1,1);
        if w<=p a=a+1;
        b=b-1;
        else b=b+1;
        a=a-1;
        end
        k=k+1;
    end
    sum=sum+k;
    if a==0 time1=time1+1;
```

```
        end;
        if b==0 time2=time2+1;
        end;
    end
    p1=time1/num,p2=time2/num      %p1,p2 分别表示甲、乙破产的概率
    mean=sum/num      %赌博的平均次数
```

一次模拟结果如表 2.1：

表 2.1　随机模拟结果

甲的财产 a	乙的财产 b	每局甲胜的概率 p	最终甲破产的概率	赌博次数
10	5	0.55	0.0909	33
5	10	0.55	0.3336	50
5	100	0.55	0.3663	617

由此可见，如果甲在单次博弈中获胜的概率大于乙，即使乙拥有更多的财产，甲也有可能逃脱破产的厄运且概率很大，对于此次博弈来说，甲逃脱破产的概率是为 0.6337. 可见只要长时间参与不利博弈，破产的概率是很大的，时间越长，概率越大，极限为 1.

如果想提高估计精度，可以增大样本容量，即增加模拟次数，但模拟时间会增长，因为运算量增大.

附录 3 标准正态分布表

$$P(Z \leqslant x)=\int_{-\infty}^{x} \frac{1}{\sqrt{2\pi}} \mathrm{e}^{-\frac{t^2}{2}} \mathrm{d}t$$

x	0	0.01	0.02	0.03	0.04	0.05	0.06	0.07	0.08	0.09
0	0.5	0.504	0.508	0.512	0.516	0.5199	0.5239	0.5279	0.5319	0.5359
0.1	0.5398	0.5438	0.5478	0.5517	0.5557	0.5596	0.5636	0.5675	0.5714	0.5753
0.2	0.5793	0.5832	0.5871	0.591	0.5948	0.5987	0.6026	0.6064	0.6103	0.6141
0.3	0.6179	0.6217	0.6255	0.6293	0.6331	0.6368	0.6406	0.6443	0.648	0.6517
0.4	0.6554	0.6591	0.6628	0.6664	0.67	0.6736	0.6772	0.6808	0.6844	0.6879
0.5	0.6915	0.695	0.6985	0.7019	0.7054	0.7088	0.7123	0.7157	0.719	0.7224
0.6	0.7257	0.7291	0.7324	0.7357	0.7389	0.7422	0.7454	0.7486	0.7517	0.7549
0.7	0.758	0.7611	0.7642	0.7673	0.7704	0.7734	0.7764	0.7794	0.7823	0.7852
0.8	0.7881	0.791	0.7939	0.7967	0.7995	0.8023	0.8051	0.8078	0.8106	0.8133
0.9	0.8159	0.8186	0.8212	0.8238	0.8264	0.8289	0.8315	0.834	0.8365	0.8389
1	0.8413	0.8438	0.8461	0.8485	0.8508	0.8531	0.8554	0.8577	0.8599	0.8621
1.1	0.8643	0.8665	0.8686	0.8708	0.8729	0.8749	0.877	0.879	0.881	0.883
1.2	0.8849	0.8869	0.8888	0.8907	0.8925	0.8944	0.8962	0.898	0.8997	0.9015
1.3	0.9032	0.9049	0.9066	0.9082	0.9099	0.9115	0.9131	0.9147	0.9162	0.9177
1.4	0.9192	0.9207	0.9222	0.9236	0.9251	0.9265	0.9279	0.9292	0.9306	0.9319
1.5	0.9332	0.9345	0.9357	0.937	0.9382	0.9394	0.9406	0.9418	0.9429	0.9441
1.6	0.9452	0.9463	0.9474	0.9484	0.9495	0.9505	0.9515	0.9525	0.9535	0.9545
1.7	0.9554	0.9564	0.9573	0.9582	0.9591	0.9599	0.9608	0.9616	0.9625	0.9633
1.8	0.9641	0.9649	0.9656	0.9664	0.9671	0.9678	0.9686	0.9693	0.9699	0.9706
1.9	0.9713	0.9719	0.9726	0.9732	0.9738	0.9744	0.975	0.9756	0.9761	0.9767
2	0.9772	0.9778	0.9783	0.9788	0.9793	0.9798	0.9803	0.9808	0.9812	0.9817
2.1	0.9821	0.9826	0.983	0.9834	0.9838	0.9842	0.9846	0.985	0.9854	0.9857
2.2	0.9861	0.9864	0.9868	0.9871	0.9875	0.9878	0.9881	0.9884	0.9887	0.989
2.3	0.9893	0.9896	0.9898	0.9901	0.9904	0.9906	0.9909	0.9911	0.9913	0.9916
2.4	0.9918	0.992	0.9922	0.9925	0.9927	0.9929	0.9931	0.9932	0.9934	0.9936
2.5	0.9938	0.994	0.9941	0.9943	0.9945	0.9946	0.9948	0.9949	0.9951	0.9952
2.6	0.9953	0.9955	0.9956	0.9957	0.9959	0.996	0.9961	0.9962	0.9963	0.9964

续表

2.7	0.9965	0.9966	0.9967	0.9968	0.9969	0.997	0.9971	0.9972	0.9973	0.9974
2.8	0.9974	0.9975	0.9976	0.9977	0.9977	0.9978	0.9979	0.9979	0.998	0.9981
2.9	0.9981	0.9982	0.9982	0.9983	0.9984	0.9984	0.9985	0.9985	0.9986	0.9986
3	0.9987	0.9987	0.9987	0.9988	0.9988	0.9989	0.9989	0.9989	0.999	0.999
3.1	0.999	0.9991	0.9991	0.9991	0.9992	0.9992	0.9992	0.9992	0.9993	0.9993
3.2	0.9993	0.9993	0.9994	0.9994	0.9994	0.9994	0.9994	0.9995	0.9995	0.9995
3.3	0.9995	0.9995	0.9995	0.9996	0.9996	0.9996	0.9996	0.9996	0.9996	0.9997
3.4	0.9997	0.9997	0.9997	0.9997	0.9997	0.9997	0.9997	0.9997	0.9997	0.9998
3.5	0.9998	0.9998	0.9998	0.9998	0.9998	0.9998	0.9998	0.9998	0.9998	0.9998
3.6	0.9998	0.9998	0.9999	0.9999	0.9999	0.9999	0.9999	0.9999	0.9999	0.9999
3.7	0.9999	0.9999	0.9999	0.9999	0.9999	0.9999	0.9999	0.9999	0.9999	0.9999
3.8	0.9999	0.9999	0.9999	0.9999	0.9999	0.9999	0.9999	0.9999	0.9999	0.9999
3.9	1	1	1	1	1	1	1	1	1	1

附录 4　高等院校应用型人才培养

目前，高等院校每年有大量毕业生，他们面临着巨大的就业压力. 重点院校的毕业生因为牌子硬、质量有保证，就业还不错；高职院校的毕业生因为实践能力强，就业也不错. 问题最大的就是一般院校，尤其是刚升本的师范学院，它们以师范专业培养为主，非师范专业偏少且不是重点，这样，导致毕业生既没有学会复杂的理论推导，动手操作能力也较差，这就需要领导、老师、学生同时改变思维，跨步前进. 大学转型理论上很好，但在实践中出现了各种问题，比如很难选到合适的教材. 为了解决这个问题，作者尝试组织编写了系列教材：

高等院校应用型人才培养规划教材

本套教材以“培养应用型人才”为最终目标，启迪人生智慧，系统论述基本理论并跟踪学科前沿发展，侧重理论在实际问题中的应用及其软件实现，通过典型案例进行教学，读者可以以案例为模板处理实际问题.

下面列出已经出版的高等院校应用型人才培养规划教材：

数学类

概率论与数理统计（数学类）　　魏艳华，王丙参

数学建模　　夏鸿鸣，魏艳华 等

运筹学　　王丙参，陈红兵 等

统计类

统计学　　王丙参，刘佩莉 等

统计预测与决策　　魏艳华，王丙参 等

概率统计计算及其 MATLAB 实现　　常振海，刘薇 等

概率论与数理统计（公共数学）　　刘佩莉，王丙参 等

注：为避免与概率论与数理统计（数学类）重名，将其放入其他系列.

作者任教过很多版本的“统计学”与“概率论与数理统计”，发现各有优缺点，尤其同时开设时，会遇到很多问题，比如相同教学内容部分，理论体系差异太大，衔接不好. 这次，我们尝试同时编写“统计学（王丙参）”与“概率论与数理统计（刘佩莉）”教材，从整体上进行把握，争取解决这些问题.

“概率论与数理统计（刘佩莉）”自成体系，按照《全国硕士研究生入学统一考试数学考试大纲》要求编写，完全可以满足数学 1 对概率论与数理统计的要求，很多例题直接采用考研原题. 现在计算机很普及，软件也很方便，直接调用函数便可求出随机变量的分布函数、密度函数、分位数、随机数等，所以只给出标准正态分布表等供读者参考，其他所需内容可借助软件实现，因此我们在附录中给出了“MATLAB 与概率统计”供读者参考.

“统计学（王丙参）”也自成体系，读者可以在不学习概率论与数理统计的前提下学习. 本书以培养应用型人才为目标，可以满足大多数专业对数据分析的要求. 首先，以高中概率与统计基础编写描述统计部分，然后简单给出概率论基础，侧重概率、一维随机变量和数字特

征，但不涉及二维随机变量，接着讲述统计量及其分布、参数估计、假设检验. 上述内容是两门课的重合部分，我们尽量采用严格的数学定义，争取与概率论与数理统计的理论体系接轨. 最后，重点讲解分析数据的一般方法，分布拟合优度检验，关联性检验，方差分析，回归分析，时间序列分析. 统计软件采用最简单和最通用的Excel和SPSS，适合经管专业的学科特点. 本书可作为普通高等院校统计类、经济类、管理类各专业统计学课程的教材，也可作为统计工作者及经济管理工作人员的自学、参考用书. 若作为统计专业教材，可选择部分内容组织教学，主要侧重描述统计，大致54学时讲完.

两本书在相同教学内容部分采用相同的理论体系，只是侧重点有所区别，统计学的理论深度浅点，例题简单点，但覆盖面更广. 另外，两本书都自成体系，可单独使用，如果同时使用，效果更好.

由于编者能力有限，时间仓促，这只是初步尝试，难免存在很多缺点和不足，欢迎大家批评指正，我们会在再版时逐步完善，达到预期目的.

部分习题解答

习题 1

1. （1）$\Omega=\{x分, x\in[0,100]\}$；

（2）$\Omega=\{电视台数为n, n\in\mathbf{N}(自然数)\}$；

（3）$\Omega=\{点落在x处, x\in[0,1]\}$；

（4）放回时 $\Omega_1=\begin{Bmatrix}0,0 & 0,1 & \cdots & 0,9 & \\ 1,0 & 1,1 & \cdots & 1,9 & \cdots \\ 9,0 & 9,1 & \cdots & 9,9 & \end{Bmatrix}$，　不放回时 $\Omega_2=\begin{Bmatrix}0,1 & 0,2 & \cdots & 0,9 & \\ 1,0 & 1,2 & \cdots & 1,9 & \cdots \\ 9,0 & 9,1 & \cdots & 9,8 & \end{Bmatrix}$.

3. $\{2,3,4,5\}$，　$\{0,1,3,4,5,6,8,9\}$.

4.（1）D；（2）B；（3）B；（4）B.

5.（1）$[0.25,0.5]\cup(1,1.5)$；（2）0.3；（3）$\dfrac{17}{25}$；（4）90%；（5）$\dfrac{3}{8}$；

（6）0.45；　（7）0.6；（8）$\dfrac{3}{4}$；（9）$\dfrac{13}{48}$；（10）$C_{n+m-1}^{n-1}p^n(1-p)^m$.

解　（3）设两数分别为 x,y，则 $\Omega=\{(x,y)\,|\,0<x<1, 0<y<1\}$，令“两数之和小于 $\dfrac{6}{5}$”记为 A，则事件 $A=\{(x,y)\,|\,x+y<\dfrac{6}{5},(x,y)\in\Omega\}$.

$$P(A)=\frac{\mu(A)}{\mu(\Omega)}=\frac{1-\mu(\bar{A})}{\mu(\Omega)}=\frac{1-\dfrac{8}{25}}{1}=\frac{17}{25}，其中\ \mu(\bar{A})=\frac{1}{2}\times\left(\frac{4}{5}\right)^2=\frac{8}{25}.$$

6. $\dfrac{1}{3}$.

7. 解　首先画出维恩图，见图 1.1. 如果设 Ω 的面积为 1，则事件的概率和事件的面积是等价的，故我们以事件的面积代替概率，从维恩图的面积关系理解事件关系.

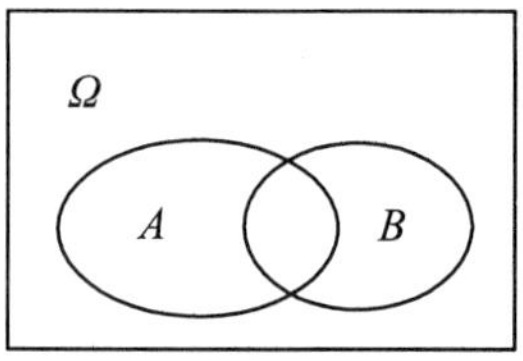

图 1.1

设 $\mu(\Omega)=1$，$P(A\cap B)=x$，则

$$P(A)=\mu(A)=P(B)=\mu(B)=\frac{1}{3}，\quad \mu(A\cap B)=x，$$

故

$$P(A\,|\,B)=\frac{P(AB)}{P(B)}=\frac{x}{\dfrac{1}{3}}=\frac{1}{6}$$

则

$$x=\frac{1}{18}.$$

$$P(\overline{A}\mid\overline{B})=\frac{P(\overline{A}\overline{B})}{P(\overline{B})}=\frac{1-\left(\frac{1}{3}+\frac{1}{3}-x\right)}{\frac{1}{3}}=\frac{\frac{7}{18}}{\frac{2}{3}}=\frac{7}{12}.$$

8. 解　三个事件 A,B,C 两两独立仅指成立：

$$P(AB)=P(A)P(B),\quad P(AC)=P(A)P(C),\quad P(BC)=P(B)P(C)$$

而不要求

$$P(ABC)=P(A)P(B)P(C).$$

$$\begin{aligned}P(A\cup B\cup C)&=P(A)+P(B)+P(C)-P(AB)-P(BC)-P(AC)+P(ABC)\\&=3x-3x^2\end{aligned}$$

（1）令 $f(x)=3x-3x^2$，求导可得 $f'(x)=3-6x=0$，故当 $x=0.5$ 时，$f(x)$ 取最大值，为 $\frac{3}{4}$.

因为$P(A\cup B\cup C)\geqslant P(A\cup B)\geqslant P(A)$，所以$3x-3x^2\geqslant 2x-x^2\geqslant x$，即$0\leqslant x\leqslant 0.5$．综上所述，$x$ 最大取值为 0.5.

（2）由 $f(x)=3x-3x^2=\frac{9}{16}$，可得 $x_1=\frac{3}{4}$，$x_2=\frac{1}{4}$，而 $x_1=\frac{3}{4}$不符合题意，舍去，故 $x=\frac{1}{4}$.

9. 解　由题设可知 $P(A\overline{B})=P(\overline{A}B)=\frac{1}{4}$，又因为 A,B 相互独立，所以由

$$P(A)-P(A)P(B)=P(B)-P(A)P(B)=\frac{1}{4}$$

解得 $P(A)=P(B)=0.5$.

10. $\frac{15}{16}$.

11.（1）$\frac{1}{12}$；（2）$\frac{1}{20}$.

解　从 10 个人任意取 3 人，共有 C_{10}^3 种等可能取法. 记 $A=$ “最小号码为 5”，$B=$ “最大号码为 5”，则有

（1）最小号码为 5 等价于：号码 5 一定取到，剩下两人从 6，7，8，9，10 中任取两个，故共有 $C_1^1C_5^2$ 种等可能取法.

（2）最大号码为 5 等价于：号码 5 一定取到，剩下两人从 1，2，3，4 中任取两个，故共有 $C_1^1C_5^2$ 种等可能取法.

$$P(A)=\frac{C_1^1C_5^2}{C_{10}^3}=\frac{1}{12},\quad P(B)=\frac{C_1^1C_4^2}{C_{10}^3}=\frac{1}{20}.$$

12. 解　我们采用两种方法求解.

法 1：设 5 双鞋子分别编号为

左：1，2，3，4，5；右：1，2，3，4，5.

从 10 只鞋子中任取 4 只，共有 C_{10}^4 种等可能取法.设事件 $A=$ “4 只鞋子中没有配成一双”，则事件 A 的取法有：

（1）“左”中任意拿 4 只，“右”中任意拿 0 只；

（2）“左”中任意拿 3 只，“右”中与“左”中已拿出鞋子不配的 2 只中任意拿 1 只；

（3）“左”中任意拿 2 只，“右”中与“左”中已拿出鞋子不配的 3 只中任意拿 2 只；

…………

所以 A 共有 $C_5^4C_5^0+C_5^3C_2^1+C_5^2C_3^2+C_5^1C_4^3+C_5^0C_5^4=80$ 种等可能取法.

$$P(\bar{A})=1-P(A)=1-\frac{80}{C_{10}^4}=\frac{13}{21}.$$

法 2：要 4 只都不配对，可在 5 双中任取 4 双，再在 4 双中的每一双里任取一只，取法有 $C_5^4\times2^4$，则

$$P(A)=\frac{C_5^4\cdot2^4}{C_{10}^4}=\frac{8}{21},\quad P(\bar{A})=1-P(A)=1-\frac{8}{21}=\frac{13}{21}.$$

13. 解　10 本书任意放在书架上的所有方法数为 $10!$. 如果把三本书看做一本厚书，则共有 8 本书，有 $8!$ 种方法，这是第一步. 第二步再考虑 3 本书做全排列，共有 $3!$ 种方法. 于是所求概率为 $\frac{8!3!}{10!}=\frac{1}{15}$.

14. 解　设甲已经坐好，再考虑乙的坐法，显然乙有 $n-1$ 个位置可坐，且这 $n-1$ 个位置是等可能的，而乙与甲相邻有两个位置，因此所求概率为 $\frac{2}{n-1}$.

15. 解　设两个红球分别为 A,B，则事件 A 表示红球 A 放入乙盒中，事件 B 表示红球 B 放入乙盒中，则所求概率为

$$P(A\cup B)=P(A)+P(B)-P(AB)=P(A)+P(B)-P(A)P(B)=\frac{1}{3}+\frac{1}{3}-\frac{1}{3}\times\frac{1}{3}=\frac{5}{9}.$$

注：白球是干扰项，对求解不起作用.

16. 降低考试作弊建议：（1）建立诚信社会，严厉打击社会上的各种投机取巧，给学生创造诚信环境；（2）严厉惩罚考试作弊学生.

17. 解　设 $A=$“孩病”，$B=$“母病”，$C=$“父病”，则

$$P(A)=0.6,\quad P(B\mid A)=0.5,\quad P(C\mid AB)=0.4,\quad P(\bar{C}\mid AB)=0.6.$$

注意：由于“母病”，“孩病”，“父病”都是随机事件，这里不是求 $P(\bar{C}\mid AB)$.

$$P(AB)=P(A)P(B\mid A)=0.6\times0.5=0.3.$$

$$P(AB\bar{C})=P(AB)P(\bar{C}\mid AB)=0.3\times0.6=0.18.$$

18. 解　设 $A_1=$“发送 0”，$A_2=$“发送 1”，$B=$“收到 0”，则

$$P(\bar{B}\mid A_1)=0.02,\quad P(B\mid A_2)=0.01,\quad P(A_1)=2/3.$$

$$P(A_1\mid B)=\frac{P(A_1)P(B\mid A_1)}{P(A_1)P(B\mid A_1)+P(A_2)P(B\mid A_2)}=\frac{\frac{2}{3}\times0.98}{\frac{2}{3}\times0.98+\frac{1}{3}\times0.01}=\frac{196}{197}.$$

19. 解　设 $A_1=$ “浇水”， $A_2=$ “不浇水”， $B=$ “树死”，则

$$P(B\mid A_1)=0.15\,,\quad P(B\mid A_2)=0.8\,,\quad P(A_1)=0.9\,.$$

（1） $P(\overline{B})=1-P(B)=1-\sum_{i=1}^{2}P(A_i)P(B\mid A_i)=1-(0.9\times0.15+0.1\times0.8)=0.785$

（2） $P(A_2\mid B)=\dfrac{P(A_2)P(B\mid A_2)}{P(B)}=\dfrac{0.1\times0.8}{0.215}=0.3721$.

20. 解　设事件 $A_i=$ “取到第 i 台车床加工的零件”， $i=1,2$， $B=$ “取到合格品”，

（1） $P(B)=\sum_{i=1}^{2}P(A_i)P(B\mid A_i)=\dfrac{2}{3}\times0.97+\dfrac{1}{3}\times0.94=0.96$

（2） $P(A_2\mid\overline{B})=\dfrac{P(A_2)P(\overline{B}\mid A_2)}{P(\overline{B})}=\dfrac{\frac{1}{3}\times0.06}{0.04}=0.5$.

21. 解　设事件 $A_i=$ “第 i 天无雨”，记 $p_i=P(A_i)$， $i=1,2,\cdots$，则

$$p_1=1\quad 且\quad P(A_{i+1}\mid A_i)=p\,,\quad P(A_{i+1}\mid\overline{A_i})=1-p\,,$$

所以由全概率公式可得

$$p_n=pp_{n-1}+(1-p)(1-p_{n-1})=(2p-1)p_{n-1}+1-p\,,\quad n\geqslant2\,.$$

$$p_n-\frac{1}{2}=(2p-1)\left(p_{n-1}-\frac{1}{2}\right),\quad n\geqslant2\,.$$

$$p_n-\frac{1}{2}=(2p-1)^{n-1}\left(p_1-\frac{1}{2}\right),\quad n\geqslant2\,.$$

$$p_n=\frac{1}{2}[1+(2p-1)^{n-1}],n=2,3,\cdots.$$

22. 解　设 A_i 表示“报名表来自第 i 地区”， $i=1,2,3$， B_i 表示“第 i 次抽到女生表”， $i=1,2$.

（1）由题意知 $P(A_i)=\dfrac{1}{3},i=1,2,3$．于是，根据全概率公式得

$$p=P(B_1)=\sum_{i=1}^{3}P(B_1\mid A_i)=\frac{3}{10}\times\frac{1}{3}+\frac{7}{15}\times\frac{1}{3}+\frac{5}{25}\times\frac{1}{3}=\frac{29}{90}\,.$$

（2） $q=P(B_1\mid\overline{B_2})=\dfrac{P(B_1\overline{B_2})}{P(\overline{B_2})}$.由全概率公式得

$$P(B_1\overline{B_2})=\sum_{i=1}^{3}P(B_1\overline{B_2}\mid A_i)=\left[\frac{3\times7}{10\times9}+\frac{7\times8}{15\times14}+\frac{5\times20}{25\times24}\right]\times\frac{1}{3}=\frac{2}{9}\,.$$

又因为 $P(B_2)=P(B_1)=\dfrac{29}{90}$， $P(\overline{B_2})=1-P(B_2)=\dfrac{61}{90}$，故 $q=\dfrac{\frac{2}{9}}{\frac{61}{90}}=\dfrac{20}{61}$.

23. 解　设事件 A 为“题目答对了”，事件 B 为“知道正确答案”，则按照题意有 $P(A\mid B)=1$， $P(A\mid\overline{B})=0.25$.

（1）此时，$P(B)=P(\bar{B})=0.5$，所以由贝叶斯公式可得

$$P(B\mid A)=\frac{P(B)P(A\mid B)}{P(B)P(A\mid B)+P(\bar{B})P(A\mid \bar{B})}=\frac{0.5\times 1}{0.5\times 1+0.5\times 0.25}=0.8 .$$

（2）此时，$P(B)=0.2, P(\bar{B})=0.8$，所以由贝叶斯公式可得

$$P(B\mid A)=\frac{P(B)P(A\mid B)}{P(B)P(A\mid B)+P(\bar{B})P(A\mid \bar{B})}=\frac{0.2\times 1}{0.2\times 1+0.8\times 0.25}=0.5 .$$

思考：若将此题改成“有 5 个备选项的单项选择题”，那么在（1）与（2）的情况下，答案各是多少？

24. 证明　设事件 $A_i(b,r)$ 为“罐中有 b 个黑球、r 个红球时，第 i 次取到的是黑球”，记 $p_i(b,r)=P(A_i(b,r))$，$i=1,2,\cdots$，则显然有 $p_1(b,r)=\dfrac{b}{b+r}$.

下用数学归纳法证明.

设 $p_{k-1}(b,r)=\dfrac{b}{b+r}$，则由全概率公式得

$$p_k(b,r)=P(A_k(b,r))=P(A_1(b,r))P(A_k(b,r)\mid A_1(b,r))+P(\overline{A_1}(b,r))P(A_k(b,r)\mid \overline{A_1}(b,r)) .$$

我们把 k 次取球分为两段：第 1 次取球与后 $k-1$ 次取球.当第 1 次取到黑球时，罐中增加 c 个黑球，这时从原罐中第 k 次取到黑球等价于从新罐（含 $b+r$ 个黑球、r 个红球）第 $k-1$ 次取到黑球，故有

$$P(A_k(b,r)\mid A_1(b,r))=P(A_{k-1}(b+c,r))=\frac{b+c}{b+c+r},$$

$$P(A_k(b,r)\mid \overline{A_1}(b,r))=P(A_{k-1}(b,r+c))=\frac{b}{b+c+r}.$$

$$p_k(b,r)=\frac{b}{b+r}\times\frac{b+c}{b+c+r}+\frac{r}{b+r}\times\frac{b}{b+c+r}=\frac{b}{b+r}.$$

由归纳法可知结论成立.

25. 证明　由条件 $P(A\mid B)+P(\bar{A}\mid \bar{B})=1$ 得

$$P(A\mid B)=1-P(\bar{A}\mid \bar{B})=P(A\mid \bar{B}),$$

$$\frac{P(AB)}{P(B)}=\frac{P(A\bar{B})}{P(\bar{B})}\Rightarrow P(AB)(1-P(B))=P(B)(P(A)-P(AB))$$

$$\Rightarrow P(AB)=P(A)P(B),$$

所以 A,B 相互独立.

习题 2

1.（1）D；（2）C；（3）D；（4）D；（5）A；（6）A；（7）C；（8）C；（9）D；（10）A；

解　（3）因为 $F_1'(x)=f_1(x)$，$F_2'(x)=f_2(x)$，于是

$$0\leqslant f_1(x)F_2(x)+f_2(x)F_1(x)=[F_1(x)F_2(x)]' .$$

从而
$$\int_{-\infty}^{+\infty}[f_1(x)F_2(x)+f_2(x)F_1(x)]\mathrm{d}x=F_1(x)F_2(x)\Big|_{-\infty}^{+\infty}=1,$$
故 $f_1(x)F_2(x)+f_2(x)F_1(x)$ 是概率密度.

（5）因为
$$p_1=P\{-2\leqslant X_1\leqslant 2\}=2\Phi(2)-1,$$
$$p_2=P\{-2\leqslant X_2\leqslant 2\}=P\left\{-1\leqslant\frac{X_2-0}{2}\leqslant 1\right\}=2\Phi(1)-1,$$
$$p_3=P\{-2\leqslant X_3\leqslant 2\}=P\left\{-\frac{7}{3}\leqslant\frac{X_3-5}{3}\leqslant -1\right\}=\Phi\left(\frac{7}{3}\right)-\Phi(1)-1,$$
所以 $p_1>p_2>p_3$.

（6）由题设可知
$$P\left\{\frac{|X-\mu_1|}{\sigma_1}<\frac{1}{\sigma_1}\right\}>P\left\{\frac{|Y-\mu_2|}{\sigma_2}<\frac{1}{\sigma_2}\right\},$$
故
$$2\Phi\left(\frac{1}{\sigma_1}\right)-1>2\Phi\left(\frac{1}{\sigma_2}\right)-1,$$
即
$$\Phi\left(\frac{1}{\sigma_1}\right)>\Phi\left(\frac{1}{\sigma_2}\right),$$
其中 $\Phi(x)$ 是标准正态分布的分布函数，又 $\Phi(x)$ 是严格单调递增函数，所以
$$\frac{1}{\sigma_1}>\frac{1}{\sigma_2},$$
即 $\sigma_1<\sigma_2$.

（7）由 $P\{|X|<x\}=\alpha$ 以及标准正态分布密度曲线的对称性可得，
$$P\{X\geqslant x\}=P\{X\leqslant -x\}$$
$$\alpha=P\{|X|<x\}=1-P\{|X|\geqslant x\}=1-2P\{X\geqslant x\},$$
即
$$P\{X\geqslant x\}=\frac{1-\alpha}{2}.$$
根据定义有 $x=u_{\frac{1-\alpha}{2}}$.

（8）$P\left(|X-\mu|<\sigma\right)=P\left(|(X-\mu)/\sigma|<1\right)=2\Phi(1)-1$.

（9）$P(Y\leqslant y)=P(3X+1\leqslant y)=P\left(X\leqslant\frac{y-1}{3}\right)=F\left(\frac{y}{3}-\frac{1}{3}\right)$.

2.（1）49 或 50；（2）9；（3）很少；（4）$1-\mathrm{e}^{-1}$；（5）$\frac{2}{3}\mathrm{e}^{-2}$；（6）0.75；（7）1；

（8）$F_X(x)=\begin{cases}\frac{1}{2}\mathrm{e}^{x}, x<0\\ 1-\frac{1}{2}\mathrm{e}^{-x}, x\geqslant 0\end{cases}$；（9）$f(x)=\begin{cases}0, 其他\\ 3x^2, 0\leqslant x<1\end{cases}$；（10）$\frac{3}{8}$.

具体解答如下：

（1）设 X 为正面出现的次数，则 $X\sim B(99,1/2)$．因为 $(n+1)p=100\times(1/2)=50$ 为整数，所以正面最可能出现的次数为 49 或 50.

（2）$k=[9.9]=9$．

（3）身高 172cm 的概率为 0，但概率为 0 是可能发生的.

（4）Y 的分布函数 $F(y)=1-\mathrm{e}^{-y},y\geqslant 0$，于是由条件概率公式得

$$P\{Y\leqslant a+1\,|\,Y>a\}=\frac{P\{a<Y\leqslant a+1\}}{p\{Y>a\}}=\frac{F(a+1)-F(a)}{1-F(a)}=1-\mathrm{e}^{-1}.$$

（5）设 $X\sim P(\lambda)$，$P(X=1)=\lambda\mathrm{e}^{-\lambda}=P(X=2)=(\lambda^2/2!)\mathrm{e}^{-\lambda}$，解得 $\lambda=2$，

$$P(X=4)=\frac{2^4}{4!}\mathrm{e}^{-2}=\frac{2}{3}\mathrm{e}^{-2}.$$

（6）$P((X-1/2)(X-1/4)\geqslant 0)=P((0<X\leqslant 1/4)\cup(1/2\leqslant X<1))$

$$=P(0<X\leqslant 1/4)+P(1/2\leqslant X<1)=\int_0^{1/4}1\mathrm{d}x+\int_{1/2}^{1}1\mathrm{d}x=3/4.$$

（7）$1=\int_{-\infty}^{+\infty}\frac{a}{\pi(1+x^2)}\mathrm{d}x=\frac{a}{\pi}\arctan x\Big|_{-\infty}^{\infty}=\frac{a}{\pi}\left[\frac{\pi}{2}-\left(-\frac{\pi}{2}\right)\right]=a$．

（8）当 $x<0$ 时，$F(x)=\int_{-\infty}^{x}\frac{1}{2}\mathrm{e}^t\mathrm{d}t=\frac{1}{2}\mathrm{e}^x$；

当 $x\geqslant 0$ 时，

$$F(x)=\int_{-\infty}^{x}f(t)\mathrm{d}t=\int_{-\infty}^{0}\frac{1}{2}\mathrm{e}^t\mathrm{d}t+\int_0^x\frac{1}{2}\mathrm{e}^{-t}\mathrm{d}t=\frac{1}{2}\mathrm{e}^t\Big|_{-\infty}^{0}-\frac{1}{2}\mathrm{e}^{-t}\Big|_0^x=1-\frac{1}{2}\mathrm{e}^{-x},$$

综上所述，X 的分布函数 $F(x)$ 为

$$F(x)=\begin{cases}\frac{1}{2}\mathrm{e}^x, & x<0\\ 1-\frac{1}{2}\mathrm{e}^{-x}, & x\geqslant 0\end{cases}.$$

（9）$f(x)=F'(x)=\begin{cases}3x^2, & 0\leqslant x<1\\ 0, & \text{其他}\end{cases}$．

3. $X\sim\begin{pmatrix}20 & 5 & 0\\ 0.0002 & 0.001 & 0.9988\end{pmatrix}$．

4. 解　设 Y 为第一次得到的点数，Z 为第二次得到的点数，X 的所有可能取值为 $1,2,3,4,5,6$．

$$\begin{aligned}P(X=1)&=P(\min(Y,Z)=1)=P(Y=1,Z=1)+(Y=1,Z>1)+P(Y>1.Z=1)\\&=P(Y=1)P(Z=1)+P(Y=1)P(Z>1)+P(Y>1)P(Z=1)\\&=\frac{1}{6}\times\frac{1}{6}+\frac{1}{6}\times\frac{5}{6}+\frac{1}{6}\times\frac{5}{6}=\frac{11}{36};\end{aligned}$$

$$P(X=2)=P(\min(Y,Z)=2)=P(Y=2,Z=2)+(Y=2,Z>2)+P(Y>2.Z=2)$$

$$=P(Y=2)P(Z=2)+P(Y=2)P(Z>2)+P(Y>2)P(Z=2)$$
$$=\frac{1}{6}\times\frac{1}{6}+2\times\frac{1}{6}\times\frac{4}{6}=\frac{9}{36};$$

……

$$P(X=6)=P(\min(Y,Z)=6)=P(Y=6,Z=6)=\frac{1}{6}\times\frac{1}{6}=\frac{1}{36}.$$

综上所述，$X\sim\begin{pmatrix}1 & 2 & 3 & 4 & 5 & 6\\ \frac{11}{36} & \frac{1}{4} & \frac{7}{36} & \frac{5}{36} & \frac{1}{12} & \frac{1}{36}\end{pmatrix}$.

5. 解　$P(X=0)=\frac{C_{13}^3C_2^0}{C_{15}^3}=\frac{22}{35}$，$P(X=1)=\frac{C_{13}^2C_2^1}{C_{15}^3}=\frac{12}{35}$，$P(X=2)=\frac{C_{13}^1C_2^2}{C_{15}^3}=\frac{1}{35}$.

综上所述，$X\sim\begin{pmatrix}0 & 1 & 2\\ \frac{22}{35} & \frac{12}{35} & \frac{1}{35}\end{pmatrix}$.

6. 解　（1）设 10 分钟内接到电话次数为 $X\sim P\left(\frac{1}{3}\right)$，则

$$P(X=1)=\mathrm{e}^{-\frac{1}{3}}\frac{\left(\frac{1}{3}\right)^1}{1!}=0.2388.$$

（2）设他外出应控制最长时间为 t 小时，则 $X\sim P(2t)$．即

$$P(X=0)\geqslant 0.5,$$

则
$$\mathrm{e}^{-2t}\geqslant 0.5,\quad t\leqslant\frac{\ln 2}{2},$$

即 $\frac{\ln 2}{2}\times 60=30\ln 2=20.7944$（分钟）.

7. $F(x)=\begin{cases}0, & x<0\\ \frac{x}{a}, & 0\leqslant x<a\\ 1, & x\geqslant a\end{cases}$.

8. 不能. 例如，你不可以任意给出一个自然数.

9. 解　（1）$1=\int_{-\infty}^{+\infty}f(x)\mathrm{d}x=A\int_{-\frac{\pi}{2}}^{\frac{\pi}{2}}\cos x\mathrm{d}x=A\sin x\Big|_{-\frac{\pi}{2}}^{\frac{\pi}{2}}=2A$，解得 $A=\frac{1}{2}$.

（2）$P(0<X<\frac{\pi}{4})=\int_0^{\frac{\pi}{4}}\frac{1}{2}\cos x\mathrm{d}x=\frac{\sqrt{2}}{4}$.

（3）当 $x<-\frac{\pi}{2}$ 时，$F(x)=\int_{-\infty}^{x}\frac{1}{2}\cos t\mathrm{d}t=0$；

当 $-\frac{\pi}{2}\leqslant x\leqslant\frac{\pi}{2}$ 时，$F(x)=\int_{-\infty}^{x}\frac{1}{2}\cos t\mathrm{d}t=\int_{-\frac{\pi}{2}}^{x}\frac{1}{2}\cos t\mathrm{d}t=\frac{1}{2}\sin x+\frac{1}{2}$；

当 $x>\frac{\pi}{2}$ 时，$F(x)=\int_{-\infty}^{x}\frac{1}{2}\cos t\mathrm{d}t=\int_{-\frac{\pi}{2}}^{x}\frac{1}{2}\cos t\mathrm{d}t=\int_{-\frac{\pi}{2}}^{\frac{\pi}{2}}\frac{1}{2}\cos t\mathrm{d}t=1$.

综上所述，X 的分布函数为

$$F(x)=\begin{cases}0, & x<-\frac{\pi}{2}\\ \sin(x/2)+1/2, & -\frac{\pi}{2}\leqslant x\leqslant\frac{\pi}{2}\\ 1, & x>-\frac{\pi}{2}\end{cases}.$$

10. 解　(1) 连续随机变量的分布函数 $F(x)$ 是连续函数，由 $F(x)$ 的连续性，

$$1=F(1)=\lim_{x\to 1-0}F(x)=\lim_{x\to 1-0}Ax^2=A.$$

(2) $P(0.3<X<0.7)=F(0.7)-F(0.3)=0.7^2-0.3^2=0.4$.

(3) X 的密度函数 $f(x)=F'(x)=\begin{cases}2x, & 0<x<1\\ 0, & 其他\end{cases}$.

11. 解　因为 $P(X\leqslant 0.5)=\int_0^{0.5}2x\mathrm{d}x=\frac{1}{4}$，所以 $Y\sim B\left(3,\frac{1}{4}\right)$，故

$$P(Y=2)=\mathrm{C}_3^2\left(\frac{1}{4}\right)^2\left(\frac{3}{4}\right)^{3-2}=\frac{9}{64}.$$

12. 解　设 X 为考试成绩，则 $X\sim N(\mu,\sigma^2)$. 由频率估计概率知

$$0.0359=P(X>90)=1-\varPhi\left(\frac{90-\mu}{\sigma}\right),$$

$$0.1151=P(X<90)=1-\varPhi\left(\frac{\mu-60}{\sigma}\right).$$

上面两式可改写为

$$0.9641=\varPhi\left(\frac{90-\mu}{\sigma}\right),\quad 0.8849=\varPhi\left(\frac{\mu-60}{\sigma}\right).$$

再查表可得

$$\frac{90-\mu}{\sigma}=1.8,\quad \frac{\mu-60}{\sigma}=1.2.$$

由此解得 $\mu=72$，$\sigma=10$. 设被录取者中最低分为 k，则由

$$0.25=P(X\geqslant k)=1-\varPhi\left(\frac{k-72}{10}\right),\quad \varPhi\left(\frac{k-72}{10}\right)=0.75.$$

查表得 $\frac{k-72}{10}\geqslant 0.675$，解得 $k\geqslant 78.75$. 因此被录取最低分为 78.75 分即可.

13. 解　X 的密度函数为

$$f_X(x)=\begin{cases}1, & 0<x<1\\ 0, & 其他\end{cases}.$$

因为 $y=g(x)=1-x$ 在 $(0,1)$ 上为严格减函数，其反函数为 $x=h(y)=1-y$，且有 $h'(y)=-1$，所以 $Y=1-X$ 得密度函数为

$$f_Y(y)=\begin{cases}f_X(1-y)\,|-1|, & 0<y<1\\ 0, & 其他\end{cases}=\begin{cases}1, & 0<y<1\\ 0, & 其他\end{cases},$$

这表明：当 $X\sim U(0,1)$ 时，$1-X$ 与 X 同分布.

14. 解　设 X 表示"n 次取球中取到黑球的次数"，则 $X\sim B\left(n,\dfrac{1}{3}\right)$，且黑球仍在甲袋中的概率即为 X 取偶数值的概率之和，不妨记为 q，则

$$q=\mathrm{C}_n^0p^0(1-p)^n+\mathrm{C}_n^2p^2(1-p)^{n-2}+\cdots+\mathrm{C}_n^kp^k(1-p)^k,$$

其中 $p=\dfrac{1}{3}$，k 为不超过 n 的最大偶数. 因为

$$\sum_{k=0}^{n}\mathrm{C}_n^kp^k(1-p)^{n-k}=1,\quad \sum_{k=0}^{n}\mathrm{C}_n^k(-p)^k(1-p)^{n-k}=(1-2p)^n,$$

所以两式相加即得所求概率

$$q=\frac{1}{2}[1+(1-2p)^n]=\frac{1}{2}\left(1+\frac{1}{3^n}\right).$$

15 解　(1) 因为 $Y=2X+1$ 的可能取值范围是 $(1,+\infty)$，且 $y=g(x)=2x+1$ 是严增函数，其反函数为 $x=h(y)=\dfrac{y-1}{2}$，及 $h'(y)=\dfrac{1}{2}$，所以 Y 的密度函数为

$$f_Y(y)=\begin{cases}f_X\left(\dfrac{y-1}{2}\right)\left|\dfrac{1}{2}\right|, & y>1\\ 0, & 其他\end{cases}=\begin{cases}\dfrac{1}{2}\mathrm{e}^{-\frac{y-1}{2}}, & y>1\\ 0, & 其他\end{cases}.$$

(2) 因为 $Y=\mathrm{e}^X$ 的可能取值范围是 $(1,+\infty)$，且 $y=g(x)=\mathrm{e}^x$ 是严增函数，其反函数为 $x=h(y)=\ln y$，及 $h'(y)=1/y$，所以 Y 的密度函数为

$$f_Y(y)=\begin{cases}f_X(\ln y)\left|\dfrac{1}{y}\right|, & y>1\\ 0, & 其他\end{cases}=\begin{cases}\dfrac{1}{y^2}, & y>1\\ 0, & 其他\end{cases}.$$

(3) 因为 $Y=X^2$ 的可能取值范围是 $(0,+\infty)$，且 $y=g(x)=x^2$ 在 $(0,+\infty)$ 上是严增函数，其反函数为 $x=h(y)=\sqrt{y}$，及 $h'(y)=\dfrac{1}{2\sqrt{y}}$，所以 Y 的密度函数为

$$f_Y(y)=\begin{cases} f_X(\sqrt{y})\left|\dfrac{1}{2\sqrt{y}}\right|, & y>0 \\ 0, & 其他 \end{cases}=\begin{cases} \dfrac{1}{2\sqrt{y}}\mathrm{e}^{-\sqrt{y}}, & y>0 \\ 0, & 其他 \end{cases}.$$

习题 3

1.（1）D;（2）D;（3）A;（4）D;（5）D.

2.（1）$p_{11}=\dfrac{1}{24}$，$p_{13}=\dfrac{1}{12}$，$p_{1\cdot}=\dfrac{1}{4}$，$p_{22}=\dfrac{3}{8},p_{23}=\dfrac{1}{4},p_{2\cdot}=\dfrac{3}{4}$，$p_{\cdot 2}=\dfrac{1}{2},p_{\cdot 3}=\dfrac{1}{3}$；

（2）2，$(1-\mathrm{e}^{-4})(1-\mathrm{e}^{-1})$；（3）$\dfrac{5}{3}$或$\dfrac{7}{3}$；（4）$Z\sim\begin{pmatrix}0 & 1\\ 0.25 & 0.75\end{pmatrix}$.

具体解答如下：（1）解　由联合分布律与边缘分布律的关系易得 $p_{11}=\dfrac{1}{6}-\dfrac{1}{8}=\dfrac{1}{24}$.

再由独立性 $p_{11}=p_{1\cdot}\times p_{\cdot 1}$ 得 $p_{1\cdot}=\dfrac{1}{4}$.

于是 $p_{13}=\dfrac{1}{4}-p_{11}-p_{12}=\dfrac{1}{4}-\dfrac{1}{24}-\dfrac{1}{8}=\dfrac{1}{12}$.

其他可类似得到.

（4）解　Z 的可能取值为 0,1 且

$$P(Z=0)=P(\max(X,Y)=0)=P(X=0)P(Y=0)=\frac{1}{4}.$$

3. 解（1）由 $k\int_0^{+\infty}\int_0^{+\infty}\mathrm{e}^{-(3x+4y)}\mathrm{d}x\mathrm{d}y=k\times\dfrac{1}{3}\times\dfrac{1}{4}=1$ 得 $k=12$.

（2）当 $x\leqslant 0$ 或 $y\leqslant 0$ 时，有 $F(x,y)=0$；而当 $x>0$，$y>0$ 时，

$$F(x,y)=12\int_0^x\int_0^y\mathrm{e}^{-(3u+4v)}\mathrm{d}v\mathrm{d}u=(1-\mathrm{e}^{-3x})(1-\mathrm{e}^{-4y}).$$

所以
$$F(x,y)=\begin{cases}(1-\mathrm{e}^{-3x})(1-\mathrm{e}^{-4y}), & x>0,y>0\\ 0, & 其他\end{cases}.$$

（3）$P(0<X\leqslant 1,0<Y\leqslant 2)=F(1,2)=1-\mathrm{e}^{-3}-\mathrm{e}^{-8}+\mathrm{e}^{-11}=0.9499$.

4. 解（1）$P(X=Y)=0$.

（2）$P(X<Y)=4\int_0^1\int_0^y xy\mathrm{d}x\mathrm{d}y=4\int_0^1\dfrac{1}{2}y^3\mathrm{d}y=0.5$.

（3）(X,Y) 的联合分布函数 $F(x,y)$ 为

$$F(x,y)=\begin{cases}\int_{-\infty}^x\int_{-\infty}^y 0\mathrm{d}x\mathrm{d}y\\ 4\int_0^x\int_0^y t_1t_2\mathrm{d}t_2\mathrm{d}t_1\\ 4\int_0^x\int_0^1 t_1t_2\mathrm{d}t_2\mathrm{d}t_1\\ 4\int_0^1\int_0^y t_1t_2\mathrm{d}t_2\mathrm{d}t_1\\ 4\int_0^1\int_0^1 t_1t_2\mathrm{d}t_2\mathrm{d}t_1\end{cases}=\begin{cases}0, & x<0,\ 或\ y<0\\ x^2y^2, & 0\leqslant x<1,0\leqslant y<1\\ x^2, & 0\leqslant x<1,1\leqslant y\\ y^2, & 1\leqslant x,0\leqslant y<1\\ 1, & 1\leqslant x,1\leqslant y\end{cases}$$

5. 解　(1) 因为当 $0<x<1$ 时，有

$$f_X(x)=\int_{-\infty}^{+\infty}f(x,y)\mathrm{d}y=\int_0^x 3x\mathrm{d}y=3x^2,$$

所以 X 的边际密度函数为 $f_X(x)=\begin{cases}3x^2, & 0<x<1\\ 0, & 其他\end{cases}$.

又因为当 $0<y<1$ 时，有

$$f_Y(y)=\int_{-\infty}^{+\infty}f(x,y)\mathrm{d}x=\int_y^1 3x\mathrm{d}x=\frac{3}{2}x^2\Big|_y^1=\frac{3}{2}(1-y^2),$$

所以 Y 的边际密度函数为

$$f_Y(y)=\begin{cases}\frac{3}{2}(1-y^2), & 0<y<1,\\ 0, & 其他.\end{cases}$$

(2) 因为 $f(x,y)\neq f_X(x)f_Y(y)$，所以 X 与 Y 不独立.

(3) 当 $0<x<1$ 时，$f(y\mid x)=\dfrac{f(x,y)}{f_X(x)}=\begin{cases}\dfrac{1}{x}, & 0<y<x,\\ 0, & 其他.\end{cases}$，这是均匀分布 $U(0,x)$，其中 $0<x<1$.
可见，这里的条件分布实质上是一族均匀分布.

6. 解　(1) 当 $-1<x<0$ 时，$f_X(x)=\int_{-x}^{1}\mathrm{d}y=1+x$；

当 $0<x<1$ 时，$f_X(x)=\int_x^1\mathrm{d}y=1-x$. 因此 X 的边际密度函数为

$$f_X(x)=\begin{cases}1+x, -1<x<0\\ 1-x, 0<x<1\\ 0, \quad 其他\end{cases}.$$

当 $0<y<1$ 时，有 $f_Y(y)=\int_{-y}^{y}\mathrm{d}x=2y$，因此 Y 的边际密度函数为

$$f_Y(y)=\begin{cases}2y, & 0<y<1\\ 0, & 其他\end{cases}.$$

(2) 因为 $f(x,y)\neq f_X(x)f_Y(y)$，所以 X 与 Y 不独立.

7.解　因为在 $f(x,y)$ 的非零区域内，当 $-1<x<1$ 时，有 $-\sqrt{1-x^2}<y<\sqrt{1-x^2}$，所以当 $-1<x<1$ 时，有

$$f_X(x)=\int_{-\infty}^{+\infty}f(x,y)\mathrm{d}y=\int_{-\sqrt{1-x^2}}^{\sqrt{1-x^2}}\frac{1}{\pi}\mathrm{d}y=\frac{2}{\pi}\sqrt{1-x^2}.$$

同理可得：当 $-1<y<1$ 时，有 $-\sqrt{1-y^2}<x<\sqrt{1-y^2}$，所以当 $-1<y<1$ 时，有

$$f_Y(y)=\int_{-\infty}^{+\infty}f(x,y)\mathrm{d}x=\int_{-\sqrt{1-y^2}}^{\sqrt{1-y^2}}\frac{1}{\pi}\mathrm{d}x=\frac{2}{\pi}\sqrt{1-y^2}.$$

所以边际密度为

$$f_X(x)=\begin{cases}\frac{2}{\pi}\sqrt{1-x^2}, & -1<x<1\\ 0, & 其他\end{cases},\quad f_Y(y)=\begin{cases}\frac{2}{\pi}\sqrt{1-y^2}, & -1<y<1\\ 0, & 其他\end{cases}.$$

可见，随机变量 X 与 Y 不相互独立.

又因为 $f_X(x)$ 和 $f_Y(y)$ 在对称区间上是偶函数，故 $EX=EY=0$，从而

$$\operatorname{cov}(X,Y)=E(XY)=\frac{1}{\pi}\int_{-1}^{1}\int_{-\sqrt{1-x^2}}^{\sqrt{1-x^2}}xy\mathrm{d}y\mathrm{d}x=0,$$

所以随机变量 X 与 Y 不相关.

8. 解　当 $-1<y<0$ 时，$f_Y(y)=\int_{-y}^{1}\mathrm{d}x=1+y=1-|y|$；

当 $0<y<1$ 时，$f_Y(y)=\int_{y}^{1}\mathrm{d}x=1-y=1-|y|$.

由此得

$$f(x|y)=\frac{f(x,y)}{f_Y(y)}=\begin{cases}\frac{1}{1-|y|}, & |y|<x<1\\ 0, & 其他\end{cases}.$$

这是均匀分布 $U(|y|,1)$，其中 $|y|<1$.

9. 解　因为 $f(x,y)=f_Y(y)f(x|y)==\begin{cases}15x^2y, & 0<x<y<1\\ 0, & 其他\end{cases}$，所以

$$P(X>0.5)=\int_{0.5}^{1}\int_{x}^{1}15x^2y\mathrm{d}y\mathrm{d}x=\int_{0.5}^{1}\frac{15}{2}x^2(1-x^2)\mathrm{d}x=\frac{47}{64}.$$

10. 解　（1）$P(X>2Y)=\iint\limits_{x>2y}f(x,y)\mathrm{d}x\mathrm{d}y=\int_0^{0.5}\mathrm{d}y\int_{2y}^{1}(2-x-y)\mathrm{d}x=\frac{7}{24}$；

（2）先求 Z 的分布函数.

$$F_Z(z)=P(X+Y\leqslant z)=\iint\limits_{x+y\leqslant z}f(x,y)\mathrm{d}x\mathrm{d}y.$$

当 $z<0$ 时，$F_Z(z)=0$；

当 $0\leqslant z<1$ 时，

$$F_Z(z)=\iint\limits_{x+y\leqslant z}f(x,y)\mathrm{d}x\mathrm{d}y=\int_0^{z}\mathrm{d}y\int_0^{z-y}(2-x-y)\mathrm{d}x=z^2-\frac{1}{3}z^3;$$

当 $1\leqslant z<2$ 时，

$$F_Z(z)=1-\iint\limits_{x+y>z}f(x,y)\mathrm{d}x\mathrm{d}y=1-\int_{z-1}^{1}\mathrm{d}y\int_{z-y}^{1}(2-x-y)\mathrm{d}x=1-\frac{1}{3}(2-z)^3;$$

当 $z\geqslant 2$ 时，$F_Z(z)=1$. 故 $Z=X+Y$ 的概率密度为

$$f_Z(z)=F_Z'(z)=\begin{cases}2z-z^2, & 0<z<1 \\ (2-z)^2, & 1\leqslant z<2. \\ 0, & \text{其他}\end{cases}$$

11. 解 （1）由于 $P(-1<X<2)=1$，所以 $P(0<Y<4)=1$.

当 $y<0$ 时，$P(Y\leqslant y)=0$；

当 $y\geqslant 4$ 时，$P(Y\leqslant y)=1$；

当 $0\leqslant y<1$ 时，$-1<-\sqrt{y}\leqslant 0$，

$$\begin{aligned}F_Y(y)&=P(Y\leqslant y)=P(X^2\leqslant y)=P(-\sqrt{y}\leqslant X\leqslant\sqrt{y})\\&=P(-\sqrt{y}\leqslant X<0)+P(0\leqslant X\leqslant\sqrt{y})\\&=\frac{\sqrt{y}}{2}+\frac{\sqrt{y}}{4}=\frac{3\sqrt{y}}{4}\text{；}\end{aligned}$$

当 $1\leqslant y<4$ 时，$1\leqslant\sqrt{y}<2$，$-\sqrt{y}\leqslant -1$，

$$\begin{aligned}F_Y(y)&=P(Y\leqslant y)=P(-\sqrt{y}\leqslant X\leqslant\sqrt{y})\\&=P(-1\leqslant X<0)+P(0\leqslant X\leqslant\sqrt{y})=\frac{1}{2}+\frac{\sqrt{y}}{4}.\end{aligned}$$

又因为对分布函数求导可得密度函数，于是 Y 的分布函数和密度函数分别为

$$F_Y(y)=\begin{cases}0, & y<0\\ \dfrac{3\sqrt{y}}{4}, & 0\leqslant y<1\\ \dfrac{1}{2}+\dfrac{\sqrt{y}}{4}, & 1\leqslant y<4\\ 1, & y\geqslant 4\end{cases},\quad f_Y(y)=\begin{cases}\dfrac{3}{8\sqrt{y}}, & 0<y<1\\ \dfrac{1}{8\sqrt{y}}, & 1\leqslant y<4.\\ 0, & \text{其他}\end{cases}$$

（2）$F\left(-\dfrac{1}{2},4\right)=P\left(X\leqslant-\dfrac{1}{2},Y\leqslant 4\right)=P\left(X\leqslant-\dfrac{1}{2},X^2\leqslant 4\right)=P\left(X\leqslant-\dfrac{1}{2}\right)=\dfrac{1}{4}$.

习题 4

1.（1）C；（2）D；（3）A；（4）D；（5）B.

2.（1）1；（2）9；（3）1；（4）16，2；（5）$\mu(\sigma^2+\mu^2)$；（6）$2e^2$；（7）1/12；

解 （7）因为

$$E(X+Y)=EX+EY=0,$$

$$\begin{aligned}D(X+Y)&=DX+DY+2\operatorname{cov}(X,Y)=DX+DY+2\rho(X,Y)\sqrt{DX}\sqrt{DY}\\&=1+4+2\times(-0.5)\times1\times2=3.\end{aligned}$$

所以

$$P\{|X+Y|\geqslant 6\}=P\{|X+Y-E(X+Y)|\geqslant 6\}\leqslant\frac{D(X+Y)}{6^2}=\frac{1}{12}.$$

3. 解　记 $q=1-p$，则 X 的概率分布为 $P(X=i)=pq^{i-1},i=1,2,\cdots$，所以 $EX=\frac{1}{p}$，$DX=\frac{1-p}{p^2}$.

4. 解　(1) X 的所有可能取值为 0,1，2,3，X 的概率分布为

$$P(X=k)=\frac{C_3^kC_3^{3-k}}{C_6^3},k=0,1,2,3,\quad X\sim\begin{pmatrix}0&1&2&3\\ \frac{1}{20}&\frac{9}{20}&\frac{9}{20}&\frac{1}{20}\end{pmatrix}$$

因此

$$EX=0\times\frac{1}{20}+1\times\frac{9}{20}+2\times\frac{9}{20}+3\times\frac{1}{20}=\frac{3}{2}.$$

(2) 设 A 表示事件“从乙箱中任意取出的一件产品是次品”，根据全概率公式有

$$P(A)=\sum_{k=0}^{3}P(X=k)P(A\mid X=k)=0\times\frac{1}{20}+\frac{1}{6}\times\frac{9}{20}+\frac{2}{6}\times\frac{9}{20}+\frac{3}{6}\times\frac{1}{20}=\frac{1}{4}.$$

5. 解　令 X_i 表示第 i 颗骰子的点数，则 $X_i,i=1,\cdots,n$ 独立同分布于随机变量 X，其中 $P(X=k)=\frac{1}{6},k=1,2,\cdots,n$，数学期望为 $nEX=\frac{7}{2}n$，方差为 $nDX=\frac{35}{12}n$.

6. 证明　利用变换 $t=\frac{x-\mu}{\sigma}$ 及对偶函数的性质可得

$$\begin{aligned}E\,|X-\mu|&=\frac{1}{\sqrt{2\pi}\sigma}\int_{-\infty}^{+\infty}|x-\mu|\exp\left\{-\frac{(x-\mu)^2}{2\sigma^2}\right\}\mathrm{d}x\\&=\sigma\sqrt{\frac{2}{\pi}}\int_0^{+\infty}\exp\left\{-\frac{t^2}{2}\right\}\mathrm{d}\left(\frac{t^2}{2}\right)=\sigma\sqrt{\frac{2}{\pi}}.\end{aligned}$$

7. 解　记 Z 为此商店经销该商品每周所得利润，由题设可知 $Z=g(X,Y)$，其中

$$g(x,y)=\begin{cases}1000y, & y\leqslant x\\ 1000x+500(y-x), & y>x\end{cases}=\begin{cases}1000y, & y\leqslant x\\ 500(x+y), & y>x\end{cases}.$$

由题设知 (X,Y) 的联合密度函数为

$$f(x,y)=\begin{cases}1/100, & 10\leqslant x\leqslant 20,10\leqslant y\leqslant 20\\ 0, & 其他\end{cases}.$$

$$\begin{aligned}EZ=E[g(X,Y)]&=\int_{-\infty}^{+\infty}\int_{-\infty}^{+\infty}g(x,y)f(x,y)\mathrm{d}x\mathrm{d}y\\&=\iint\limits_{y\leqslant x}1000f(x,y)\mathrm{d}x\mathrm{d}y+\iint\limits_{y>x}500(x+y)f(x,y)\mathrm{d}x\mathrm{d}y\\&=10\int_{10}^{20}\int_{y}^{20}y\mathrm{d}x\mathrm{d}y+5\int_{10}^{20}\int_{10}^{y}(x+y)\mathrm{d}x\mathrm{d}y=\frac{20000}{3}+5\times1500\approx14166.67.\end{aligned}$$

8. 解 $EX=\int_0^1\int_{-y}^{y}x\mathrm{d}x\mathrm{d}y=0$，$EY=\int_0^1\int_{-y}^{y}y\mathrm{d}x\mathrm{d}y=\int_0^1 2y^2\mathrm{d}y=\frac{2}{3}$.

$$E(XY)=\int_0^1\int_{-y}^{y}xy\mathrm{d}x\mathrm{d}y=0，\quad \mathrm{cov}(X,Y)=E(XY)-E(X)E(Y)=0.$$

9. 解 因为 $E(X_1)=E(X_2)=\frac{1}{\lambda}$，$D(X_1)=D(X_2)=\frac{1}{\lambda^2}$，且 X_1,X_2 相互独立，所以

$$E(Y_1)=4E(X_1)-3E(X_2)=\frac{1}{\lambda}，\quad D(Y_1)=16D(X_1)+3D(X_2)=\frac{25}{\lambda^2}，$$

$$E(Y_2)=3E(X_1)+E(X_2)=\frac{4}{\lambda}，\quad D(Y_1)=9D(X_1)+D(X_2)=\frac{10}{\lambda^2}，$$

$$E(Y_1Y_2)=E[(4X_1-3X_2)(3X_1+X_2)]=E[12X_1^2-5X_1X_2-3X_2^2]=\frac{13}{\lambda^2}.$$

$$\mathrm{cov}(Y_1,Y_2)=E(Y_1Y_2)-E(Y_1)E(Y_2)=\frac{13}{\lambda^2}-\frac{4}{\lambda^2}=\frac{9}{\lambda^2}.$$

然后计算 Y_1 与 Y_2 相关系数

$$\rho=\frac{\mathrm{cov}(Y_1,Y_2)}{\sqrt{\mathrm{var}(Y_1)}\sqrt{\mathrm{var}(Y_2)}}=\frac{9/\lambda^2}{\sqrt{25/\lambda^2}\sqrt{10/\lambda^2}}=\frac{9}{5\sqrt{10}}=0.5692.$$

10. 解 先计算 Y 与 Z 的期望、方差和协方差.

$$E(Y)=(a+b)\mu，\quad E(Z)=(a-b)\mu，\quad \mathrm{var}(Y)=\mathrm{var}(Z)=(a^2+b^2)\sigma^2，$$

$$E(YZ)=E[a^2X_1^2-b^2X_2^2]=(a^2-b^2)(\sigma^2+\mu^2).$$

$$\mathrm{cov}(Y,Z)=E(YZ_2)-E(Y)E(Z_2)=(a^2-b^2)\sigma^2.$$

然后计算 Y_1 与 Y_2 相关系数

$$\rho_{YZ}=\frac{\mathrm{cov}(Y,Z)}{\sqrt{\mathrm{var}(Y)}\sqrt{\mathrm{var}(X)}}=\frac{(a^2-b^2)\sigma^2}{(a^2+b^2)\sigma^2}=\frac{a^2-b^2}{a^2+b^2}.$$

11. 解 这里要用到一个性质：在 X,Y 独立条件下，有

$$EZ=E(3X+1)P(X\geqslant Y)+E(6Y)P(X<Y).$$

为此，先求出上式中的两个概率.

$$P(X<Y)=\int_0^{+\infty}\int_0^{y}\lambda\mathrm{e}^{-\lambda x}\lambda\mathrm{e}^{-\lambda y}\mathrm{d}x\mathrm{d}y=\int_0^{+\infty}\lambda\mathrm{e}^{-\lambda y}(1-\mathrm{e}^{-\lambda y})\mathrm{d}y=0.5，\quad P(X\geqslant Y)=0.5.$$

由此得

$$EZ=0.5E(3X+1)+0.5E(6Y)=0.5\left(\frac{3}{\lambda}+1+\frac{6}{\lambda}\right)=\frac{1}{2}\left(\frac{9}{\lambda}+1\right).$$

12. 提示：先写出每周利润 Y 是进货量 a 和需求量 X 的函数，再求含参数的一维随机变量函数的数学期望，最少进货量为 21 个单位.

习题 5

1.（1）C；（2）D；（3）A；

2.（1）0.5；（2）0；

3. 证明　因为 $EX_n = p_n$，$\operatorname{var}(X_n) = p_n(1-p_n) \leqslant \frac{1}{4}$，所以由 $X_1, X_2, \cdots$ 的独立性可得 $\frac{1}{n^2}\operatorname{var}\left(\sum_{k=1}^{n} X_k\right) \leqslant \frac{1}{4n} \to 0, n \to +\infty$，由马尔可夫大数定律可知 $\{X_n\}$ 服从大数定律.

4. 此为柯西分布的分布函数，而柯西分布的数学期望不存在.因为辛欣大数定律要求数学期望存在，所以辛欣大数定律对此随机变量序列不适用.

5. 解　（1）显然 $X \sim B(100, 0.2)$，分布列为

$$P(X=k) = \mathrm{C}_n^k 0.2^k 0.8^{100-k}, k = 0,1,2,\cdots,n .$$

（2）利用中心极限定理，有

$$\begin{aligned} P(14 \leqslant X \leqslant 30) = P(13.5 < X < 30.5) &\approx \Phi\left(\frac{30.5-100\times 2}{\sqrt{100\times 0.2\times 0.8}}\right) - \Phi\left(\frac{13.5-100\times 2}{\sqrt{100\times 0.2\times 0.8}}\right) \\ &= \Phi(2.625) - \Phi(-1.625) = \Phi(2.625) - 1 + \Phi(1.625) \\ &= 0.99565 - 1 + 0.948 = 0.9347 . \end{aligned}$$

6. 解　记 X 为 100 根木柱中长度小于 3m 的根数，则 $X \sim B(100, 0.2)$. 利用中心极限定理可得

$$P(X \geqslant 30) = P(X > 29.5) \approx 1 - \Phi\left(\frac{29.5-100\times 0.2}{\sqrt{100\times 0.2\times 0.8}}\right) = 0.0088.$$

1-normcdf(29.5,0.2*100,(100*0.2*0.8)^0.5)

7. 解　设至少需要 n 个车位,才能满足需求，记第 i 户拥有的汽车数为 X_i,则 $X_i, i=1,2,\cdots,100$ 独立同分布于 X，则总汽车数为 $\sum_{i=1}^{200} X_i$.

显然 $EX = 1.2$, $DX = 0.3600$.

$$P\left(\sum_{i=1}^{200} X_i \leqslant n\right) \approx P\left(\sum_{i=1}^{200} X_i < n+0.5\right) = P\left(\frac{\sum_{i=1}^{200} X_i - 200\times 1.2}{\sqrt{200\times 0.3600}} < \frac{n+0.5-200\times 1.2}{\sqrt{200\times 0.3600}}\right) \geqslant 0.95$$

$$\frac{n+0.5-200\times 1.2}{\sqrt{200\times 0.3600}} = 1.6449 ,$$

即 $n=$ 253.4570 . 所以至少需要 254 个车位，才能满足需求.

8. 解　（1）由中心极限定理可知 $\bar{X} \sim N(2.2, 1.4^2/52)$，则 $P(\bar{X} < 2) = 0.1515$.

normcdf(2,2.2,(1.4^2/52)^0.5)

（2）$P(\bar{X} < 100) \approx P(\bar{X} < 99.5) = 0.0700$.

normcdf(99.5,2.2*52,(1.4^2*52)^0.5).

9. 解　设每个部件为 $X_i, i=1,2,\cdots,100$，$X_i=\begin{cases}1, & \text{部件工作}\\ 0, & \text{部件损坏不工作}\end{cases}$，设 X 是复杂系统，则 $X_i, i=1,2,\cdots,100$ 相互独立，且 $X=\sum\limits_{i=1}^{100}X_i$.

由题设知 $n=100$，$E(X_i)=0.9$，$D(X_i)=0.09$，则

$$P\left\{\sum_{i=1}^{100}X_i\geqslant 85\right\}=P\left\{\frac{X-nE(X_i)}{\sqrt{nD(X_i)}}\geqslant\frac{85-nE(X_i)}{\sqrt{nD(X_i)}}\right\}=P\left\{\frac{X-90}{\sqrt{9}}\geqslant\frac{85-90}{\sqrt{9}}\right\}$$

$$=P\left\{\frac{X-90}{3}\geqslant\frac{-5}{3}\right\}=1-P\left\{\frac{X-90}{3}<-\frac{5}{3}\right\}\approx 1-\int_{-\infty}^{-\frac{5}{3}}\frac{1}{\sqrt{2\pi}}\mathrm{e}^{-\frac{t^2}{2}}\mathrm{d}t$$

$$=1-\Phi\left(-\frac{5}{3}\right)=\Phi(1.67)=0.9525.$$

10. 解　设包装箱中装有 n 个产品，其中合格品数记为 X，则 $X\sim B(n,0.99)$. 下面求 n 使 $P(X\geqslant 100)\geqslant 0.95$，或 $P(X<100)\leqslant 0.05$ 成立. 利用正态分布的二项近似，可得

$$\Phi\left(\frac{100-0.5-0.99n}{\sqrt{0.99\times 0.01\times n}}\right)\leqslant 0.05,\quad \frac{99.5-0.99n}{\sqrt{0.99\times 0.01\times n}}\leqslant -1.645.$$

```
i=1;
while i>0
      if (99.5-0.99*i)/(0.99*0.01*i)^0.5>-1.645 i=i+1;
      else break;
      end
end
i
```

运行结果为 103,即每箱装有 103 个产品,能有 95%的可能性使每箱中至少有 100 个合格品.

11. 解　因为 $m\sim B(n,p)$，所以 $E\left(\frac{m}{n}\right)=p$，$\operatorname{var}\left(\frac{m}{n}\right)=\frac{p(1-p)}{n}$. 根据题意有

$$0.95<P\left(\left|\frac{m}{n}-p\right|<0.01\right)\approx 2\Phi\left(\frac{0.01\sqrt{n}}{\sqrt{p(1-p)}}\right)-1,\quad \Phi\left(\frac{0.01\sqrt{n}}{\sqrt{p(1-p)}}\right)>0.975,$$

$$\frac{0.01\sqrt{n}}{\sqrt{p(1-p)}}\geqslant 1.96,\quad n\geqslant 196^2\times p(1-p).$$

因为 $p(1-p)\leqslant\frac{1}{4}$，所以当 $n\geqslant\frac{196^2}{4}=9604$ 时，必满足要求，因此至少抽 9604 个成年男子，可满足要求.

习题 6

1.（1）C;

2.（1）因为

$$EX=\int_{-\infty}^{+\infty}xf(x)\mathrm{d}x=\int_{-\infty}^{+\infty}\frac{x}{2}\mathrm{e}^{-|x|}\mathrm{d}x=0\text{，}\quad EX=\int_{-\infty}^{+\infty}\frac{x^2}{2}\mathrm{e}^{-|x|}\mathrm{d}x=\int_{0}^{+\infty}\frac{x^2}{2}\mathrm{e}^{-x}\mathrm{d}x=2\text{，}$$

所以 $DX=2$．又因为 S^2 是 DX 的无偏估计量，故 $ES^2=DX=2$．

（2）$ET=E(\overline{X}-S^2)=E(\overline{X})-E(S^2)=EX-DX=np-np(1-p)=np^2$．

3. 总体为甘肃天水某大学统计专业本科毕业生实习期后的月薪情况，样本为 40 名 2010 年毕业的统计专业本科生实习期后的月薪情况，样本容量为 40.

4. 偏高，混得好的喜欢返校，差的不喜欢返校等等.

5. $\overline{x}=3$，$s^2=3.7778,\ s=1.9437$，中位数为 3.5，极差为 6.

6. 解　均匀分布 $U(-1,1)$ 的均值和方差分别为 0 和 $\frac{1}{3}$，样本容量为 n，因而得

$$E\overline{X}=0,\ \operatorname{var}(\overline{X})=\frac{1}{3n}.$$

7. 解　二点分布 $B(1,p)$ 的均值和方差 p 和 $p(1-p)$，样本容量为 20，因而样本均值 $\overline{X}$ 的渐近分布 $N\left(p,\frac{p(1-p)}{20}\right)$.

8. 解　来自正态总体的样本均值仍服从正态分布，均值不变，方差为原来的 $\frac{1}{n}$，此处总体方差为 9，样本容量为 8，因而 $\operatorname{var}(\overline{X})=\frac{9}{8}$，$\overline{X}$ 的标准差为 $\sqrt{\frac{9}{8}}$.

9. 解　样本均值 $\overline{X}\sim N\left(7.6,\frac{4}{n}\right)$，按题意可建立如下不等式

$$P(5.6<\overline{X}<9.6)=P\left(\frac{5.6-7.6}{\sqrt{4/n}}<\frac{\overline{X}-7.6}{\sqrt{4/n}}<\frac{9.6-7.6}{\sqrt{4/n}}\right)\geqslant 0.95.$$

即 $2\Phi(\sqrt{n})-1\geqslant 0.95$，所以 $\Phi(\sqrt{n})\geqslant 0.975$，故 $\sqrt{n}\geqslant 1.96$，或 $n\geqslant 3.84$，即样本量至少为 4.

10. 证明　若随机变量 $X\sim F(n,n)$，则 $Y=1/X\sim F(n,n)$，从而

$$P(X<1)=P(Y<1)=P(1/X<1)=P(X>1).$$

而 $P(X<1)+P(X>1)=1$，所以 $P(X<1)=0.5$.

11. 解　由条件 $X_1+X_2\sim N(0,2\sigma^2)$，$X_1-X_2\sim N(0,2\sigma^2)$，故

$$\left(\frac{X_1+X_2}{\sqrt{2}\sigma}\right)^2\sim\chi^2(1)\text{，}\left(\frac{X_1-X_2}{\sqrt{2}\sigma}\right)^2\sim\chi^2(1).$$

又因为 $\operatorname{cov}(X_1+X_2,X_1-X_2)=0$，且它们都服从正态分布，所以 X_1+X_2,X_1-X_2 相互独立，于是

$$Y=\left(\frac{X_1+X_2}{X_1-X_2}\right)^2=\left(\frac{\frac{X_1+X_2}{\sqrt{2}\sigma}}{\frac{X_1-X_2}{\sqrt{2}\sigma}}\right)^2\sim F(1,1).$$

12. $a=1/3, b=\sqrt{3/2}$.

13. 证明　设 $X \sim N(0,1)$，$Y \sim \chi^2(n)$ 且 X,Y 相互独立，则

$$t=\frac{X}{\sqrt{Y/n}},\quad X^2 \sim \chi^2(1),\quad \frac{X^2/1}{Y/n} \sim F(1,n).$$

$$t^2=\left(\frac{X}{\sqrt{Y/n}}\right)^2=\frac{X^2/1}{Y/n} \sim F(1,n).$$

14. 解　设第 i 人得分为 x_i，它们的联合密度函数为

$$f(x_1,\cdots,x_{10})=\prod_{i=1}^{10}\frac{1}{\sqrt{2\pi}\sigma}\exp\left\{-\frac{(x_i-\mu)^2}{2\sigma^2}\right\}.$$

因为 $\bar{X} \sim N\left(\mu,\frac{\sigma^2}{n}\right)$，它的密度函数关于 $x=\mu$ 对称所以 $P(\bar{X}<\mu)=\frac{1}{2}$.

第 i 人获得的概率为 $p=P(X_i>70)=0.3745$，设 10 个人中获奖的人数为 Y，则 $Y \sim B(10,p)$.

$$P(Y \geqslant 1)=1-P(Y \leqslant 0)=0.9908.$$

```
p=1-normcdf(70,62,25),
1-binocdf(0,10,p)
```

习题 7

1. 解　因为 $EX=-1\times 2\theta+0\times\theta+2\times(1-3\theta)=2-8\theta$，$\theta=\frac{1}{8}(2-EX)$，所以 θ 的矩估计为 $\hat{\theta}=\frac{1}{8}(2-\bar{X})$.

2.（1）$3\bar{X}$；（2）；$\sqrt{\frac{2}{\pi}}\bar{X}$；（3）$\frac{1-2\bar{X}}{1-\bar{X}}$；（4）$\left(\frac{\bar{X}}{1-\bar{X}}\right)^2$.

3.（1）$\left(\frac{n}{\sum_{i=1}^{n}\ln X_i}\right)^2$；（2）$\max\left(\frac{n}{\sum_{i=1}^{n}\ln X_i-n\ln c},1\right)$.

4. θ 的最大似然估计为 1147.

5. 解　依题意，样本值 $x_1,x_2,\cdots,x_n$ 中有 N 个小于 1，其余 $n-N$ 个大于或等于 1，因此似然函数为

$$L(\theta)=\theta^N(1-\theta)^{n-N},$$

则

$$\ln L(\theta)=N\ln\theta+(n-N)\ln(1-\theta)$$

$$\frac{\mathrm{d}\ln L(\theta)}{\mathrm{d}\theta}=\frac{N}{\theta}-\frac{n-N}{1-\theta}=0,$$

所以 $\theta=\frac{N}{n}$. 于是，θ 的最大似然估计为 $\hat{\theta}=\frac{N}{n}$.

6.（1）总体 $X \sim U(\theta, 2\theta)$，则 $EX = \frac{3\theta}{2}$， $\mathrm{var}(X) = \frac{\theta^2}{12}$，从而

$$E(\bar{X}) = \frac{3\theta}{2}, \quad \mathrm{var}(\bar{X}) = \frac{\theta^2}{12n}.$$

于是，$E\hat{\theta} = \frac{2}{3}EX = \theta$，这说明 $\hat{\theta} = \frac{2}{3}\bar{X}$ 是参数 θ 的无偏估计. 进一步，

$$\mathrm{var}(\hat{\theta}) = \frac{4}{9} \times \frac{\theta^2}{12n} = \frac{\theta^2}{27n} \to 0$$

这说明 $\hat{\theta}$ 是参数 θ 的相合估计.

（2）似然函数为 $L(\theta) = \left(\frac{1}{\theta}\right)^n I_{(\theta < x_{(1)} < x_{(n)} < 2\theta)}$，显然 $L(\theta)$ 是 θ 的减函数，且 θ 的取值范围为 $\frac{x_{(n)}}{2} < \theta < x_{(1)}$，因此 θ 的最大似然估计为 $\hat{\theta} = \frac{X_{(n)}}{2}$.

由于 $X_{(n)}$ 的密度函数为

$$f(x) = n\left(\frac{x-\theta}{\theta}\right)^{n-1} \times \frac{1}{\theta} = \frac{n}{\theta^n}(x-\theta)^{n-1}, 0 < x < 2\theta,$$

故

$$EX_{(n)} = \int_{\theta}^{2\theta} x \frac{n}{\theta^n}(x-\theta)^{n-1} \mathrm{d}x = \frac{n}{\theta^n}\int_0^{\theta}(t+\theta)t^{n-1}\mathrm{d}t = \frac{2n+1}{n+1}\theta,$$

$$EX_{(n)}^2 = \int_{\theta}^{2\theta} x^2 \frac{n}{\theta^n}(x-\theta)^{n-1}\mathrm{d}x = \frac{4n^2+8n+2}{(n+2)(n+1)}\theta^2, \quad \mathrm{var}(X_{(n)}) = \frac{n\theta^2}{(n+2)(n+1)^2}.$$

从而

$$E\hat{\theta} = \frac{1}{2}EX_{(n)} = \frac{2n+1}{2(n+1)}\theta \to \theta(n \to +\infty),$$

这说明 $\hat{\theta}$ 不是 θ 无偏估计，而是 θ 的渐近无偏估计. 又

$$\mathrm{var}(\hat{\theta}) = \frac{1}{4}\mathrm{var}(X_{(n)}) = \frac{n\theta^2}{4(n+2)(n+1)^2} \to 0(n \to +\infty),$$

说明 $\hat{\theta}$ 是 θ 的相合估计.

7. 解 （1）首先求出被估计参数 θ 与总体矩的关系.

$$EX = \int_{-\infty}^{+\infty} xf(x;\theta)\mathrm{d}x = \int_0^{\theta}\frac{x}{2\theta}\mathrm{d}x + \int_{\theta}^{1}\frac{x}{2(1-\theta)}\mathrm{d}x = \left.\frac{x^2}{4\theta}\right|_0^{\theta} + \left.\frac{x^2}{4(1-\theta)}\right|_{\theta}^{1} = \frac{2\theta+1}{4} \triangleq \mu.$$

由于 $\theta = 2\mu - \frac{1}{2}$，所以 θ 的矩估计量为 $\hat{\theta} = 2\bar{X} - \frac{1}{2}$.

（2）$EX^2 = \int_{-\infty}^{+\infty} x^2 f(x;\theta)\mathrm{d}x = \int_0^{\theta}\frac{x^2}{2\theta}\mathrm{d}x + \int_{\theta}^{1}\frac{x^2}{2(1-\theta)}\mathrm{d}x = \frac{2\theta^2+\theta+1}{6}.$

$DX = EX^2 - (EX)^2 = \frac{4\theta^2 - 4\theta + 5}{48}$， $D\bar{X} = \frac{DX}{n}$， $E\bar{X} = EX$，

$$E\overline{X}^2=D\overline{X}+(E\overline{X})^2=\frac{4\theta^2-4\theta+5}{48n}+\frac{4\theta^2+4\theta+1}{16}\neq\frac{\theta^2}{4},\quad E(4\overline{X}^2)\neq\theta^2.$$

所以 $4\overline{X}^2$ 不是 θ^2 的无偏估计量.

8. 解 （1） $F(x)=\int_{-\infty}^{x}f(t)\mathrm{d}t=\begin{cases}1-2\mathrm{e}^{-2(x-\theta)}, & x>\theta\\ 0, & x\leqslant\theta\end{cases}$

（2）
$$\begin{aligned}F_{\hat\theta}(x)&=P(\hat\theta\leqslant x)=P(\min(X_1,\cdots,X_n)\leqslant x)=1-P(\min(X_1,\cdots,X_n)>x)\\&=1-P(X_1>x,\cdots,X_n>x)=1-P(X_1>x)\cdots P(X_n>x)\\&=1-[1-F(x)]^n=\begin{cases}1-\mathrm{e}^{-2n(x-\theta)}, & x>\theta\\ 0, & x\leqslant\theta\end{cases}.\end{aligned}$$

（3） $\hat\theta$ 的密度函数为 $f_{\hat\theta}(x)=F'_{\hat\theta}(x)=\begin{cases}2n\mathrm{e}^{-2n(x-\theta)}, & x>\theta\\ 0, & x\leqslant\theta\end{cases}$，因为

$$E\hat\theta=\int_{\theta}^{+\infty}2nx\mathrm{e}^{-2n(x-\theta)}\mathrm{d}x=\theta+\frac{1}{2n}\neq\theta$$

所以 $\hat\theta$ 不是 θ 的无偏估计量.

9.（1）似然函数为

$$L(\theta)=\prod_{i=1}^{n}\{\mathrm{e}^{-(x_i-\theta)}I_{\{x_i>\theta\}}\}=\exp\left\{-\sum_{i=1}^{n}x_i+n\theta\right\}I_{\{x_1>\theta\}}$$

显然 $L(\theta)$ 在示性函数为 1 的条件下是 θ 的严增函数，因此 θ 的最大似然估计为 $\hat\theta_1=X_{(1)}$.

又因为 $X_{(1)}$ 的密度函数为 $f(x)=n\mathrm{e}^{-n(x-\theta)},x>\theta$，故

$$E\hat\theta_1=\int_{\theta}^{+\infty}xn\mathrm{e}^{-n(x-\theta)}\mathrm{d}x=\int_{0}^{+\infty}n(t+\theta)\mathrm{e}^{-nt}\mathrm{d}t=\frac{1}{n}+\theta$$

故 $\hat\theta_1=X_{(1)}$ 不是 θ 的无偏估计，而是 θ 的渐近无偏估计.

$$E\hat\theta_1^2=\int_{\theta}^{+\infty}x^2n\mathrm{e}^{-n(x-\theta)}\mathrm{d}x=\int_{0}^{+\infty}(t^2+2\theta t+\theta^2)n\mathrm{e}^{-nt}\mathrm{d}t=\frac{2}{n^2}+\frac{2}{n}\theta+\theta^2,$$

$$\mathrm{var}(\hat\theta_1)=\frac{2}{n^2}+\frac{2}{n}\theta+\theta^2-\left(\frac{1}{n}+\theta\right)^2=\frac{1}{n^2}\to 0,$$

故 $\hat\theta_1=X_{(1)}$ 是 θ 的相合估计；

（2）由于 $EX=\int_{\theta}^{+\infty}x\mathrm{e}^{-(x-\theta)}\mathrm{d}x=\theta+1$， $\theta=EX-1$，所以 θ 的矩估计为 $\hat\theta_2=\overline{X}-1$.

又因为 $EX^2=\int_{\theta}^{+\infty}x^2\mathrm{e}^{-(x-\theta)}\mathrm{d}x=\theta^2+2\theta+2$， $\mathrm{var}(X)=1$，所以

$$E\hat\theta_2=E\overline{X}-1=\theta,\quad \mathrm{var}(\hat\theta_2)=\frac{1}{n}\mathrm{var}(X)=\frac{1}{n}\to 0,$$

这说明 $\hat\theta_2$ 是 θ 的相合估计，也是无偏估计；

（3）对形如 $\hat\theta_c=X_{(1)}-c$ 的估计类，其均方误差为

$$\mathrm{MSE}(\hat{\theta}_c)=\mathrm{var}(X_{(1)}-c)+(EX_{(1)}-c-\theta)^2=\frac{1}{n^2}+\left(\frac{1}{n}-c\right)^2$$

因此当 $c_0=\dfrac{1}{n}$ 时，$\mathrm{MSE}(\hat{\theta}_c)=\dfrac{1}{n^2}$ 达到最小.

$$\mathrm{MSE}(\hat{\theta}_1)-\mathrm{MSE}(\hat{\theta}_{1/n})=\frac{2}{n^2}-\frac{1}{n^2}=\frac{1}{n^2}，\quad \mathrm{MSE}(\hat{\theta}_2)-\mathrm{MSE}(\hat{\theta}_{1/n})=\frac{n-1}{n^2}.$$

10. $D\hat{\mu}_1=\dfrac{5}{9},D\hat{\mu}_2=\dfrac{5}{8},D\hat{\mu}_3=\dfrac{1}{2}$，$D\hat{\mu}_3$ 最小.

11. 不一定.

12. 解　这是一个正态总体方差已知，求期望值 μ 的置信区间问题，公式为

$$\left(\overline{x}-\frac{\sigma}{\sqrt{n}}u_{0.975},\overline{x}-\frac{\sigma}{\sqrt{n}}u_{0.975}\right).$$

将 $\overline{x}=40$，$\sigma=1$，$u_{0.975}=1.96$ 代入上面的公式得 $(39.51,40.49)$.

13.（1）$(1249.4,1268.6)$；（2）$(1244.2,1273.8)$.

14.（1）$\sigma^2:(44.52,280.87),\sigma:(6.67,16.76)$（2）$\sigma^2:(35.83,252.43)$，$\sigma:(5.99,15.89)$.

15. $n>384.16$，随机调查游客人数不少于 385 人. 提示：利用

$$P\left(\left|\frac{\overline{X}-\mu}{\sigma/\sqrt{n}}\right|<\frac{50}{\sigma/\sqrt{n}}\right)\geqslant 0.95$$

去求解 n.

16. 解　由已知数据可得

$$s_w^2=\frac{(m-1)s_x^2+(n-1)s_y^2}{m+n-2}=3.96，\quad s_w=\sqrt{3.96}.$$

可得置信区间为

$$\left(\overline{x}-\overline{y}-t_{0.975}(14)s_w\sqrt{\frac{1}{8}+\frac{1}{8}},\overline{x}-\overline{y}+t_{0.975}(14)s_w\sqrt{\frac{1}{8}+\frac{1}{8}}\right),$$

即 $(-4.15,0.11)$. 由于所得置信区间包含 0，在实际中，我们就认为采用这两种催化剂所得的得率均值没有显著差别.

习题 8

1. 接受原假设，认为猜测成立.

2. 可以认为熔化时间的标准差为 9.

3. 第一问（1）接受，即认为包装机工作正常；（2）接受，即认为包装机工作正常；第二问（1）接受，可以认为标准差 $\sigma=5$ 克；（2）接受，可以认为标准差 $\sigma=5$ 克.

4. 认为这批木材小头的平均直径在 12cm 以上.

5.（1）拒绝，提示：由于精度可用方差衡量，故假设检验 $H_0:\sigma_1^2=\sigma_2^2$；（2）拒绝.

6. 依题意，提出假设：$H_0:\sigma^2=4^2$. 计算检验统计量为

$$\chi^2=\frac{(n-1)s^2}{\sigma_0^2}=\frac{(10-1)\times 3.8^2}{4^2}=8.1225.$$

又因为 $\chi_{0.05}^2(9)=3.32511<\chi^2=8.1225<\chi_{0.95}^2(9)=16.9190$，所以不能拒绝原假设，可以认为填装量的标准差符合要求.

7. 样本容量 n 至少取 160.

8.（1）因为 $n=64$，$\bar{X}\sim N\left(68,\dfrac{3.6^2}{64}\right)=N(68,0.45^2)$，故犯第一类错误的概率

$$\alpha=P(\bar{X}<67\mid H_0\text{成立})+P(\bar{X}>69\mid H_0\text{成立})=\Phi\left(\frac{67-68}{0.45}\right)+1-\Phi\left(\frac{69-68}{0.45}\right)$$
$$=2[1-\Phi(2.22)]=2(1-0.9868)=0.0264.$$

（2）因为 $n=64,\mu=70$ 时，$\bar{X}\sim N(70,0.45^2)$，所以犯第二类错误的概率

$$\beta=P(67\leqslant\bar{X}\leqslant 69\mid\mu=70)=\Phi\left(\frac{69-70}{0.45}\right)+1-\Phi\left(\frac{67-70}{0.45}\right)$$
$$=\Phi(-2.00)-\Phi(-6.67)\approx 1-0.9868=0.0132.$$

9. 这是分布拟合优度检验，若记出现点数 i 的概率为 p_i，则要检验的假设

$$H_0:p_1=p_2=\cdots=p_6=\frac{1}{6}.$$

这里 $k=6$，检验拒绝域为 $\{\chi^2\geqslant\chi_{1-\alpha}^2(5)\}$. 若取 $\alpha=0.05$，$\chi_{0.95}^2(5)=11.0705$，检验统计量为

$$\chi^2=\frac{(7-10)^2}{10}+\frac{(8-10)^2}{10}+\cdots+\frac{(13-10)^2}{10}=2.8.$$

由于 $\chi^2=2.8$ 未落入拒绝域，故不拒绝原假设. 在显著性水平为 0.05 下，可以认为骰子均匀对称. 此处，检验的 p 值为

$$p=P(\chi^2(5)\geqslant 2.8)=0.7308.$$

参考文献

[1] 茆诗松，程依明，濮晓龙. 概率论与数理统计教程[M]. 北京：高等教育出版社，2004.
[2] 谢国瑞，郝志峰，汪国强. 概率论与数理统计[M]. 北京：高等教育出版社，2002.
[3] 周概蓉. 概率论与数理统计[M]. 北京：高等教育出版社，2008.
[4] 盛骤，谢式千，潘承毅. 概率论与数理统计[M]. 北京：高等教育出版社，2008.
[5] 贾俊平，何晓群，金勇进. 统计学[M]. 5 版. 北京：中国人民大学出版社，2012.
[6] 魏艳华，王丙参. 概率论与数理统计[M]. 成都：西南交通大学出版社，2013.
[7] 袁卫，庞浩，曾五一. 统计学[M]. 3 版. 北京：高等教育出版社，2010.
[8] 茆诗松，程依明，濮晓龙. 概率论与数理统计教程习题与解答[M]. 北京：高等教育出版社，2005.
[9] 魏艳华，王丙参，郝淑双. 统计预测与决策[M]. 成都：西南交通大学出版社，2014.
[10] 夏鸿鸣，魏艳华，王丙参. 数学建模[M]. 成都：西南交通大学出版社，2014.
[11] 李少辅，阎国军，戴宁. 概率论[M]. 北京：科学出版社，2011.
[12] 邓集贤，杨维权，司徒荣等. 概率论及数理统计[M]. 4 版. 北京：高等教育出版社，2009.
[13] 曹显兵. 概率论与数理统计辅导讲义[M]. 3 版. 西安：西安交通大学出版社，2013.
[14] 李正元，李永乐，范培华. 数学历年试题解析[M]. 北京：中国政法大学出版社，2013.
[15] 赵选民，徐伟，师义民等. 数理统计[M]. 2 版. 北京：科学出版社，2002.
[16] 周品，赵新芬. MATLAB 数理统计分析[M]. 北京：国防工业出版社，2009.
[17] 赵静，但琦，严尚安，杨秀文. 数学建模与数学实验[M]. 3 版. 北京：高等教育出版社，2008.